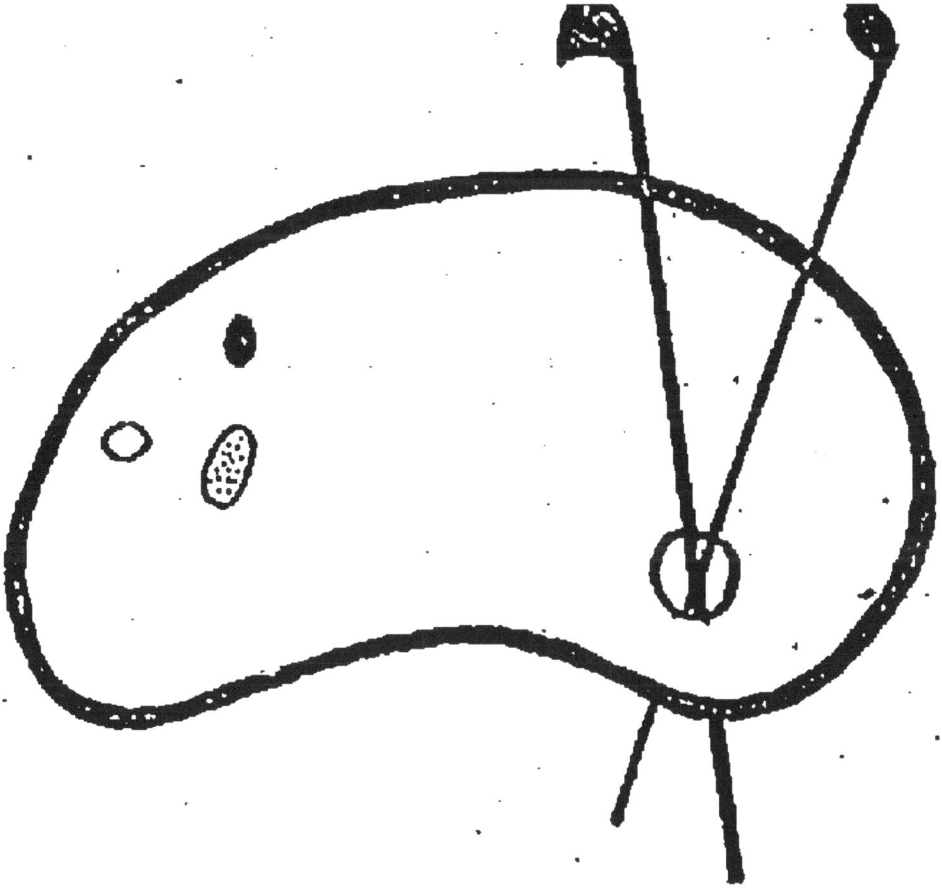

L. MATHET

Traité de Chimie Photographique

TROISIÈME ÉDITION

REVUE ET MISE A JOUR

TOME I

Notions générales de chimie — Méthodes analytiques
Théorie des procédés photographiques

PARIS

CHARLES-MENDEL, LIBRAIRE-ÉDITEUR

118 ET 118 *bis*, RUE D'ASSAS, 118 ET 118 *bis*

PRINCIPALES PUBLICATIONS

éditées sous la direction de **CHARLES-MENDEL** ✲

PHOTOGRAPHIE -:- OPTIQUE -:- CINÉMATOGRAPHIE

*118 et 118 bis, Rue d'Assas, PARIS-VI*e — **Tél. 811-90**

Photo-Revue Hebdomadaire. La plus importante et la plus ancienne publication hebdomadaire, concernant la photographie, fondée en 1888. Abonnement annuel : France, **8** fr. ; Étranger . . . . **10** fr.

Photo-Magazine Revue hebdomadaire illustrée de Photographie, à l'usage des amateurs et des gens du monde, littéraire, humoristique à l'occasion, très illustrée. Abonnement : France, **12** fr. ; Étranger . . . **15** fr.

Photographie (la) Revue des Sciences photographiques, et *La Photographie des Couleurs réunies*. Mensuelle. Abonnement : France, **6** fr. ; Étranger . . . . **8** fr.

Revue Illustrée de Photographie Revue mensuelle, comprenant tout ce qui constitue **PHOTO-MAGAZINE**, sauf la partie sur papier bulle. Abonnement : France, **8** fr. ; Étranger . . . . **10** fr.

Information Photographique (L') Revue mensuelle du Commerce et de l'Industrie photographiques. Organe de renseignements commerciaux et industriels, destinée à favoriser le développement de l'Industrie photographique en France. Abonnement : France, **5** fr. ; Étranger . . . . **10** fr.

Revue Générale d'Optique et de *Mécanique de précision*. Organe d'informations techniques et commerciales. Mensuelle. Abonnement : France, **6** fr. ; Étranger. . . . . **8** fr.

Cinéma-Revue Revue d'informations cinématographiques. Supplément mensuel à **"CINEMA"**, Annuaire de la projection fixe et animée. Abonnement pour le monde entier . . . . **1** fr. **25**

Agenda du Photographe Technique, littérature, humoristique, paraît tous les ans depuis 1895, et forme un volume in-8 jésus de 200 pages très illustré. Prix, **1** fr. ; *franco*. . . . . . **1** fr. **50**

Tout-Photo Annuaire des Amateurs de Photographie. Comporte environ 10.000 adresses. Fait suite à l'Agenda du Photographe.

Annuaires Charles-Mendel Annuaires du Commerce et de l'Industrie photographiques et cinématographiques.

Bibliothèque générale de Photographie Comporte plus de 200 volumes. (*Le Catalogue est adressé sur demande.*)

DIJON. — IMPRIMERIE DARANTIERE

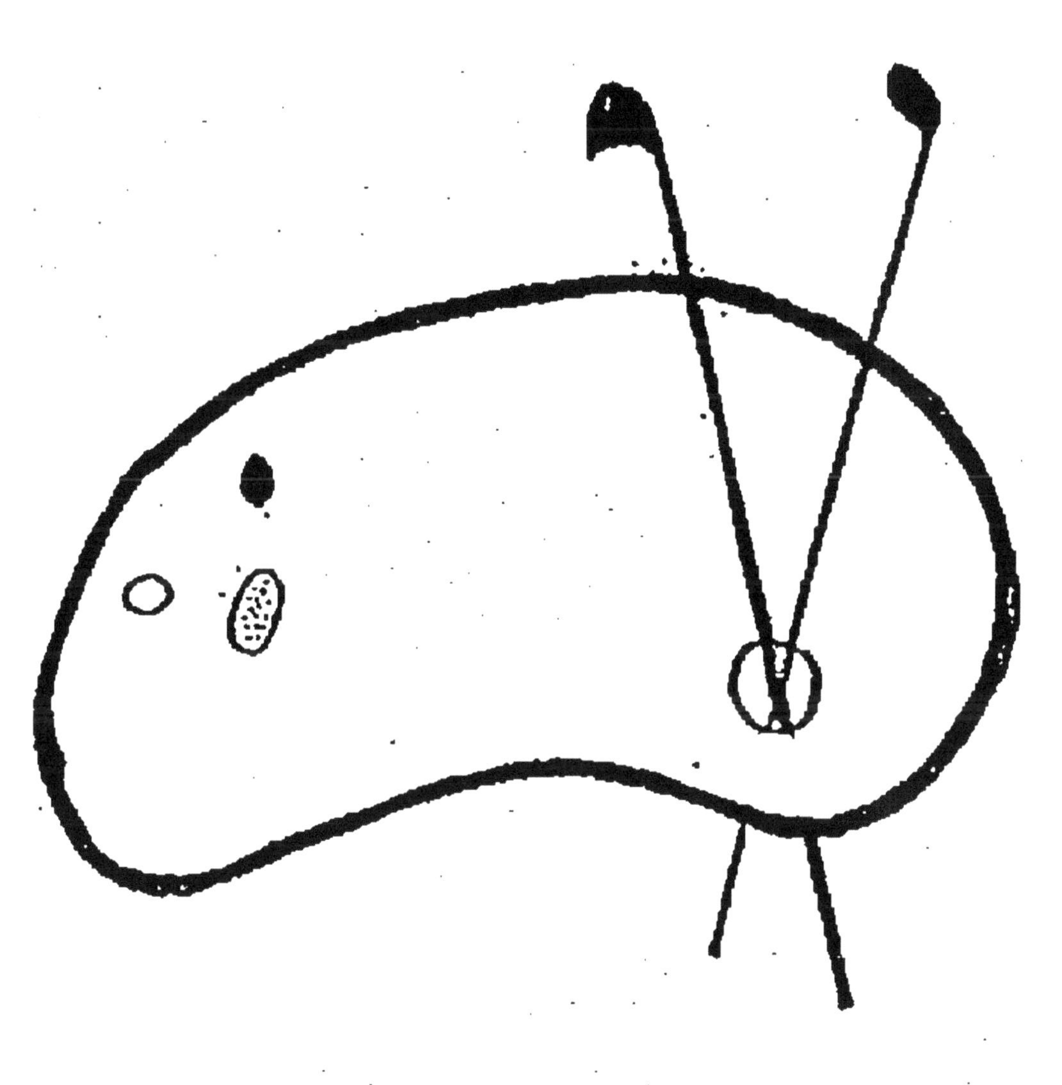

FIN D'UNE SERIE DE DOCUMENTS
EN COULEUR

Traité de Chimie

Photographique

TOME I

L. MATHET

Traité de Chimie

Photographique

TROISIÈME ÉDITION

REVUE ET MISE A JOUR

TOME I

Notions générales de chimie — Méthodes analytiques
Théorie des procédés photographiques

PARIS

CHARLES-MENDEL, LIBRAIRE-ÉDITEUR

118 ET 118 *bis*, RUE D'ASSAS, 118 ET 118 *bis*

PRÉFACE DE LA DEUXIÈME ÉDITION

En publiant cette deuxième édition des LEÇONS DE CHIMIE PHOTOGRAPHIQUE, *j'ai non seulement tenu à mettre l'ouvrage au courant des nouvelles découvertes qui se sont rapidement succédé durant ces dix dernières années, mais j'ai sensiblement modifié le plan que j'avais adopté pour la première édition, afin de tenir compte de diverses observations qui m'avaient été présentées.*

C'est pourquoi l'ouvrage que je présente aujourd'hui au public forme, en quelque sorte, dans son ensemble, un livre nouveau, différant, tout au moins très sensiblement, du premier.

J'ai, en effet, dans un premier volume, étudié dans leur suite naturelle les diverses opérations qui nous conduisent à l'image photographique définitive, que cette dernière soit obtenue au moyen des sels d'argent ou par tout autre procédé. Mais, comme il s'agissait pour moi d'examiner surtout le côté théorique de ces opérations, les réactions chimiques sur lesquelles elles sont basées, j'ai, à dessein, omis d'entrer dans les détails des manipulations, de donner les formules exactes des réactifs que l'on emploie, ce qui aurait inutilement étendu le cadre de l'ouvrage, sans que cette étude en eût retiré aucun profit, et, d'ailleurs, ces détails forment la matière des Traités généraux de photographie, aujourd'hui suffisamment nombreux et dans la plupart desquels on trouvera tous les renseignements désirables.

Dans le second volume, qui est consacré à l'étude des nombreux produits usités en photographie, on trouvera, par contre, quelques renseignements pratiques; mais, pour celui-ci encore, je ferai remarquer que l'histoire chimique de ces diverses substances sera le côté qui recevra le plus de développements; ils seront néanmoins assez succincts lorsque le produit n'est pas d'un emploi courant, tandis que l'article consacré à ceux que l'on emploie journellement prendra une importance beaucoup plus considérable. La préparation, le mode d'essai, les signes caractéristiques les usages des divers produits photographiques seront successivement passés en revue.

J'ai conservé, pour ce second volume, l'ordre alphabétique, que l'on avait trouvé commode dans la première édition, puisque, par ce moyen, on peut rapidement se reporter à la substance sur laquelle on désire avoir quelques renseignements.

Tenant compte des observations qui m'avaient été présentées au sujet de la notation en équivalents que j'avais adoptée dans la première édition, on verra figurer dans celle-ci la notation atomique, puisque c'est aujourd'hui la seule que l'on enseigne, même dans les cours les plus élémentaires.

J'espère que l'ouvrage, ainsi complété et remanié, trouvera auprès des photographes le même accueil qu'avait rencontré la première édition; j'ai, du moins, fait mon possible pour qu'il leur soit utile.

Je terminerai cette introduction en disant que j'accepterai avec reconnaissance toutes les nouvelles observations qu'on voudra bien me présenter, afin que si, dans un temps plus ou moins éloigné, j'étais appelé à revoir ces LEÇONS DE CHIMIE PHOTOGRAPHIQUE, *je puisse mettre encore ces conseils à profit, comme je l'ai fait cette fois.*

Montauban, le 20 septembre 1901.

L. MATHET.

PRÉFACE DE LA TROISIÈME ÉDITION

Durant les dix années qui se sont écoulées depuis la publication de la deuxième édition de ce Traité de Chimie photographique, *des découvertes et des perfectionnements importants ont été signalés, le nombre des produits offerts au photographe s'est sensiblement accru. Je ne pouvais manquer d'en faire mention dans cette troisième édition pour la mettre au courant de la Science.*

Néanmoins, en ce qui concerne le premier volume, spécialement consacré à la théorie des procédés photographiques, aucune découverte nouvelle ne pouvait en faire changer le plan ou même le texte d'une façon importante. Je n'ai eu, par conséquent, qu'à y apporter quelques additions. Si nous considérons, en effet, pour prendre un exemple, ces plaques qui, avec une simplicité merveilleuse, nous fournissent des photographies non moins merveilleuses, les réactions purement chimiques sur lesquelles elles reposent sont connues depuis longtemps. Je n'avais donc pas à m'y appesantir, tandis que j'aurais eu beaucoup à dire sur les difficultés qui entourent leur fabrication, sur la perfection du matériel qu'elle exige. Elles ont fait cependant adopter comme traitement courant l'inversion de l'image négative primitivement développée. Aussi ai-je consacré un chapitre entier à cette opération de l'inversion.

Je tiens à remercier les photographes, professionnels ou amateurs, de l'accueil bienveillant qu'ils ont fait à nos précé-

dentes éditions. Nous avons trouvé là un précieux encouragement et en même temps le devoir de compléter notre travail pour qu'il ne comporte pas aujourd'hui trop de lacunes.

Montauban, 1912.

L. MATHET.

TRAITÉ

DE

CHIMIE PHOTOGRAPHIQUE

PREMIÈRE PARTIE

CHIMIE GÉNÉRALE

CHAPITRE I

PRÉLIMINAIRES. — BUT DE CES LEÇONS DE CHIMIE PHOTOGRAPHIQUE. — PRINCIPES DE CHIMIE GÉNÉRALE : CORPS SIMPLES, CORPS COMPOSÉS. — ÉQUIVALENTS. — POIDS ATOMIQUES. — NOTATION.

Ces Leçons de Chimie photographique n'ayant pour but que l'étude des réactions chimiques qui interviennent dans les opérations photographiques, et celle des substances elles-mêmes qui servent à les produire, je laisserai de côté tout ce qui a trait aux détails opératoires ; je serai, du moins, très bref sur cette partie.

Entre un traité pratique de photographie et le présent ouvrage, on trouvera cette différence : si le premier décrit minutieusement les opérations successives qu'il faut faire subir à une plaque sensible, depuis sa mise en châssis jusqu'à ce qu'elle nous ait fourni une épreuve positive, sans s'attarder généralement à énoncer les phénomènes chimiques qui la rendent susceptible de fournir une image négative sous l'action du révélateur, le second, au contraire, suppose le lecteur au courant de ces manipulations pratiques, et son objet est de discuter les théories émises sur la transformation que subit le bromure d'argent soumis à une impression lumineuse, de quelle façon agit le révélateur sur le bromure d'argent ainsi modifié, quelles sont les réactions chimiques qui interviennent durant le virage des photocopies, leur fixage et durant les opérations photographiques en général.

Pour que cette étude puisse être profitable, quelques notions de Chimie générale sont indispensables ; aussi, quoique je suppose le lecteur déjà au courant de cette science, je me permettrai, dans les quelques chapitres qui vont suivre, de rappeler ce qu'il est au moins strictement nécessaire de connaître, aussi bien pour l'intelligence des phénomènes qui amènent la production d'une image avec le concours de la lumière que pour la parfaite connaissance des réactifs que l'on emploie, soit qu'on les achète dans le commerce, soit qu'on veuille les préparer ou s'assurer de leur degré de pureté. Ce dernier cas exige que l'on possède quelques notions d'analyse chimique qualitative et quantitative ; c'est ce qui m'a engagé à consacrer d'assez nombreuses pages à ces opérations, que j'ai résumées et rendues aussi claires que possible. Avec ce guide, tout photographe, muni d'un matériel restreint et de réactifs peu nombreux, pourra facilement reconnaître les principales substances que l'on rencontre dans les laboratoires de photographie, se rendre compte de leur pureté comme de leurs altérations ou falsifications.

On le voit, le but de ces Leçons, quoique ainsi limité, est encore très vaste, puisque nous aurons à parcourir la série des nombreuses opérations photographiques. Ce sera principalement l'objet du premier volume, tandis que l'étude détaillée des réactifs mis en œuvre formera l'objet du second.

But de la Chimie. — Si en physique on ne s'occupe que des modifications passagères que subissent les corps dans leur état sous l'influence des agents extérieurs, la Chimie a, au contraire, pour but d'étudier les modifications, transformations ou altérations que subissent ces mêmes corps sous l'influence de ces mêmes agents ou en réagissant les uns sur les autres.

Phénomènes physiques, phénomènes chimiques. — Par exemple, si nous chauffons de l'iode dans un vase fermé, nous verrons ce corps disparaître, remplir le vase de vapeurs violettes qui, au contact des parois froides, laisseront déposer des aiguilles ou petits cristaux ayant toutes les propriétés de l'iode primitif. Ce corps, sous l'influence de la chaleur, n'a subi qu'une transformation passagère; de l'état solide, il est passé à l'état de vapeurs, mais il n'a pas été altéré, et du moment que l'agent extérieur, la chaleur dans le cas présent, a cessé d'agir, il a repris son premier état, sous lequel nous lui reconnaissons toutes ses propriétés distinctives. C'est donc à un *phénomène physique* que nous avons assisté.

Si, au contraire, nous adressant encore à ce même corps simple, l'iode, nous l'introduisons dans un ballon avec un peu d'eau et de la limaille de fer, et que nous chauffions modérément le mélange, nous verrons une réaction assez vive se produire, à la suite de laquelle l'iode et une partie du fer se trouveront dissous, en fournissant un liquide verdâtre dont la nature est tout autre que celle de l'iode et du fer. Nous avons produit ici un *phénomène chimique*, puisque la nature des corps en présence est profondément modifiée, et cela d'une manière durable.

Corps simples, corps composés. — Dans l'état actuel de la science, de quelle façon que nous traitions l'iode, et beaucoup d'autres corps sont dans le même cas, nous ne pourrons jamais le décomposer en éléments dissemblables; chaque parcelle d'iode est donc formée de particules plus petites qui sont réunies pour former la parcelle que nous considérons; nous sommes donc amenés à admettre que dans l'iode il ne se rencontre qu'un seul élément, que cette substance est, en d'autres termes, un *corps simple*. Il n'en est pas de même du composé que nous avons produit tout à l'heure en combinant l'iode et le fer; on peut, en effet, facilement isoler les deux constituants de l'iodure de fer; celui-ci est, par conséquent, un *corps composé*. Nous appellerons donc *corps simples* ceux qu'on n'a pu, jusqu'à présent, décomposer en éléments dissemblables, et, par opposition, *corps composés* ceux dont on peut, au moyen de procédés spéciaux, isoler deux ou plusieurs éléments de nature différente.

Il convient toutefois de distinguer, parmi les corps composés, ceux qui résultent d'un simple mélange de ceux qui résultent d'une véritable combinaison. Ces derniers seuls rentrent dans le cadre des phénomènes chimiques; car, dans un simple mélange, les éléments sont simplement juxtaposés; ils y conservent leurs propriétés particulières, et on peut arriver à les séparer ou à les reconnaître par une simple opération physique; ce qui n'est plus possible lorsqu'il s'agit d'une combinaison; le corps nouveau qui en résulte possédant des propriétés bien différentes de celles des composants, et un simple examen physique ne permettant pas de reconnaître la nature des corps élémentaires.

Analyse chimique. — Reprenons l'iodure de fer : au moyen de certaines opérations, on parvient à isoler de cette substance les deux éléments qu'elle renferme; on reconnaît qu'elle est réellement formée d'iode et de fer, et même quelles sont les quantités respectives de l'un et l'autre de ces deux éléments qui font partie d'un poids donné d'iodure de fer. Les opérations qui nous conduisent à ce résultat constituent ce que l'on nomme l'*analyse chimique*, qui n'est que *qualitative* lorsqu'on a seulement pour but de reconnaître la nature ou qualité des éléments qui constituent une substance, tandis qu'elle devient *quantitative* lorsqu'on se propose de déterminer les quantités des éléments qui entrent dans la composition d'un poids donné d'un produit.

Analyse signifie donc, d'une façon générale, *décomposer un corps en ses éléments, soit pour en connaître la nature, soit pour en déterminer en outre les quantités respectives.*

Synthèse chimique. — En Chimie, on ne se contente pas de décomposer les corps, d'en séparer les éléments, car souvent, connaissant leur composition, on vise à les reconstituer à l'aide de ces mêmes éléments ; c'est ce que l'on nomme faire la *synthèse*. Cette opération joue surtout un rôle important en Chimie organique, depuis les magnifiques travaux de M. Berthelot, que l'on peut regarder comme le créateur de la synthèse chimique. J'aurai plus tard à m'étendre plus longuement sur cette opération et montrer quelques uns des résultats qu'elle a permis d'obtenir.

Chimie minérale, Chimie organique. — Je viens de citer un peu plus haut une expression : *Chimie organique*, dont je vais, de suite, expliquer le sens. On divise la Chimie en deux grandes classes : la *Chimie inorganique* ou *Chimie minérale* et la *Chimie organique*.

La première ne s'occupe que des éléments du règne minéral et de leurs combinaisons, tels que les métaux, leurs oxydes et leurs sels, les métalloïdes et leurs composés halogènes ; la seconde comprend l'étude des corps du règne animal, comme les graisses, les produits de l'économie et leurs dérivés ; des corps du règne végétal, comme les sucres, les huiles, les essences, etc., et leurs dérivés.

On a encore désigné la Chimie organique, la Chimie de carbone, par la raison que ce métalloïde entre toujours dans la composition ou est partie essentielle des composés organiques. Ceux-ci sont, en général, de nature fort complexe, puisque, le plus souvent, le carbone s'y trouve combiné à de l'hydrogène, de l'oxygène, de l'azote en des proportions fort diverses, et parfois on y reconnaît encore de petites quantités de soufre, de phosphore, d'arsenic.

Propriétés physiques. — Lorsqu'on décrit un corps, on emploie certains termes, dont nous devons donner la définition parce qu'ils se reproduisent chaque fois qu'on étudie une substance ; ils servent à la qualifier d'une façon sommaire. Ces termes ont rapport à ses propriétés physiques : aspect, couleur, densité, forme cristalline, solubilité, fusibilité, point d'ébullition, dureté, et à ses propriétés chimiques, c'est à dire à la façon dont elle se comporte en présence des autres corps.

Parmi ces expressions, quelques-unes sont trop communément employées pour que j'aie à m'y arrêter, tandis que d'autres nécessitent au moins quelques lignes d'explication.

La *densité* d'un corps solide est toujours rapportée à celle de l'eau distillée prise pour unité ; par exemple, lorsqu'on dit que la densité du plomb est 11, on entend qu'un centimètre cube de ce métal pèse 11 grammes à 0°. La densité des corps gazeux est rapportée à celle de l'air : lorsqu'on dit que la densité de l'azote est 0,971, on entend qu'un litre de ce gaz pèse 1 gr. 257, la pesée étant supposée faite à la température de 0° et à la pression de 760^{mm} (1).

La *dureté* d'un corps s'exprime par la propriété qu'il possède de rayer certains autres corps pris pour terme de comparaison et dont on a formé une échelle : un corps est dit très dur lorsque, comme le diamant, qui est pris pour terme extrême de la dureté, il raye tous les autres et n'est rayé par aucun. On range, au contraire, dans les corps mous ceux qui peuvent à peine rayer le plomb. Entre ces deux extrêmes, on a établi une échelle de dureté dont voici un exemple :

N° 1. — Le talc.
N° 2. — Le gypse (variété clivable, se laissant rayer par l'ongle).
N° 3. — Le spath calcaire (se laissant rayer par une pointe d'acier).
N° 4. — Le spath fluor (une pointe d'acier le raye avec peine).
N° 5. — L'apatite (rayée très difficilement par l'acier).

(1) Par définition la densité d'un gaz est représentée par le rapport qui existe entre les poids de deux volumes égaux de ce gaz et d'air, dans les mêmes conditions de pression et de température. A 0° et à 760^{mm}, un litre d'air pèse 1 gr. 293, un litre d'azote 1 gr. 257 donc la densité de l'azote est $\frac{1,257}{1,293} = 0,971$.

N° 6. — L'orthose (aussi dure que l'acier).
N° 7. — Le quartz (donne facilement des étincelles au briquet).
N° 8. — Le topaze } (rayent facilement l'acier).
N° 9. — Le corindon }
N° 10. — Le diamant (raye tous les autres corps).

Corps cristallins et corps amorphes. — La forme cristalline sert souvent à elle seule à faire reconnaître un corps ; car deux substances de même couleur et ayant des propriétés organoleptiques assez semblables ne pourront être confondues si leur forme cristalline est différente. Aussi, quand il s'agit de décrire un produit chimique, on ne manque jamais d'indiquer sa forme cristalline, s'il est au moins susceptible d'en prendre, car il y a des corps qui ne se présentent jamais en cristaux ; ceux-ci sont dits *amorphes*. On en connaît, au contraire, qui sont susceptibles d'affecter deux formes cristallines ; ils sont alors dits *dimorphes*.

Beaucoup de composés chimiques cristallisent dans le même système : on les nomme *isomorphes* ; à leur propos, je ferai remarquer que ces composés peuvent former entre eux des combinaisons dont la forme cristalline reste la même que celle des composants.

Purification des corps par cristallisation. — L'état cristallin bien défini d'un corps est, en général, mais non toujours, un signe de pureté de ce corps ; aussi a-t-on journellement recours à la cristallisation pour obtenir les sels à un plus grand état de pureté. Ceci a surtout lieu lorsque, dans une dissolution complexe, les substances qui y sont contenues possèdent des solubilités très différentes. Par exemple, l'eau de mer tient en solution, outre le sel marin ou chlorure de sodium, d'autres chlorures, le chlorure de magnésium entre autres, qui est beaucoup plus soluble. Si on fait évaporer l'eau de mer à siccité, on obtient un chlorure de sodium très impur, puisqu'on retrouve dans le résidu tous les sels qui étaient dissous ; mais si, reprenant ce résidu, nous en faisons à chaud une solution saturée, par refroidissement le chlorure de sodium, à peu près pur, se dépose le premier sous forme de cristaux appartenant au système cubique. Par deux ou trois cristallisations successives, faites de la même manière, on obtient le chlorure de sodium dans un grand état de pureté. Il serait facile de multiplier les exemples dans lesquels la cristallisation est appliquée à la purification des produits chimiques les plus divers.

Divers modes de cristallisation. — La cristallisation peut non seulement s'obtenir par dissolution de la substance dans un liquide, c'est à dire *par voie humide* ; elle peut également s'obtenir, au moins pour certains corps, *par voie sèche,* qui s'exécute en faisant passer la substance, au moyen de la chaleur, de l'état solide à l'état liquide. En laissant ensuite lentement refroidir celui-ci, on le voit reprendre l'état solide en affectant la forme cristalline : tel est le cas, entre bien d'autres, du soufre, du bismuth.

En donnant, au début de ce chapitre, la définition de ce qu'on entend par phénomène physique, nous avions pris comme exemple l'iode, qui, soumis à l'action de la chaleur, se réduit en vapeurs ; lesquelles, au contact des parois froides du matras, se condensaient et donnaient lieu à de petits cristaux d'iode. C'est là un troisième mode de cristallisation, auquel on a donné le nom de cristallisation *par sublimation*. On l'applique aux corps qui peuvent se réduire en vapeurs sans subir de décomposition, tel que le chlorure d'ammonium, que l'on prive ainsi des matières étrangères qui lui sont associées dans son état brut.

Depuis un certain temps, on emploie dans les laboratoires une méthode de cristallisation un peu spéciale, qui rentre bien, si l'on veut, dans le cas des cristallisations par dissolution, mais qui s'en distingue cependant par plusieurs points ; car le dissolvant n'est plus un liquide proprement dit, mais un corps amené à l'état liquide par la chaleur, une chaleur très élevée la plupart du temps. Ainsi, si on chauffe du fer en fusion avec du charbon, le fer liquide dissout une partie de ce métalloïde. Si on laisse alors refroidir le fer et qu'on le dissolve ensuite par l'acide chlorhydrique, on obtient, comme résidu, des cristaux de graphite. Cette sorte de cristallisation, comme aussi celle par sublimation, a joué un grand rôle dans la nature ; c'est à elle que l'on doit sans aucun doute le diamant, le corindon, le rubis, etc. On est d'ailleurs parvenu, par ces mêmes moyens, à reproduire artificiellement quelques pierres précieuses à tel point que la majeure partie du rubis du commerce est aujourd'hui du rubis artificiel.

Proportions définies. — Si, lorsque nous avons fait réagir de l'iode sur du fer pour donner un exemple de ce qu'on entend par phénomène chimique, nous avions pris des quantités exactement pesées de l'un et l'autre corps, nous aurions vu, aussi souvent que nous eussions répété cette expérience, que cette combinaison se fait toujours dans des proportions bien déterminées et invariables. En prenant, par exemple,

127 grammes d'iode et autant de fer, nous constaterions, la réaction une fois terminée, qu'une partie du fer ne s'est pas dissoute ; en pesant cet excès, il nous sera facile de connaître la partie dissoute, c'est à dire celle qui s'est combinée aux 127 grammes d'iode. Cela nous prouve déjà qu'une quantité donnée d'iode ne se combine pas avec une quantité quelconque de fer ; qu'au contraire, c'est avec une quantité fixe et toujours la même de ce dernier et qui correspond à 28 grammes de fer, en admettant, comme plus haut, que 127 grammes d'iode aient été mis en expérience. Ceci n'est pas seulement propre à l'iode et au fer ; c'est un cas général. Les combinaisons chimiques sont donc soumises à des lois ; nous venons de reconnaître la première, que l'on nomme : *loi des proportions définies* ou *loi de Proust*, du nom du chimiste qui l'a découverte et que l'on énonce ainsi : *Deux corps, pour former un même composé, se combinent toujours en des proportions invariables.*

On a de nombreux exemples qu'une quantité donnée d'un corps se combine avec des poids différents d'un autre corps pour former autant de composés différents.

Dalton a reconnu que *ces quantités du second corps sont toujours dans un rapport simple ;* c'est là une seconde loi, que l'on nomme *loi de Dalton* ou *des proportions multiples.*

Comme exemple de cette règle, nous pouvons citer l'azote, qui se combine en six proportions différentes avec l'oxygène ; les poids de ce dernier, pour un même poids d'azote, sont dans le rapport 1, 2, 3, 4, 5, 6.

Gay Lussac a formulé quatre autres lois qu'il est bon de connaître ; on les nomme : *lois de Gay-Lussac* ou *lois des volumes,* parce qu'elles se rapportent aux volumes des gaz qui entrent en combinaison.

La première est celle-ci : *Lorsque deux gaz se combinent, les volumes qui entrent en combinaison sont toujours en rapport simple.*

Un volume de chlore et un volume d'hydrogène se combinent pour former deux volumes d'acide chlorydrique. Deux volumes d'hydrogène et un volume d'oxygène se combinent pour former deux volumes de vapeur d'eau.

La deuxième consiste en ce que : *le volume du corps composé est en rapport simple avec les volumes des composants.* Citons comme exemple les deux volumes d'acide chlorydrique et les deux volumes de vapeur d'eau résultant des combinaisons que je viens de citer.

La troisième loi nous apprend que : *lorsque les gaz se combinent à volumes égaux, il n'y a généralement pas de contraction.* Nous venons d'en voir un exemple dans la combinaison d'un volume de chlore et d'un volume d'hydrogène qui fournit deux volumes d'acide chlorhydrique ;

il en est de même pour un volume de vapeur de carbone qui, en se combinant avec un volume d'oxygène, donne deux volumes d'oxyde de carbone.

Enfin, la quatrième loi de Gay-Lussac est ainsi énoncée : *Lorsque les gaz se combinent à volumes inégaux, il y a toujours contraction.* Tel est le cas de l'oxygène et de l'hydrogène, dont un volume du premier se combine à deux volumes du second pour fournir deux volumes de vapeur d'eau ; il en est de même d'un volume d'azote qui, en se combinant à trois volumes d'hydrogène, donne deux volumes de gaz ammoniac.

Nomenclature chimique. — Dans toute science, on fait usage de termes spéciaux qui facilitent l'énonciation des faits ou qui rendent l'exposition de la doctrine plus simple et évitent ainsi des répétitions. En Chimie, c'est la *nomenclature chimique* qui remplit ce but ; nous verrons par la suite qu'il est indispensable d'y avoir recours pour figurer d'une façon simple les phases des réactions qui se produisent lorsque deux ou plusieurs corps réagissent les uns sur les autres.

La nomenclature, généralement suivie aujourd'hui, fut créée en France, à l'instigation de Guyton de Morveau, par une commission de l'Académie des Sciences, composée de Berthollet, de Fourcroy et de Lavoisier.

Le rapport en fut publié en 1787.

Le nom des corps simples est, en général, arbitraire ou rappelle quelqu'une de leurs propriétés physiques. Ainsi, le mot *brome* a pour raison le mot grec βρωμος, dont la signification est *odeur fétide* ; *iode* vient du mot grec ἰώδης, violet (*couleur de la vapeur d'iode*), et hydrogène des deux mots ὕδωρ γεννάω (j'engendre l'eau).

La nomenclature des corps composés a été, au contraire, établie de façon à faire connaître la nature des corps qui les forment.

Prenons, par exemple, l'acide sulfurique, que l'on désignait, avant l'introduction de la nomenclature, par *huile de vitriol* ; cette expression ne nous renseigne guère sur sa composition. En le désignant par ceux de : acide sulfurique, nous apprenons que nous avons affaire à un corps qui jouit de la propriété de rougir le sirop de violettes et la teinture de tournesol, de se combiner à ce que l'on nomme des bases pour donner naissance à des sels.

Le mot *sulfurique* nous indique que le soufre entre dans sa composition, et même, comme nous allons le voir, que l'oxygène en fait aussi partie, que c'est un composé oxygéné du soufre.

On connaît, au contraire, d'autres composés qui sont susceptibles de ramener au bleu la teinture de tournesol rougie par les acides ; à ceux-ci on a donné le nom de *bases*, et d'*alcalis* lorsqu'ils sont très solubles et très énergiques.

Les bases, en se combinant aux acides, donnent naissance à des composés, en général de propriétés fort différentes de celles de leurs composants, auxquels on a appliqué le nom de *sels*. Si, en effet, on verse de la soude, qui est un agent très caustique, dans de l'acide chlorhydrique, qui est très corrosif, âcre et fumant, on obtient un sel, le chlorure de sodium, qui n'est ni caustique comme la soude, ni corrosif comme l'acide chlorhydrique, ni un poison violent comme le sont ses deux composants, puisque le chlorure de sodium est une substance dont nous faisons journellement usage, et qui est même indispensable à notre existence.

Nomenclature dualistique. — Les chimistes, du moins jusqu'à une époque qui n'est pas très éloignée de nous, se basant sur cette formation des sels (l'union d'une base et d'un acide), considéraient ceux-ci, comme, du reste, les autres composés chimiques, simplement formés par la juxtaposition de leurs composants ; de sorte que, pour retracer cette composition, ils formaient le nom de chaque produit par l'union des noms des deux composants, et on disait sulfate de potasse, acétate de soude, permanganate de potasse..., expressions qui sont restées dans le langage courant : cette nomenclature a pris le nom de *nomenclature dualistique*.

Cette façon d'envisager les réactions et d'en exprimer le résultat présente plusieurs inconvénients et ne répond pas à la réalité des faits. D'une part, si, au lieu de prendre de la soude hydratée, c'est à dire renfermant de l'eau et de l'acide sulfurique également hydraté, qui, mis à réagir en cet état, fournissent effectivement du sulfate de soude, nous avions fait réagir ces deux corps à l'état anhydre, c'est à dire absolument privés d'eau, les deux substances ne se seraient point combinées. En second lieu, décomposons une solution de sulfate de cuivre par la pile ; au pôle négatif, il se déposera du cuivre, et si l'électrode positive est formée d'une lame de platine ou de charbon, nous constaterons qu'elle s'entoure d'une liqueur acide : c'est l'acide sulfurique qui s'y transporte. Si nous faisons la même expérience avec une dissolution de sulfate de potasse, il se produira un fait qui, en apparence, semble être d'accord avec la théorie dualistique, car ce qui se rendra au pôle positif ne sera pas du potassium, mais de la potasse. Or, ceci n'est qu'une apparence et le résultat d'une réaction secondaire, puisqu'en modifiant les conditions de l'expérience, en prenant pour électrode négative du mercure, nous verrons celui-ci changer d'aspect, augmenter de volume ; cela tient à ce qu'il s'est formé un amalgame de potassium duquel nous pourrions extraire ce dernier métal.

Le sulfate de potasse, décomposé par le courant électrique, ne se comporte donc pas autrement que ne le fait le sulfate de cuivre dans les mêmes circonstances.

Nomenclature unitaire. — Cette expérience, et plusieurs autres que je me dispenserai de citer, ont porté les chimistes modernes à abandonner la nomenclature dualistique pour adopter la *nomenclature unitaire.* Les explications qui vont suivre vont nous faire saisir la différence qui existe entre elles, et nous définir ce que l'on entend par nomenclature unitaire.

Dans la théorie dualistique, l'acide sulfurique SO^3 se combine à la potasse KO pour former du sulfate de potasse SO^3KO ; or, nous venons de voir que ces deux composés anhydres, tels qu'on les suppose dans cette formule, ne réagissent pas l'un sur l'autre. Dans la théorie unitaire, on désigne l'acide sulfurique ordinaire ou hydraté (qu'il ne faut pas confondre avec l'anhydride SO^3, qui n'est pas salifiable) par la formule SHO^4, qui représente une molécule d'anhydride SO^3 + une molécule d'eau HO. Cet acide, en présence d'une base, échange son hydrogène H pour un métal

$$SHO^4 + KO = SKO^4 + HO$$
$$SHO^4 + Zn = SZnO^4 + H$$

Les sels tels que le sulfate de potasse, le sulfate de cuivre, etc., doivent alors être représentés SKO^4, $SCuO^4$; aussi les nomme-t-on sulfate de potassium, sulfate de cuivre, et non sulfate d'oxyde de potassium, sulfate d'oxyde de cuivre, qui auraient dû être adoptés en admettant la nomenclature dualistique.

La nomenclature unitaire, en tenant compte de ce que l'expérience nous démontre réellement avoir lieu, et rien autre chose que ce que l'expérience nous apprend, est beaucoup plus rationnelle : elle nous dit qu'à l'hydrogène de l'acide sulfurique hydraté s'est substitué un métal, et que de cette substitution il est résulté un sel que nous devons nommer sulfate de potassium, sulfate de zinc, etc... En outre, les réactions s'expliquent d'une façon beaucoup plus simple en admettant les substitutions que les juxtapositions.

Reprenons la suite de la nomenclature chimique: les composés binaires se décomposent, en général, par le courant électrique; on appelle *électro-négatif* celui des éléments qui se porte au pôle positif, et inversement *électro-positif* celui qui se rend au pôle négatif. Ces désignations sont d'abord assez vicieuses; elles ne sont, de plus, que relatives, car si le brome, comme, du reste, tous les autres métalloïdes, est électro-négatif par rapport aux métaux, il reste encore électro-négatif par rapport à l'iode, qui est un métalloïde comme lui; il devient, au contraire, électro-positif par rapport au chlore; ce dernier, avec l'oxygène, étant les corps électro-négatifs extrêmes, l'oxygène devant être considéré comme la plus électro-négative de toutes les substances.

Quoi qu'il en soit, on décida de désigner les corps binaires en terminant par la désignation *ure*, le nom du corps électro-positif, de le faire suivre de la préposition *de*, et enfin du nom du corps électro-négatif. D'après ces règles, la combinaison du chlore et du zinc se désigne par les mots: *chlorure de zinc*.

Quand les deux corps donnent naissance à plusieurs composés, on les distingue très simplement par l'application de la loi des proportions multiples, que nous avons énoncée plus haut, et d'après laquelle les corps ne se combinent qu'en un petit nombre de proportions qui sont dans des rapports simples. La combinaison qui renferme le moins de corps électro-négatifs est affectée du préfixe *proto*. Celles qui en renferment deux et trois fois plus sont caractérisées par les préfixes *bi*, *tri*; *sesqui* s'emploie pour celles qui renferment une fois et demie autant du corps électro-négatif que celles que l'on a fait précéder du préfixe proto; ainsi sesquichlorure de fer sert à désigner un chlorure de fer qui renferme 1.5 autant de fer que le protochlorure de fer.

L'oxygène forma, dans la nomenclature, une sorte d'être à part pour lequel on dérogea aux règles employées pour dénommer les autres corps binaires; ce fut un premier tort que l'on aggrava encore pour la désignation des oxydes acides. Ainsi il fut décidé que l'on désignerait par le mot *oxyde*, suivi du nom de la deuxième substance, le composé formé par un corps quelconque et par l'oxygène, qui est la plus électro-négative de toutes les substances. A ces oxydes on attribue les préfixes, bi, tri, sesqui, etc..., pour désigner leur degré d'oxydation. Lorsque l'oxyde présente le caractère acide, on fait précéder le nom du corps simple, non du mot oxyde, mais de celui d'*acide*, et l'on affecte le nom du corps simple de la terminaison *ique*; c'est ainsi que l'on dit : acide azotique pour désigner un oxyde de l'azote présentant une réaction acide, tandis que l'on désigne par protoxyde d'azote un autre oxyde de l'azote qui ne possède pas de réaction acide.

Si l'oxygène forme avec le même corps deux combinaisons présentant le caractère acide, la plus oxygénée prend la terminaison *ique* et la moins oxygénée la terminaison *eux*. Exemple : acide sulfurique, acide sulfureux. Ces terminaisons nous indiquent bien que le composé terminé en *eux* est moins oxygéné que le composé terminé en *ique*, mais non dans quel rapport, comme le faisaient les préfixes employés pour les autres composés binaires.

De plus, depuis que cette nomenclature a été établie, on a découvert des acides qu'elle n'avait pas prévus ; c'est le cas de certains composés oxygénés du chlore, pour lequel on a reconnu des acides moins oxygénés que l'acide chloreux, un acide plus oxygéné que l'acide chlorique, et un acide intermédiaire entre l'acide chloreux et l'acide chlorique. Pour les désigner, on a recours au préfixe *hypo*, placée devant les mots chloreux et chlorique, pour les acides moins oxygénés, et au préfixe *per* pour l'acide à plus forte proportion d'oxygène ; c'est ainsi que l'on a formé les désignations d'acides hypochloreux, hypochlorique et perchlorique.

Une autre dérogation à la règle générale adoptée pour la désignation des composés binaires fut faite pour les composés d'hydrogène qui présentent une réaction acide : au lieu de les désigner par le mot *hydrure*, qui aurait été la désinence naturelle, on adopta la suivante : *on fait précéder le nom du corps simple du mot acide et on le termine par la désinence hydrique*. Au lieu donc de dire hydrure de chlore ou de brome, on décida d'adopter les expressions : acide chlorhydrique, acide bromhydrique.

Les composés binaires formés de deux métaux (et parfois de plusieurs métaux) prennent le nom d'*alliage*, suivi du nom des métaux qui le composent ; exception est faite lorsque le mercure fait partie de l'alliage, qui, dans ce cas, reçoit le nom d'*amalgame*.

Nous avons déjà vu comment on désigna les combinaisons des acides oxygénés et des oxydes, c'est à dire ce que l'on entend ordinairement par le nom de sels, et nous avons vu aussi pourquoi il était plus rationnel d'admettre que leur formation a plutôt lieu par substitution que par juxtaposition. La règle admise pour la nomenclature des sels est ainsi conçue : *la terminaison* IQUE *de l'acide sera changée en la désinence* ATE *que l'on fera suivre du nom de la base*. Exemple : sulfate de protoxyde de fer. En général on supprime le mot oxyde et on se contente de dire : sulfate de fer. Toutefois, lorsqu'il existe plusieurs oxydes basiques d'un même métal, il faut non seulement conserver le mot oxyde, mais encore désigner cet oxyde. Pour le fer, par exemple, on dira : sulfate de protoxyde de fer.

Les acides pouvant former des sels plus ou moins basiques, c'est à dire renfermant, pour une même quantité d'acide, deux, trois, etc., fois plus de base, *on les désignera par les mots bi, tri, tétra... basiques*, et l'on dira : acétate neutre de plomb, acétate bibasique de plomb, acétate tribasique de plomb.

Nomenclature symbolique. — Telle est, dans ses grandes lignes, la nomenclature parlée ; à elle seule, elle ne suffirait pas à traduire les phases d'une réaction ou, du moins, par son seul moyen, serait-on obligé d'avoir recours à de bien longues phrases, dont le sens serait bien moins clair qu'en ayant recours à la *nomenclature symbolique*, qui fut d'ailleurs créée en même temps que la nomenclature parlée.

On a admis de représenter chaque corps simple par une majuscule, qui est, en général, la première lettre de leur nom grec ou latin. Si le nom de plusieurs corps simples commence par une même lettre, on fait suivre la majuscule d'une minuscule prise parmi les premières lettres du nom. Az, Ag désignent le premier l'azote, le second l'argent ; C représente le carbone ; Cl, le chlore ; Ca, le calcium ; Cr, le chrome, etc. Il n'y a d'ailleurs qu'à consulter le tableau n° 1 pour se familiariser avec les symboles des corps simples.

Les symboles des corps composés se forment par la juxtaposition des symboles de leurs composants :

NaO est l'oxyde de sodium ou soude ;

HO, l'oxyde d'hydrogène ou eau ;

NaO,HO, l'hydrate de soude.

L'écriture symbolique a encore pour but de nous faire connaître immédiatement la composition des corps, et cela en affectant les symboles d'un exposant dont la valeur exprime les proportions des composants. Prenons un exemple : l'azote forme avec l'oxygène plusieurs combinaisons ; la moins oxygénée ou protoxyde d'azote s'écrit AzO ; le bioxyde d'azote, deux fois plus oxygéné, s'écrit AzO^2 ; on connaît l'acide azoteux, AzO^3 ; l'acide hypoazotique, AzO^4, et l'acide azotique, AzO^5. Ces formules, à elles seules, nous indiquent que nous avons affaire à des composés renfermant des proportions d'oxygène 2, 3, 4 et 5 fois plus fortes que le protoxyde d'azote.

De même, les formules KO, SO^3, KO, $2SO^3$, qui représentent du sulfate neutre de potasse et du bisulfate de potasse, nous indiquent que le second renferme deux fois plus d'acide sulfurique que le premier.

On voit qu'à l'inverse de la nomenclature parlée on écrit le corps électro-positif le premier, tandis qu'on l'énonce le dernier.

Dans la nomenclature unitaire, le sulfate de potasse s'écrit SKO^4 et le bisulfate S^2KHO^8, ou

$$\left.\begin{matrix} S^2 \\ K^2 \end{matrix}\right\} O^8. \qquad \left.\begin{matrix} S^2 \\ K \\ H \end{matrix}\right\} O^8.$$

Sulfate neutre. Bisulfate ou sulfate acide.

L'acide sulfurique hydraté étant représenté par la formule $S^2H^2O^8$ ou

$$\left.\begin{matrix} S^2 \\ H \\ H \end{matrix}\right\} O^8.$$

Si nous avions à écrire un traité de chimie générale, nous exposerions les raisons pour lesquelles on a été porté à doubler la formule de l'acide sulfurique à le représenter par $S^2H^2O^8$ au lieu de SHO^4 : je passerai ces disgressions sous silence, me contentant de signaler le fait, sans cela nous sortirions des limites d'un ouvrage tel que celui-ci, d'autant plus que nous aurions des remarques analogues à exposer pour beaucoup d'autres substances.

Équivalents. — Les symboles des corps et les exposants dont on les affecte ont encore une autre signification : non seulement ils nous indiquent les proportions dans lesquelles un corps se trouve combiné à un autre, ils signifient aussi un poids spécial et invariable de chacun d'eux que l'on nomme *équivalent*. Tâchons de faire comprendre ce que l'on entend par ce mot.

Plaçons une lame de zinc, que nous avons auparavant exactement pesée dans une dissolution bien neutre d'azotate d'argent. Le zinc déplacera tout l'argent combiné à l'acide azotique ; pour cela une partie du zinc se dissout, tandis que de l'argent métallique se précipite. Au lieu d'une dissolution d'azotate d'argent, nous avons, une fois la réaction entièrement terminée, une dissolution d'azotate de zinc. Nous pouvons figurer ce qui vient de se produire au moyen de l'équation suivante :

$$Zn + AzAgO^6 = Ag + AzZnO^6.$$

Si nous pesons à nouveau la lame de zinc, nous constaterons qu'elle a perdu, par exemple, 32 gr. 7 de son poids. En recueillant l'argent précipité, ou mieux réduit, pour adopter l'expression usitée, nous trouverons que son poids est exactement de 108 grammes.

Si nous opérions de même avec une solution de sulfate de cuivre, nous constaterions que pour 32 gr. 7 de zinc qui se sont dissous il s'est précipité 31 gr. 7 de cuivre.

Si enfin nous mettons une lame de zinc dans de l'acide sulfurique étendu, en recueillant l'hydrogène qui se dégage et en prenant le poids de ce gaz, nous trouverons que pour 1 gramme d'hydrogène dégagé il s'est dissous 32 gr. 7 de zinc.

Toutes ces expériences nous démontrent que 32 gr. 7 de zinc se sont substitués à 108 grammes d'argent, à 31 gr. 7 de cuivre et à 1 gramme d'hydrogène ; il faut en conclure que les poids des diverses substances que nous venons d'indiquer s'équivalent ou peuvent se remplacer dans les circonstances décrites. Par des expériences analogues, on arriverait à cette conclusion que ces mêmes poids de zinc, d'argent, de cuivre, d'hydrogène peuvent se substituer à 39 de potassium, à 23 de sodium, à 12 de magnésium, à 27 de manganèse, etc., que 35,5 de chlore, 80 de brome, 127 d'iode peuvent se substituer à 16 de soufre, à 14 d'azote, à 31 de phosphore, etc... Par conséquent ces poids ont reçu, à juste titre, le nom d'*équivalents*.

On a dressé pour les corps simples un tableau de leurs équivalents respectifs, déduits, pour la plupart, d'expériences précises, et pour d'autres de raisonnements théoriques qui ont permis d'en établir la valeur. Ces équivalents sont consignés dans le tableau suivant, où l'on a réuni les métalloïques et les métaux en classes ou familles, d'après leurs propriétés générales, qui présentent beaucoup d'analogies pour les différents corps de chaque famille. Les deux dernières colonnes donnent le *poids atomique et la valence* de ces mêmes corps simples ; nous verrons plus tard ce qu'il faut entendre par *poids atomique* et par *valence* d'un corps.

L'hydrogène, qui figure en tête du tableau, forme une classe à part, mais sa place serait plutôt intermédiaire entre les métalloïdes et les métaux, certaines de ses propriétés chimiques le rapprochant de ces derniers corps simples.

TABLEAU DES ÉQUIVALENTS

ET DES POIDS ATOMIQUES DES CORPS SIMPLES (1)

MÉTALLOÏDES

	ÉQUIVALENTS	POIDS ATOM.	VALENCE
Hydrogène, H	1	1	1
1re FAMILLE			
Fluor, Fl	19.00	19.06	1. 3. 5. 7
Chlore, Cl	35.37	35.37	1. 3. 4. 5, 7
Brome, Br	80.00	80.00	1. 3. 5. 7
Iode, I	126.50	126.50	1. 3. 5. 7
2e FAMILLE			
Oxygène, O	8.00	16.00	2
Soufre, S	16.00	32.00	2. 4. 6
Sélénium, Se	39.83	78.87	2. 4. 6
Tellure, Te	64.50	127.96	2. 4. 6
3e FAMILLE			
Azote, Az ou N	14.00	14.00	1. 3. 5
Phosphore, Ph	30.96	30.96	3. 5
Arsenic, As	74.90	74.90	3. 5
Antimoine, Sb	122.00	119.60	3. 5
4e FAMILLE			
Carbone, C	6.00	12.00	4
Silicium, Si	14.00	28.04	4
Bore, Bo	10.90	10.90	3

(1) Les corps qui ont un intérêt spécial pour la photographie sont imprimés en caractères gras.

MÉTAUX

	ÉQUIVALENTS	POIDS ATOM.	VALENCE
1re FAMILLE			
Barium, Ba	68.50	136.80	2
Calcium, Ca	20.00	39.90	2
Lithium, Li	7.01	7.01	1
Potassium, K	39.00	39.00	1
Rubidium, Rb	85.00	85.00	1
Sodium, Na	22.90	22.90	1
Strontium, Sr	43.75	87.30	2
2e FAMILLE			
Magnésium, Mg	12.00	24.00	2
Manganèse, Mn	27.50	54.80	2. 3. 4. 6. 7
3e FAMILLE			
Aluminium, Al	13.75	27.04	3
Chrome, Cr	26 28	52.40	2. 3. 6
Cobalt, Co	29 50	59.00	2
Fer, Fe	28.00	56 00	2. 3
Nickel, Ni	29.50	58.60	2. 3. 4
Zinc, Zn	32.75	64.90	2
4e FAMILLE			
Étain, Sn		117.69	2. 4
Titane, Ti		49 80	4
Tungstène, Tu		183.60	4. 5
5e FAMILLE			
Bismuth, Bi	210.00	207.60	3. 5
Cuivre, Cu	31.75	63.17	1. 2
Plomb, Pb	103.50	206.40	2. 4
6e FAMILLE			
Argent, Ag	108.50	107.60	1
Iridium, Ir	98.50	192.50	2. 4
Mercure, Hg	100.000	200.00	1. 2
Or, Au	98.20	196.15	1. 3
Platine, Pt	98.50	194.41	2. 4
Palladium, Pd	53.25	106.20	2. 4

En 1777, Wenzel établit les équivalents des acides et des bases, c'est à dire détermina les proportions des divers acides susceptibles de se combiner avec une même quantité de base ou réciproquement. Ce chimiste reconnut que 47 d'oxyde de potassium, renfermant 8 d'oxygène, se combinent avec 40 d'acide sulfurique supposé anhydre (SO^3) pour former un sulfate neutre ; que la même quantité de potasse exige 54 d'acide azotique, 75,5 d'acide chlorique pour former un azotate ou un chlorate neutre ; donc ces quantités des acides précités s'équivalent vis à vis de 47 de potasse.

Si on considère que cette même quantité, 40, d'acide sulfurique, exige pour former les sels neutres 31 de soude, 28 de chaux, 39,75 d'oxyde de cuivre, etc., on peut dire que ces quantités de base s'équivalent vis à vis de 40 d'acide sulfurique.

On reconnaîtrait enfin que les poids de ces mêmes bases, pour être neutralisées par 54 d'acide azotique, par 75,5 d'acide chlorique, etc., sont précisément les mêmes que celles qu'avaient exigées les 40 d'acide sulfurique. En conséquence, ces divers poids d'acides s'équivalent, ainsi que ces divers poids de bases.

Les équivalents que nous venons de citer, à titre d'exemple, sont exprimés, comme le faisait Dalton, en prenant 1 d'hydrogène pour terme de comparaison ; ce qui donne des chiffres moins élevés (12 fois 1/2 moins élevés) qu'en les rapportant, comme le faisait Berzélius, à 100 d'oxygène. L'unité de Dalton est aujourd'hui généralement adoptée, aussi le tableau de la page 17 ne comporte que les équivalents rapportés à 1 d'hydrogène.

Des raisonnements et des expériences qui précèdent, nous pouvons déduire la définition de l'équivalent :

« *On donne le nom d'équivalent*, disent Pelouze et Frémy, dans leur Traité de Chimie, *aux nombres qui représentent les quantités pondérales des différents corps qui peuvent se remplacer mutuellement dans les combinaisons.* »

Liebig et M. Berthelot en donnent une définition un peu différente ; la voici :

« *Les équivalents expriment les rapports suivant lesquels les corps se combinent ou se substituent les uns aux autres.* »

Comme beaucoup de corps peuvent se combiner ou se remplacer en plusieurs proportions, le choix du nombre caractéristique, c'est à dire de l'équivalent, laisse quelque incertitude ; il faut admettre ou la *polyéquivalence* ou bien en choisir un de préférence aux autres, en s'appuyant sur des considérations de divers ordres ; c'est à ce dernier parti que l'on s'est arrêté. Mais alors les définitions données ci-dessus ne sont pas exactes, et on ferait peut-être mieux d'admettre, pour définir l'équivalent, la formule suivante adoptée par Regnault :

« *Pour chaque corps simple, il existe une quantité pondérale telle que les combinaisons des corps simples entre eux ont toujours lieu suivant des multiples de ces quantités pondérales individuelles, par des nombres très simples, tels que* 1, $\frac{2}{3}$, 2, $\frac{5}{2}$, 3, $\frac{7}{2}$, 4... *Ce sont ces quantités pondérales que les chimistes ont appelées nombres proportionnels ou équivalents chimiques* (1). »

La constitution intime des corps nous est inconnue, ou, du moins, nos connaissances sont excessivement bornées sur ce point et ne reposent guère que sur des hypothèses, qui ont, du moins, l'avantage de se justifier dans la plupart des cas et d'avoir amené la découverte d'une foule de produits nouveaux, dont l'existence et les propriétés n'étaient que prévues en s'appuyant sur la constitution théorique de ces substances. Je ne m'arrêterai point, pour le moment, à citer plusieurs exemples de ces composés prévus et dont les propriétés l'étaient également avant qu'ils ne fussent découverts, puisque nous aurons, dans la suite, à faire l'étude de quelques produits usités en photographie qui sont précisément dans ce cas.

Quoi qu'il en soit, on admet aujourd'hui que les corps sont formés de petites masses que l'on nomme *molécules.* L'on définit la molécule de la façon suivante :

La molécule est la dernière limite de division à laquelle puisse être amené un corps au moyen des seuls agents physiques, ou, si l'on veut, *c'est la plus petite division d'un corps qui puisse exister à l'état libre* (2).

Les molécules peuvent être considérées comme infiniment petites, puisque, par des moyens physiques, l'analyse spectrale par exemple, nous pouvons reconnaître des quantités infiniment petites de chlorure de sodium et telles que les plus puissants microscopes seraient bien loin de pouvoir nous montrer. Nous savons cependant d'une façon certaine que cette partie pour ainsi dire impondérable, que nous pouvons, du reste, considérer aussi petite qu'il soit possible d'imaginer, sa molécule, en un mot, est formée par la réunion d'autres particules qui doivent nécessairement être plus petites qu'elle ; ce sont celles de ses deux composants,

(1) RÉGNAULT, *Cours élémentaire de chimie*, t. III, p. 439, édition de 1851.

(2) Évidemment il ne faut pas prendre cette définition à la lettre. On n'a jamais institué d'expériences sur les plus petites quantités de matière qui puissent exister à l'état libre, et on ne peut pas dire s'il en faudrait mille, un million, un milliard pour faire un milligramme. Le concept de la molécule ne suppose pas un nombre absolu mais seulement des nombres relatifs. Les poids moléculaires sont, par conséquent, comme les poids atomiques, des poids relatifs.

le chlore et le sodium. A ces petites masses ultimes, on a donné le nom d'*atomes*.

L'atome est donc la plus petite quantité d'un corps simple qui puisse entrer dans une molécule. C'est le dernier degré de division de la matière auquel on puisse parvenir par les agents chimiques (1), et par tous les moyens possibles, peut-on ajouter, puisque les agents physiques ne peuvent opérer que la division moléculaire.

En d'autres termes, c'est la *cohésion* qui réunit les molécules pour former les corps, et c'est l'*affinité* qui réunit les atomes pour former les molécules.

Tous les corps, simples ou composés, sont donc constitués par des molécules et des atomes; il y a seulement à noter que les molécules des corps simples sont homogènes, c'est à dire formées d'atomes de même nature, tandis que les molécules des corps composés sont hétérogènes.

Je ne peux passer entièrement sous silence la nouvelle théorie sur la constitution de la matière qui a pris corps dans la science, surtout depuis que l'on connaît les propriétés merveilleuses du radium (et de tous les corps radioactifs).

On admet aujourd'hui que l'*atome* que la chimie considérait jusqu'ici comme l'unité de matière non divisible est, lui-même, un corps composé d'*électrons positifs* et d'*électrons négatifs*. Si on n'a pu, jusqu'à présent, en dissocier un, cela tient uniquement à ce que nous ne disposons pas de moyens assez puissants pour y arriver.

A vrai dire, cette conception n'est pas nouvelle, mais on n'a pu le préciser qu'en considérant les électrons comme parties d'atomes.

Les corps radioactifs constituent des substances dont les électrons se trouvent dans un état instable, de sorte que leurs atomes sont en pleine période de décomposition et s'échappent les électrons négatifs sous forme de particules qui donnent naissance aux rayons β ; les rayons α sont formés de plus grosses particules d'un atome, mélange d'électrons positifs et négatifs, mais dans lesquels les électrons positifs prédominent.

On peut remarquer que les corps radioactifs, c'est à dire ceux dont les atomes sont les plus instables, sont ceux dont les atomes sont en même temps les plus lourds (uranium, thorium, radium), de même que dans la théorie du système solaire de Kant-Laplace, ce sont les corps

(1) Il est cependant des cas exceptionnels où les molécules résistent à l'action chimique, qui ne parvient pas à les diviser ; chez les corps qui présentent cette particularité, c'est que la molécule se confond avec l'atome. Exemple : le mercure, le cadmium.

célestes les plus lourds qui, ne pouvant plus maintenir leur cohésion, se scindent le plus facilement en parties plus légères, en satellites.

Je ne m'étends pas plus longuement sur ce sujet, aussi intéressant qu'il puisse être, cela nous écarterait beaucoup trop de l'objet de cet ouvrage.

On a voulu assigner une forme aux atomes ; certains chimistes ont dit, en effet, qu'ils sont polyédriques dans les solides et sphériques dans les liquides et les gaz. Inutile d'ajouter que ce sont là de pures suppositions, et que si, d'une façon à peu près générale, on admet leur forme sphérique, c'est parce que cette dernière est celle qui se prête le mieux à tous les groupements possibles.

On admet encore que la matière pondérale qui constitue les corps, tant solides que liquides ou gazeux, n'est pas partout continue à elle-même ; ou, en d'autres termes, que les molécules matérielles sont situées à une certaine distance, laissant entre elles des lacunes vides qui sont considérables par rapport à l'étendue de la molécule elle-même. Mais ce n'est pas là le vide absolu ; car ces espaces sont occupés par le milieu élastique et très raréfié qui remplit tout l'univers et pénètre tous les corps, milieu auquel on a donné le nom d'*éther*. Il ne faut pas, toutefois, confondre les lacunes dont je viens de parler, et qu'on ne peut apercevoir, avec les lacunes accidentelles, visibles à l'œil nu ou par le moyen d'instruments grossissants, auxquelles on a donné le nom de *pores*.

Les détails ou explications que je viens de donner nous étaient indispensables pour bien comprendre ce que l'on entend par *poids atomiques*. On les définit en disant que *les poids atomiques sont les nombres proportionnels qui représentent les poids relatifs des atomes des corps simples comparés au poids de l'atome d'hydrogène pris pour unité*. La théorie des poids atomiques, ou simplement la *théorie atomique*, tend de plus en plus à remplacer la théorie des équivalents, et l'on peut même dire qu'elle est aujourd'hui universellement admise.

La différence entre ces deux théories consiste donc en ce que, par les équivalents, on considère le poids des corps qui entrent en combinaison, tandis qu'en théorie atomique on indique le rapport dans lequel les atomes se combinent.

Ainsi, en équivalents, on dit qu'un équivalent d'hydrogène se combine à un équivalent d'oxygène pour former un équivalent d'eau, d'où l'équation :

$$H + O = HO.$$

En théorie atomique, comme l'eau résulte de la combinaison de 2 atomes d'hydrogène et de 1 atome d'oxygène, on l'écrira :

$$H^2 + O = H^2O.$$

La théorie atomique repose sur l'hypothèse suivante, formulée par Ampère et Avogrado :

Les volumes de gaz ou de vapeur simple, considérés à une même température, sous un même volume et une même pression, renferment un même nombre d'atomes, et, par suite, ces atomes sont égaux comme volume et différents comme poids.

De la propriété, reconnue par Mariotte, que les gaz et les vapeurs, à la même température, se dilatent et se compriment également, Ampère en a déduit que les atomes des gaz et des vapeurs sont tous à une même distance des uns des autres, et que, par conséquent, des volumes égaux de gaz ou de vapeurs en renferment le même nombre ; il s'ensuit que les atomes des divers gaz ou vapeurs sont égaux en volume ; leur poids seul diffère, puisque des volumes égaux de ces gaz ou de ces vapeurs ne pèsent pas également.

On ne peut connaître le poids absolu des atomes composant les divers corps simples ; cette connaissance n'aurait, d'ailleurs, aucun avantage spécial, du moment que l'on possède celle de leur poids relatif. En effet, si des volumes de gaz ou de vapeurs renferment le même nombre d'atomes, les poids respectifs des atomes qui les composent doivent être dans le même rapport que le poids de ces gaz ou que leurs densités.

Pour pouvoir exprimer en chiffres ces poids relatifs des atomes, ce que l'on nomme leur *poids atomique*, il a fallu nécessairement choisir une unité ; on a pris pour unité le poids de l'atome d'hydrogène ; mais comme pour les densités, telles qu'on les définit ordinairement, c'est l'air et non l'hydrogène qui est pris pour unité, il s'ensuit que, pour avoir le poids atomique des différents gaz ou vapeurs simples, il suffit de diviser leur densité par celle de l'hydrogène, qui est 0,0692.

Appliquons cette règle à l'oxygène dont la densité est 1,1056 ; son poids atomique égale : $\frac{1,1056}{0,0692} = 16$; pour le chlore, nous aurions poids

$(D = 2,45)$: $\frac{2,45}{0,0692} = 35,5$.

Bien des corps simples ne peuvent se réduire en vapeur ; dans ce cas, on se fonde, pour trouver leur poids atomique, sur la loi de Dulong et Petit relative aux chaleurs spécifiques, qui s'énonce ainsi : « *Le produit de la chaleur spécifique d'un corps simple par son poids atomique est un nombre sensiblement constant et égal à environ 6,40.* » Pour trouver le poids atomique d'un corps simple, non susceptible d'être réduit en vapeur, on divisera 6,40 par son coefficient de chaleur spécifique.

Les poids moléculaires des gaz ou des vapeurs simples ou composés sont des nombres qui représentent le poids relatif des molécules de ces corps comparé au poids de la molécule d'hydrogène pris pour unité. Sans entrer dans les considérations qui ont fait adopter *que la molécule d'hydrogène se compose de deux atomes de ce gaz*, puisque nous rapportons le poids moléculaire de tous les autres gaz au poids moléculaire de l'hydrogène, c'est à dire à deux fois son poids atomique, il en résulte que le poids moléculaire de tous les gaz ou vapeurs est aussi le double de leur poids atomique ; il faut en excepter cependant le phosphore et l'arsenic, dont le poids moléculaire de vapeurs égale quatre fois leur poids atomique.

La plus petite quantité d'eau qui puisse exister, c'est à dire sa molécule, étant celle qui provient de la combinaison de deux atomes (une molécule) d'hydrogène $= 2$ et d'un atome d'oxygène $= 16$, le poids moléculaire de l'eau égale nécessairement $16 + 2 = 18$

Puisque, d'autre part, nous savons que la combinaison de ces deux atomes (ou deux volumes) d'hydrogène et d'un atome (ou un volume) d'oxygène donne naissance à deux volumes de vapeur d'eau, nous pouvons en conclure que le poids moléculaire de l'eau correspond à deux volumes de sa vapeur.

Comme il en est ainsi de presque tous les gaz ou vapeurs, on peut dire que la molécure de ces corps correspond à deux volumes de vapeur. Parmi les exceptions, nous pouvons citer l'acide sufurique monohydraté le perchlorure de phosphore et divers sels amoniacaux.

On donne le nom de corps *monoatomiques* ou *monovalents* à ceux qui se combinent atome par atome avec l'hydrogène, tels sont les métalloïdes de la 1re famille : fluor, chlore, brome, iode.

L'oxygène, le soufre, le sélénium, le tellure, qui composent la 2e famille des métalloïdes, sont *diatomiques*, parce que chacun de leurs atomes peut fixer deux atomes d'hydrogène.

Les métalloïdes de la 3e famille peuvent en fixer trois ; on les nomme *triatomiques* : ce sont l'azote, le phosphore, l'arsenic, l'antimoine.

Le carbone, le silicium, le bore forment la 4e famille ; ils sont *tétratomiques* ou *quadrivalents*.

La nomenclature parlée que l'on emploie, lorsqu'on adopte la théorie atomique, ne diffère pas de celle admise avec les équivalents ; dans la nomenclature écrite ou symbolique, les symboles, au lieu de représenter des équivalents, représentent des atomes ; de là la différence que l'on remarque dans les formules écrites en poids atomiques et en équivalents.

L'eau, dans cette dernière notation, s'écrivant HO, devient H^2O en notation atomique, puisque, si, dans le premier cas, on admet qu'elle résulte de la combinaison de 1 équivalent H et de 1 équivalent O, dans le second on admet qu'elle provient de la combinaison de 2 atomes H et de 1 atome O.

L'acide carbonique s'écrit, dans les deux notations CO^2. Le carbone étant tétratomique peut fixer 4 atomes d'hydrogène ou 2 atomes d'oxygène, puisque ce dernier, étant divalent, peut par atome remplacer 2 atomes d'hydrogène.

Il est bon de faire remarquer que l'on admet aujourd'hui deux groupes de composés binaires oxygénés : les anhydrides et les oxydes. Sous le nom d'*anhydrides*, on entend les composés oxygénés qui peuvent se combiner à de l'eau pour donner naissance à des acides. A proprement parler, les anhydrides ne deviennent aptes à jouer le rôle d'acides qu'en s'hydratant ; c'est un point que nous avons déjà mentionné ; aussi a-t-on voulu, par cette appellation d'anhydrides, les distinguer des composés oxygénés ternaires qu'ils forment après leur hydratation, et dans lesquels un équivalent d'hydrogène au moins est remplaçable par une quantité équivalente d'un métal (1).

Formules de constitution. — Il me reste, avant de terminer ce petit résumé des principes fondamentaux de la Chimie, à donner quelques explications complémentaires sur la façon dont on envisage aujourd'hui les réactions chimiques, et pour quel motif on a été porté à les traduire par ce que l'on nomme les *formules de constitution* ou *formules développées*, dont nous aurons dans la suite à faire un fréquent usage, au lieu des formules brutes dont nous nous sommes servis jusqu'ici. Ces formules, tout hypothétiques qu'elles soient, permettent de représenter facilement les réactions des corps organiques, leur mode de génération et la parenté, si je puis m'exprimer ainsi, qui existe entre divers de ces produits.

Auparavant, il est bon de bien préciser ce que l'on entend par *atomicité* ou *valence* d'un corps : nous savons que les atomes ne peuvent se remplacer ou se combiner entre eux en toutes proportions ; chaque corps, au contraire, possède une aptitude ou capacité de se combiner avec un cer-

(1) En effet, si SO^3, composé binaire, constitue l'anhydride sulfurique, ce composé, en prenant une molécule d'eau, devient l'acide sulfurique, SH^2O^4 ($SO^3 + H^2O$). Le premier ne peut former des sels, puisqu'il ne renferme pas d'hydrogène ; le second, au contraire, est un acide vrai, puisqu'il peut échanger un ou deux atomes d'H par une quantité équivalente d'un métal. Lorsque les deux atomes d'H sont remplacés, le sel est dit neutre, et acide dans le cas contraire.

tain nombre maximum d'atomes d'un autre corps, nombre qu'il ne peut dépasser; on pourrait comparer cette capacité à l'attraction magnétique d'un pôle aimanté qui attire ou supporte un certain nombre de pointes qui ne peut être dépassé, tandis qu'un pôle plus énergique en supportera deux, trois fois plus. C'est à cette capacité des divers corps, variable de l'un à l'autre, que l'on a donné le nom de *valence* ou d'*atomicité*. Comme pour déterminer cette valence d'une façon précise il faut une unité de comparaison, on l'a rapportée à celle de l'hydrogène, dont l'atomicité a été faite égale à 1. Or, le nombre des combinaisons que peuvent former les corps en se combinant entre eux ou en se substituant les uns aux autres est limité, l'expérience nous le prouve en nous montrant que l'on peut obtenir par ces combinaisons un certain nombre de corps et pas d'autres; il s'ensuit que chaque corps possède une aptitude spéciale maximum qui représente sa valence; par exemple:

1 atome	H	et 1	atome	Br	fournissent	HBr (acide bromhydrique).
2 —	H	1	—	O	—	H^2O.
3 —	H	1	—	Az	—	AzH^3.
4 —	H	1	—	C	—	CH^4 (gaz des marais ou méthane).

Inversement, 1 atome de brome peut remplacer 1 atome H; 1 atome d'oxygène peut remplacer deux atomes H; 1 atome Az peut en remplacer 3, et 1 de carbone peut se substituer à 4 atomes d'H. On est donc fondé à dire que le brome, comme les autres métalloïdes de la même famille, sont *monoatomiques*, que l'oxygène est *divalent*, l'azote *trivalent* et le carbone *quadrivalent*. On exprime ordinairement l'atomicité d'un corps en affectant son symbole d'un exposant écrit en chiffres romains : H^{I}, O^{II}, Az^{III}, C^{IV}.

C'est en tenant compte de la valence que l'on établit les formules de constitution, qui nous indiquent d'une façon très claire la constitution de la molécule et les substitutions auxquelles elle peut donner lieu. Pour établir ces formules, on écrit d'abord le symbole du corps qui possède la plus forte valence et on l'affecte d'autant de traits qu'il possède d'atomicités, en les disposant symétriquement ou unilatéralement lorsque cela devient nécessaire, ainsi que nous aurons bientôt l'occasion de le voir.

Ainsi, l'oxygène, divalent, s'écrira : — O — ; l'azote, trivalent : — Az — (avec un trait au-dessus);

le carbone, quadrivalent : — C — (avec un trait au-dessus et un trait au-dessous), et l'hydrogène, qui est monovalent, se figure par H —. Or, l'oxygène, pour être saturé, c'est à dire pour que sa valence soit satisfaite, doit se combiner ou avec deux atomes d'un corps monovalent, exemple l'eau : H — O — H, ou avec un atome d'un autre corps divalent comme lui, exemple le calcium : O = Ca''.

L'azote, trivalent, pour être saturé exige trois atomes d'hydrogène,

$$\begin{array}{c} \mathrm{H} \\ | \\ \mathrm{H - Az - H} \end{array}$$

exemple l'ammoniaque : H — Az — H; le carbone, quadrivalent, en exige quatre, exemple le méthane : H — C — H.

$$\begin{array}{c} \mathrm{H} \\ | \\ \mathrm{H - C - H} \\ | \\ \mathrm{H} \end{array}$$

Nous allons démontrer que ces formules développées nous indiquent mieux que les formules brutes la constitution des corps et les réactions dont leurs molécules peuvent être l'objet. En désignant l'eau par sa formule brute H^2O, faisant de même pour l'ammoniaque AzH^3 et pour le méthane CH^4, il nous est difficile de saisir les transformations et substitutions dont ces corps sont susceptibles, tandis qu'elles sont rendues très claires en employant les formules de constitution. Occupons-nous, par exemple, du plus simple des carbures d'hydrogène, du méthane ou gaz des marais, dont il a été déjà question : il est formé de 1 atome de C^{IV} et de 4 atomes de H^{I}; dans ce carbure, le carbone a donc ses 4 atomicités satisfaites, il est dit saturé, il ne peut s'unir à un atome de plus d'hydrogène. Écrivons la formule de constitution du méthane :

$$\begin{array}{c} \mathrm{H} \\ | \\ \mathrm{H - C - H.} \\ | \\ \mathrm{H} \end{array}$$

On comprend qu'on puisse lui enlever un ou plusieurs atomes d'hydrogène pour les remplacer par un nombre égal d'atomes d'un autre corps monoatomique; c'est ce qui arrive lorsqu'on fait réagir le chlore sur le gaz des marais. Le chlore étant monoatomique comme l'hydrogène, il peut s'opérer quatre substitutions successives qui donnent lieu à autant de produits chlorés dérivés du méthane. Ce sont :

$$\begin{array}{cccc} \mathrm{H} & \mathrm{Cl} & \mathrm{Cl} & \mathrm{Cl} \\ | & | & | & | \\ \mathrm{H - C - Cl} & \mathrm{H - C - Cl} & \mathrm{Cl - C - Cl} & \mathrm{Cl - C - Cl.} \\ | & | & | & | \\ \mathrm{H} & \mathrm{H} & \mathrm{H} & \mathrm{Cl} \end{array}$$

Chlorure de méthyle. Méthane chloré. Chloroforme. Tétrachlorure de carbone.

De plus, comme un atome d'un élément diatomique peut se substituer à deux atomes d'un élément monoatomique, il s'ensuit que la combinaison $\begin{array}{c} \phantom{Cl - {}} Cl \\ \phantom{Cl - {}} | \\ Cl - C = O \end{array}$ est possible ; elle existe en effet, c'est le gaz chloroxycarbonique; de même, deux atomes d'un élément diatomique peuvent se substituer aux quatre atomes d'hydrogène et former une combinaison telle que $O = C = O$, qui est l'acide carbonique.

On peut enfin supposer qu'un élément triatomique, tel que l'azote, se substitue, dans le méthane, à trois atomes d'hydrogène, pour former le composé $H - C \equiv Az$; l'acide cyanhydrique répond à cette composition. Nous pourrions de la sorte multiplier ces exemples à l'infini ; mais ceux qui précèdent suffisent, je l'espère, à faire saisir l'avantage des formules de constitution. J'en citerai néanmoins encore un autre, parce qu'il va nous montrer le mode de génération de composés plus complexes. Il existe un liquide éthéré, très volatil, qui représente du gaz des marais monoiodé $\begin{array}{ccccc} & & H & & \\ & & | & & \\ H & - & C & - & I \\ & & | & & \\ & & H & & \end{array}$, c'est à dire dans lequel un atome d'iode, élément monoatomique, s'est substitué à un atome d'hydrogène : on le nomme *iodure de méthyle.* Ce corps, chauffé avec de la potasse hydratée, donne lieu à la formation d'iodure de potassium KI et à un corps dont la formule brute correspond à CH^3OH, qui est l'*hydrate de méthyle* ou *esprit de bois.* La réaction qui lui a donné naissance se comprend aisément au moyen des formules de constitution. Celle de méthane étant $\begin{array}{ccccc} & & H & & \\ & & | & & \\ H & - & C & - & H \\ & & | & & \\ & & H & & \end{array}$ et celle de l'iodure de méthyle $\begin{array}{ccccc} & & H & & \\ & & | & & \\ H & - & C & - & I \\ & & | & & \\ & & H & & \end{array}$, si nous enlevons l'iode à ce dernier au moyen de la potasse, nous obtenons un corps incomplet dans lequel une atomicité du carbone n'est pas satisfaite ou reste libre ; le carbone s'empare alors de l'oxygène et de l'hydrogène, combinés au potassium pour former la potasse hydratée $H^{I} - O^{II} - K^{I}$, c'est à dire au groupement $H^{I} - O^{II} -$ que l'on nomme *oxhydrile,* qui reste monovalent, puisque l'oxygène divalent n'a qu'une de ses atomicités satisfaites par un atome d'hydrogène. C'est ce groupement H — O — qui vient, dans l'iodure de méthyle, se substituer à l'atome d'iode qui se porte sur le potassium. Voici donc comment nous traduirons cette réaction en apparence assez complexe :

$$\begin{array}{c} \\ \\ H - O - K + H - \end{array}\begin{array}{c} H \\ | \\ C \\ | \\ H \end{array}\begin{array}{c} \\ \\ - I = K - I + H - \end{array}\begin{array}{c} H \\ | \\ C \\ | \\ H \end{array}\begin{array}{c} \\ \\ - (H - O -). \end{array}$$

Ainsi envisagée, elle se saisit beaucoup plus aisément que si nous avions fait usage des formules brutes. D'une façon générale, on suit, au moyen des formules de constitution, les transformations que subissent les corps dans les diverses réactions qu'on leur fait subir, et elles constituent une sorte de méthode mémotechnique. Ce qu'on pourrait leur reprocher, ce serait de faire intervenir des groupes tels que HO, AzH^2, qui n'ont pas toujours été isolés, et d'admettre l'existence d'autres radicaux qui sont dans le même cas (1).

(1) Voici ce qu'on entend par *radicaux :* certains groupements d'atomes peuvent se transporter facilement dans les combinaisons ; ainsi le groupement HO^1 est monovalent, il peut se substituer à un atome d'hydrogène, il constitue un radical que l'on nomme *oxhydrile ;* le groupement $-C\leftarrow\begin{array}{c}H\\H\\H\end{array}$ ou $-C\equiv H^3$ est également monoatomique, il a reçu le nom *méthyle ;* il en est de même du radical $-Az=H^2$, que l'on nomme *amidogène.* Parmi les autres radicaux qui interviennent souvent, citons l'*éthyle*, C^2H^5, que l'on peut écrire CH^3-CH^2 ou $H - \begin{array}{c}H\\|\\C\\|\\H\end{array} = \begin{array}{c}H\\|\\C\\|\\H\end{array} -$; on voit que ce radical est monoatomique : le radical $-\begin{array}{c}H\\|\\C\\|\\H\end{array} = \begin{array}{c}H\\|\\C\\|\\H\end{array}-$, que l'on nomme *éthylène*, est diatomique : le *carboxyle*, $\begin{array}{c}|\\C\\|\\HO\end{array} = O$, est monoatomique : le *phényle*, C^6H^5, est monoatomique et peut être figuré de la façon suivante :

$$\begin{array}{ccc} & H & \\ & | & \\ & C & \\ H - C & & C - \\ H - C & & C - H \\ & C & \\ & | & \\ & H & \end{array}$$

Chaque radical, transporté dans un carbure d'hydrogène, lui communique des propriétés spéciales et caractéristiques ; c'est un fait que nous aurons l'occasion de remarquer plus tard, lorsque nous étudierons les développateurs.

A part cela, il est incontestable qu'elles ont rendu et rendent bien des services; c'est grâce à elles que bon nombre de produits nouveaux ont été découverts, et, si hypothétiques qu'elles soient, elles n'ont jamais été démenties par l'expérience.

Ce n'est pas tout; ces mêmes formules nous rendent compte des propriétés, souvent fort différentes, que possèdent des corps qui ont cependant la même formule brute, ou autrement dit qui sont *isomères*...

Il faut que la cause des propriétés chimiques différentes des substances isomères réside en ce que leur molécule n'est pas constituée d'une façon identique, que le groupement des atomes qui forme ces molécules ne soit pas le même pour les unes et pour les autres. Prenons, par exemple, la pyrocatéchine, le réducteur dont nous aurons à parler dans la suite; sa formule brute est $C^6H^6O^2$; l'hydroquinone, qui est également un réducteur des sels d'argent possède cette même composition; il en est enfin de même de la résorcine, qui, à l'état pur, ne jouit pas de la propriété qui a fait utiliser ses deux isomères dans les opérations photographiques.

En développant les formules de ces trois composés et en assignant à chaque groupe la place que les réactions nous semblent devoir autoriser, nous représenterons la pyrocatéchine par la formule suivante :

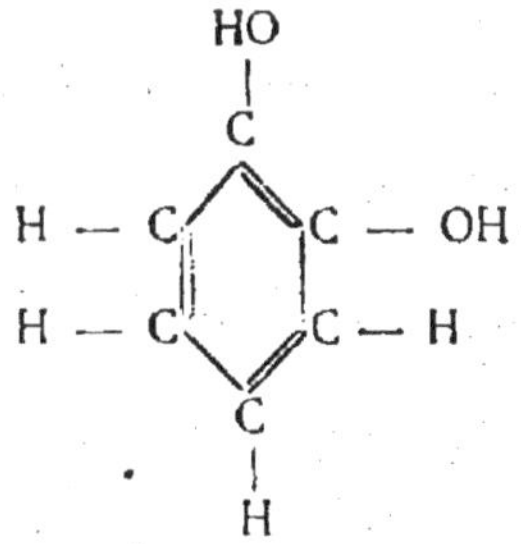

```
            HO
            |
            C
          /   \\
H — C           C — OH
    ||          |
H — C           C — H
      \\      //
            C
            |
            H
```

qui est en quelque sorte du phénol dans lequel deux atomes d'hydrogène sont remplacés par deux radicaux oxhydriles OH. C'est donc un *diphénol*, et nous dirons que la pyrocatéchine est un *orthodiphénol*, à cause de la place à laquelle, dans l'hexagone, la substitution s'est effectuée (1);

(1) Il est bon de savoir que l'on considère les phénols comme dérivant de la benzine, C^6H^6, que l'on représente en formule développée par :

mais puisqu'il existe des diphénols jouissant de propriétés différentes de celles de la pyrocatéchine, il faut admettre que pour ceux-ci la substitution du second groupe OH s'est faite sur un atome d'hydrogène occupant un autre sommet de l'hexagone que celui que nous avons admis pour la pyrocatéchine. Pour préciser, numérotons les sommets de l'hexagone de Kékulé et supposons le premier groupe OH substitué à l'hydrogène du sommet n° 1 ; la deuxième substitution peut être faite au sommet 2 ou au sommet 6, c'est à dire le plus proche possible de la première. Peu importe, à part cela, qu'elle ait eu lieu en 2 ou en 6 ; puisque l'hexagone est symétrique, nous aurons ce que l'on nomme un *orthodiphénol ;* c'est le cas, avons-nous dit, de la pyrocatéchine. Si la deuxième substitution s'est faite au sommet 3 ou 5, on aura un composé en *méta*, ce sera un *métadiphénol* comme l'est la résorcine. Enfin, si cette deuxième substitution se fait au sommet 4, on aura un composé en *para*, un *paradiphénol* comme l'hydroquinone.

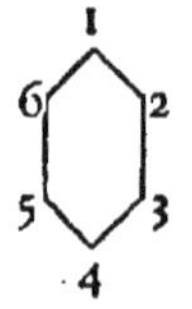

On voit ainsi comment ces trois corps qui ont la même formule brute, $C^6H^6O^2$, qui sont isomères en un mot, ne possèdent pas la même constitution moléculaire. C'est à cette différence que l'on doit attribuer celle de leurs propriétés chimiques qui font, par exemple, que l'orthodiphénol et le paradiphénol réduisent le sous-bromure d'argent, tandis que le métadiphénol est sans action sur ce composé. Si donc leur formule développée est purement hypothétique, c'est une hypothèse qui s'accorde du moins

Benzine. Phénol.

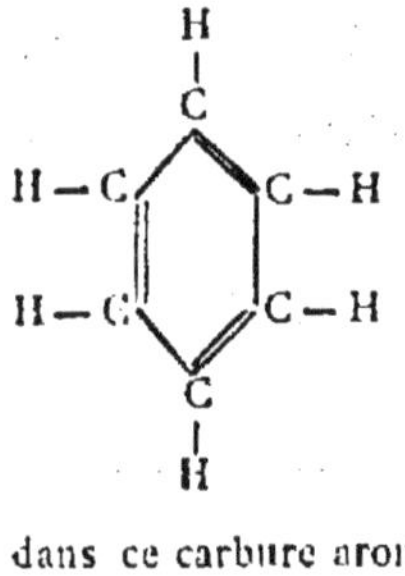

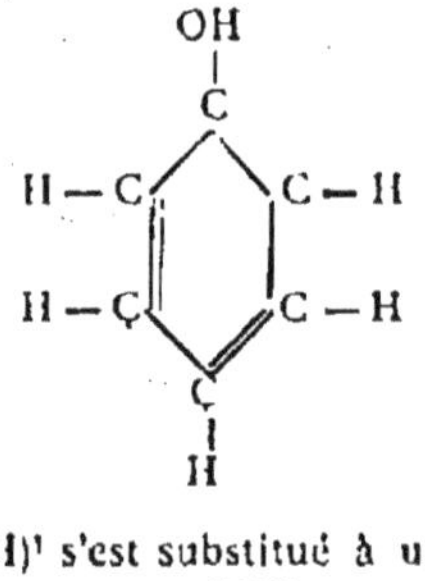

en ce que dans ce carbure aromatique, un groupe (OH)' s'est substitué à un atome d'hydrogène pour constituer le phénol ordinaire; si deux groupes (OH) se sont substitués à deux atomes d'hydrogène, on a le diphénol.

avec les faits, et ceci n'est pas seulement propre à l'exemple que nous venons de citer, puisque nous aurons souvent l'occasion de voir, et d'une façon encore plus précise, que la théorie s'accorde avec les résultats que fournit l'expérience.

Les formules développées ne donnent pas réellement, sans doute, la connaissance de la nature intime et de l'état des éléments qui composent une substance; elles nous montrent simplement que les choses se passent comme si les théories qui ont conduit à les admettre étaient réellement exactes.

J'ai résumé ainsi, et aussi brièvement que possible, les notions générales de Chimie qu'il est indispensable de connaître pour l'intelligence d'un ouvrage traitant d'une application quelconque de cette science. J'aurai, dans les pages qui suivront, à les rappeler plusieurs fois, et je ne craindrai même pas, lorsque l'occasion s'en présentera, de leur donner un peu plus de développement, afin de bien démontrer que les vues spéculatives et les méthodes scientifiques peuvent, dans bien des cas, s'appliquer avec succès aux opérations photographiques; que pour celles-ci, de même que pour beaucoup d'autres sciences, elles ont détrôné les méthodes empiriques, au grand profit de leur simplification et des progrès rapides qui en ont déjà résulté.

CHAPITRE II

ANALYSE CHIMIQUE

La Chimie analytique constitue à elle seule une branche spéciale de cette science, qui exige de la part de celui qui s'y livre une étude approfondie des principes généraux et aussi, il faut le dire, une pratique suivie de ce genre de travaux. La connaissance des méthodes analytiques semble donc peu en rapport avec celles que, d'une façon à peu près générale, l'amateur photographe désire acquérir ou qu'il lui semble utile de posséder pour se livrer à ce qu'il ne considère le plus souvent que comme une simple distraction.

Si ces remarques sont exactes lorsqu'il s'agit des recherches analytiques envisagées au point de vue général, il n'en est plus de même lorsque les produits que l'on peut avoir à examiner sont peu nombreux, comme c'est le cas des produits d'un usage courant dans les opérations photographiques, et que l'on tient simplement d'être en état de s'assurer de leur pureté ou de pouvoir en effectuer le dosage. Ainsi limités, ces recherches ou ces essais ne présentent pas de difficultés réelles ; il suffit de quelques exercices pour arriver à les exécuter très convenablement, et cela sans le secours d'un matériel coûteux ou encombrant. C'est ce qui m'a engagé à introduire dans ce *Traité de Chimie photographique* deux chapitres consacrés aux méthodes d'analyse chimique, en les limitant, bien entendu, aux produits que l'on peut être appelé à examiner en pratiquant la photographie. Je ferai remarquer que dans les pages qui vont suivre je ne m'occuperai que des méthodes générales d'analyse, me réservant de donner dans le deuxième volume, où chaque produit sera étudié en particulier, les divers modes d'essai auxquels il faut les soumettre pour découvrir les altérations ou les falsifications dont ils ont pu être l'objet.

Analyse qualitative et analyse quantitative. — L'analyse chimique se divise en *analyse qualitative* et en *analyse quantitative*. Par la première, on a pour but de reconnaître la nature d'une ou plusieurs substances qui se présentent, soit en nature, soit en dissolution; le but de la seconde consiste, après avoir préalablement déterminé la composition élémentaire, si elle est inconnue, de déterminer la teneur de la substance pour un élément donné ou pour plusieurs éléments.

Supposons, par exemple, qu'on nous soumette une solution dont la composition est inconnue : au moyen de réactifs appropriés, nous sommes parvenus à déterminer que c'est une solution de chlorure d'or; nous avons ainsi fait une analyse qualitative. Si, cette première connaissance acquise, nous voulons doser la quantité de métal précieux que renferme un volume donné, soit 100 cmc., il nous faudra avoir recours aux méthodes d'analyse quantitative.

L'analyse qualitative ne nécessite que quelques appareils que l'on peut se procurer facilement; ils consistent en quelques tubes à essai (fig. 1), un support pour ces tubes (fig. 2), des verres à expérience (fig. 3),

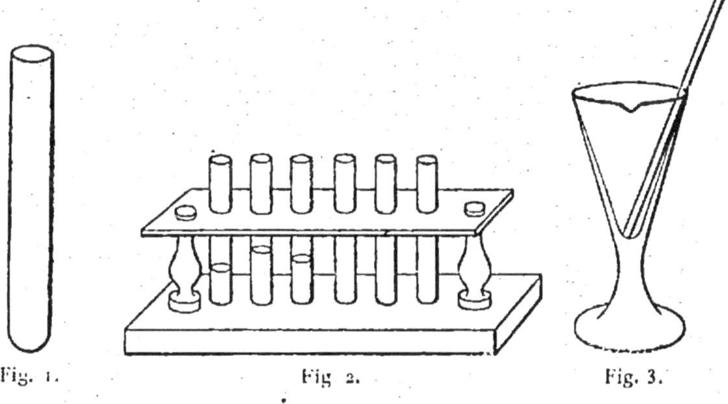

Fig. 1. Fig 2. Fig. 3.

des agitateurs, des entonnoirs de grandeurs assorties, du papier à filtrer de bonne qualité, tel que le papier Berzélius, et enfin en un certain nombre de réactifs *purs*; je souligne cette dernière expression parce que la pureté des réactifs est d'une importance capitale.

Si donc on veut préparer soi-même les solutions qui vont nous servir à caractériser les substances, il faut se procurer les matières premières dans des maisons de confiance en demandant les produits spécialement préparés pour analyse. Les maisons Poulenc, Billault, Rousseau et plusieurs autres fournissent les réactifs qui vont nous être utiles, soit en nature, soit à l'état de solutions prêtes pour l'usage, et dans un état de pureté tel que le chimiste le plus scrupuleux peut leur accorder toute confiance.

Un réactif, toutefois, ne peut guère se trouver dans le commerce : c'est l'hydrogène sulfuré ; mais on trouve chez les marchands de fournitures pour laboratoires divers appareils destinés à fournir ce gaz d'une façon automatique (fig. 4). De tels appareils, convenables et indispen-

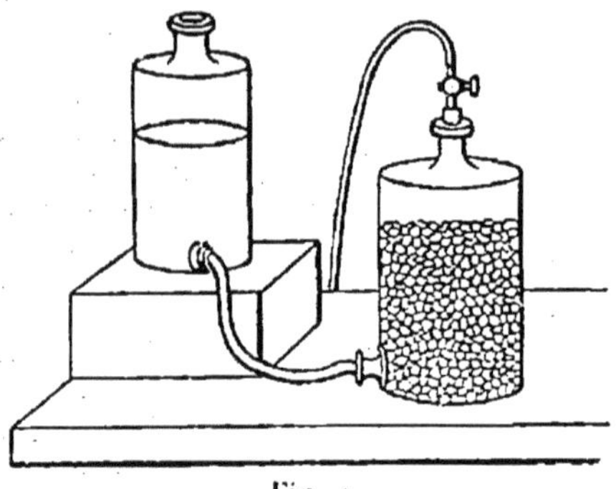

Fig. 4.

sables dans les laboratoires où l'on se livre à des travaux d'une façon suivie, ne sont pas nécessaires à l'amateur photographe ; il remplacera l'hydrogène sulfuré gazeux, lorsque ce réactif lui sera utile, par une solution chargée de ce gaz, qui produira le même effet et qu'il obtiendra commodément en versant quelques gouttes de sulfhydrate d'ammoniaque dans de l'eau distillée acidifiée par l'acide azotique (1).

Nous allons d'abord nous occuper de l'analyse qualitative, et, au début de cette étude, je vais donner quelques indications générales dont il faut absolument tenir compte pour ces sortes de travaux. Je me permettrai d'insister sur ces recommandations, parce que j'ai souvent vu des recherches rester infructueuses, simplement parce que les débutants ne s'y conformaient point :

1° Il importe, du moins au début, de se borner aux réactions les moins nombreuses possibles ; il est donc nécessaire de s'arrêter seulement aux réactions que je qualifierai d'*essentielles* et de *caractéristiques* dans les tableaux que l'on trouvera plus loin ;

2° Il ne faut pas prodiguer les réactifs : un filet ou quelques gouttes suffisent le plus souvent.

(1) Toutes les fois que l'on manipule l'hydrogène sulfuré, le sulfhydrate d'ammoniaque ou les sulfures alcalins, ou qu'on s'en sert comme réactif, faire ces opérations en dehors du laboratoire et opérer de préférence en plein air, d'abord pour en éviter la mauvaise odeur et, en second lieu, leur action délétère sur les plaques, sur les papiers photographiques et sur les objets métalliques, qui sont ternis et brunis par les émanations de ces produits.

3° Pour les premières études, opérer sur des solutions peu concentrées (1), sans cependant pousser la dilution à l'excès ; la réaction pourrait alors manquer ou n'être pas très franche ; de là une source d'erreurs ou d'indécision ;

4° Il arrive souvent que la réaction est un peu longue à se produire ; c'est pourquoi il est toujours prudent d'attendre quelques minutes avant de se prononcer ;

5° Lorsque la substance est en nature, on doit l'examiner au point de vue de ses caractères physiques ; s'assurer, en d'autres termes, si elle est cristallisée ou amorphe, et cela en s'aidant, s'il le faut, d'une loupe ; si elle est soluble ou insoluble dans l'eau ; la goûter avec prudence ; constater si elle est odorante ou inodore. Ce sont là autant de caractères qui sont précieux, suffisant souvent, lorsqu'on a l'habitude de manier certains produits chimiques, à mettre sur la voie, surtout lorsque, comme le photographe, on a journellement l'occasion de se servir de plusieurs d'entre eux ;

6° Une substance étant donnée, il est important de s'assurer si elle est entièrement ou en partie minérale ou organique. Toutes les substances organiques étant décomposables par la chaleur, en projetant un peu de celles-ci sur des charbons ardents, on voit la façon dont elles s'y comportent. Au cas où elle serait entièrement organique, l'odeur qui se dégage est un indice qui a une certaine valeur ;

7° Le nombre de substances appliquées dans la photographie, ou même dans l'industrie, les substances enfin que l'on trouve le plus souvent sous la main, étant en nombre relativement restreint il est dès lors inutile de se jeter dans la recherche des substances rares, avant de s'être assuré qu'on n'a pas affaire à un produit usuel ;

8° En ce qui concerne les substances qui paraissent insolubles au premier abord, il ne faut pas se hâter de conclure. Il faut essayer à chaud et à froid ; de même lorsqu'on attaque un produit par les acides : non attaqué à froid, il l'est souvent à chaud ;

9° En général, les réactions ne sauraient être constatées si la substance n'est pas en solution ; dès lors, on doit d'abord essayer l'action de l'eau froide, puis la traiter, si elle ne se dissout pas, par de l'eau bouillante ; on passe, en deuxième lieu, à l'action des acides froids ou chauds, et si elle résiste à tous ces dissolvants, on opère la fusion avec les alcalis

(1) Si donc le produit se présente en nature, faites-en dissoudre 1 gramme ou 2 grammes au plus dans 100 cm³ d'eau distillée. Si c'est à une solution que vous avez affaire et que vous la supposiez concentrée, diluez-la dans des proportions plus ou moins considérables.

caustiques, qui rendent solubles tous les corps résistant à l'action des acides, y compris l'eau régale;

10° Pour n'être pas induit en erreur, il est indispensable que l'eau qui sert, aussi bien à préparer les réactifs qu'à la dissolution de la substance, ne vienne apporter des matériaux étrangers, dont les réactions feraient mal interpréter celles qui prendront naissance. C'est donc de l'eau distillée, *bien pure*, qui doit être employée pour toutes les opérations de chimie analytique.

Essai de l'eau distillée. — Pour être considérée comme telle, l'eau distillée ne doit pas former de précipité avec les réactifs suivants :

A. *L'eau de chaux*, *l'eau de baryte*, *l'acétate tribasique de plomb*, qui indiquent la présence de l'acide carbonique.

B. *Le chlorure de baryum*, qui indique la présence des sulfates.

C. *L'azotate d'argent*, qui précipite en blanc ou produit un trouble laiteux en présence des chlorures. Le précipité, d'abord blanc, ne tarde pas à noircir à la lumière.

D. *L'oxalate d'ammoniaque* précipite au contact des sels de chaux.

E. *L'acide sulfhydrique et les sulfures solubles* forment un précipité de couleur généralement foncée, avec les métaux proprement dits.

F. *Le chlorure d'or*. Ce réactif permet de reconnaître facilement la présence des matières organiques; en effet, toute eau ainsi contaminée, additionnée de quelques gouttes de chlorure d'or au 100ᵉ, et le mélange porté à l'ébullition, donne lieu à une teinte brune, due à la réduction des sels d'or.

Le permanganate de potasse peut servir à la même constatation. L'eau distillée souillée de matières organiques, additionnée d'une petite quantité de permanganate (10 à 12 gouttes d'une solution au 100ᵉ), prend d'abord une coloration violacée qui disparaît en peu de temps, tandis qu'elle persiste longtemps avec de l'eau distillée pure.

Les propriétés saillantes des corps étant plus souvent dues aux bases qu'aux acides, on doit d'abord s'attacher à reconnaître les premières.

Le tableau suivant, en mentionnant les principaux corps simples qui donnent naissance aux principales bases, fera connaître aussi comment, *au moyen de trois réactifs*, on peut les *classer en cinq groupes*, auxquels ces trois réactions tout à fait caractéristiques permettent de les rattacher.

Le groupe auquel appartient la base étant ainsi déterminé, les recherches, dès ce premier essai, se trouveront bien plus restreintes, puisqu'il ne s'agira plus que de différencier les métaux de ce groupe, ce que nous allons apprendre dans un instant.

TABLEAU N° 1

Groupe	Caractères	Métaux
1er GROUPE (*auquel on peut ajouter l'arsenic*)	Métaux dont les solutions acides précipitent par l'hydrogène sulfuré, et dont les sulfures sont solubles dans les sulfures alcalins.	Or. Platine. Étain. Antimoine.
2e GROUPE	Métaux dont les solutions acides précipitent par l'hydrogène sulfuré, mais dont les sulfures sont insolubles dans les sulfures alcalins.	Plomb. Argent. Mercure. Cadmium. Cuivre. Bismuth.
3e GROUPE	Métaux dont les solutions acides ne précipitent pas par l'hydrogène sulfuré, mais qui précipitent par le sulfhydrate d'ammoniaque.	Nickel. Cobalt. Fer. Manganèse. Zinc. Aluminium. Chrome.
4e GROUPE	Métaux dont les solutions ne précipitent ni par l'hydrogène sulfuré, ni par le sulfhydrate d'ammoniaque, mais précipitent par les carbonates alcalins.	Baryum. Srontium. Calcium. Magnésium.
5e GROUPE	Métaux dont les solutions ne précipitent ni par l'hydrogène sulfuré, ni par les sulfures alcalins, ni par les carbonates alcalins.	Potassium. Sodium. Ammonium.

Observation sur la manière de se servir du Tableau n° 1

Je n'ai fait figurer dans ce tableau que les métaux dont on a le plus souvent à déterminer les bases comme faisant partie soit des matières industrielles usuelles, soit des produits photographiques d'un usage courant ; s'il n'y est point mentionné quelques métaux plus rares, dont divers sels ont reçu, en ces derniers temps, quelques applications photographiques, tels que les sels de cérium par exemple, c'est, d'une part, pour ne pas dépasser les limites que je m'étais imposées, et d'ailleurs on trouvera les réactions caractéristiques de ces derniers en consultant les articles qui leur sont consacrés dans le deuxième volume. Quoi qu'il en soit, voici la marche à suivre pour déterminer à quel groupe appartient la base du sel que l'on examine : on fait dissoudre la substance soit dans l'eau, soit dans un acide. S'il faut avoir recours à un acide, on choisira naturellement ceux qui constituent les meilleurs dissolvants, c'est à dire qui forment avec la plupart des métaux des bases et des sels solubles. L'acide azotique est le plus convenable, puisque, à quelques exceptions près, tous les azotates sont solubles ; de plus, cet acide étant une substance oxydante par excellence, il convient aux substances métalliques. La seule précaution à prendre, c'est de ne pas en employer un trop grand excès pour que, après avoir étendu la solution, on ne se trouve pas en présence d'une liqueur excessivement acide ; il suffit qu'elle le soit nettement.

Mettez à votre portée les quatre réactifs suivants : 1° *Solution d'hydrogène sulfuré* (elle doit être récente, et j'ai indiqué, page 35, la façon de la préparer) ; 2° *une solution de sulfure de sodium ou de potassium* (foie de soufre) ; 3° *une solution de sulfhydrate d'ammoniaque*, et 4° *une solution de carbonate de potasse ou de carbonate de soude.*

A. — Versez dans quelques centimètres cubes de la solution à analyser, que vous avez introduits dans un tube à essai, un peu de la solution d'acide sulfhydrique : *il y a un précipité :* voyez ensuite si ce précipité se dissout en ajoutant un peu de sulfure de sodium ou de potassium : *le précipité se dissout ;* votre base est : *or, platine, étain, antimoine* ou *arsenic.*

B. — Versez dans la solution à analyser de l'acide sulfhydrique : *il y a formation d'un précipité ;* mais celui-ci ne se dissout pas dans les sulfures alcalins ; la base appartient alors au 2e groupe : *plomb, argent, mercure, cadmium, cuivre, bismuth.*

C. — Versez de l'acide sulfhydrique dans la solution à analyser : *aucun précipité ne se produit ;* essayez alors le sulfhydrate d'ammoniaque : *il se forme un précipité ;* la base appartient aux métaux du 3e groupe : *nickel, cobalt, fer, manganèse, aluminium, chrome.*

D. — L'hydrogène sulfuré et le sulfhydrate d'ammoniaque *n'ayant pas produit de précipité*, prenez une autre portion de la solution à essayer et additionnez-la d'un carbonate alcalin ; il se forme un précipité ; la base appartient aux métaux du 4e groupe : *baryum, strontium, calcium, magnésium.*

E. — Si, sur des portions successives de la liqueur, l'hydrogène sulfuré, le sulfhydrate d'ammoniaque, les carbonates alcalins n'ont donné lieu à aucun précipité, la base appartient à l'un des métaux du 5e groupe : *potassium, sodium, ammonium.*

Ayant ainsi déterminé le groupe de métaux auquel appartient la base, il s'agit maintenant de déterminer exactement le métal auquel on a affaire ; pour arriver à ce résultat, il faut d'abord avoir présentes à la mémoire les réactions caractéristiques de chacun d'eux, et ensuite quelques réactions accessoires qui servent à corroborer les premières. Les tableaux suivants vont nous donner les unes et les autres.

RÉACTIONS DES MÉTAUX DU PREMIER GROUPE

1° SELS D'OR

Observations préliminaires. — L'or n'étant soluble que dans l'eau régale, le nombre de ses préparations que l'on peut avoir à rechercher est très restreint ; ainsi, on ne peut avoir affaire qu'à : 1° du chlorure d'or ; 2° du chlorure double d'or et de sodium ou de potassium ; 3° de l'oxyde d'or par la potasse ; 4° du stannate d'or ou pourpre de Cassius.

Le chlorure d'or simple ou les chlorures doubles intéressent seuls le photographe.

Caractères essentiels des sels d'or. — 1° Les solutions possèdent une coloration jaune, sensible même lorsqu'elles sont très diluées ;

2° *Sulfate de protoxyde de fer.* — Réduit à chaud les sels d'or ; le métal se dépose sous forme d'une poudre noire ;

3° *Acide oxalique.* — Même réaction ;

4° *Bichlorure d'étain.* — Quelques gouttes de ce réactif produisent une coloration rouge et un précipité immédiat de *pourpre de Cassius* dans les solutions concentrées ; si la solution est étendue, il y a seulement coloration rouge, le précipité ne se forme qu'à la longue.

2° SELS DE PLATINE

Observations préliminaires. — Les mêmes que pour les sels d'or. Le chlorure de platine et le chloroplatinite de potasse sont les sels de platine que l'on emploie en photographie.

Caractères essentiels des sels de platine. — Avec le *chlorure de potassium ou le chlorhydrate d'ammoniaque,* on produit un précipité cristallin de *chloroplatinite de potasse ou d'ammoniaque.*

Observation. — Cette réaction est la seule vraiment caractéristique des sels de platine ; mais elle ne réussit qu'avec des solutions un peu concentrées, les chloroplatinites de potasse et d'ammoniaque étant un peu solubles dans l'eau ; si donc les solutions sont trop étendues, ces sels se forment bien encore, mais sans devenir apparents, ces composés trouvant assez de liquide pour se dissoudre à mesure qu'il se forment.

Réactions accessoires. — *Iodure de potassium.* — Coloration brune, ensuite précipité jaune.

Azotate de protoxyde de mercure. — Précipité jaune rougeâtre.

3° SELS D'ÉTAIN

Les sels d'étain n'ayant pas d'usage en photographie, si je donne ici leurs réactions, de même que celles des sels d'antimoine, c'est plutôt pour qu'on puisse bien les distinguer des sels d'or et de platine, qui fournissent comme eux un sulfure soluble dans les sulfures alcalins.

Il existe deux sortes de sels d'étain : les sels dits *au minimum* et les sels dits *au maximum*, dont les caractères sont différents.

L'étain ne se dissolvant que dans l'eau régale, tout sel d'étain *en solution* ne peut être que du protochlorure ou du bichlorure.

Réaction des sels d'étain en général. — Une *lame de zinc* les décompose avec rapidité, l'étain se dépose en masses volumineuses sur le zinc. Au chalumeau, avec un peu de carbonate de soude et de borax, l'étain est réduit en globules, *il n'y a aucun enduit blanc sur le charbon.*

A. — Réactions des sels au minimum

1° *Acide sulfhydrique ou sulfhydrate d'ammoniaque.* — Précipité *brun* de protosulfure soluble dans la potasse ;

2° *Chlorure d'or.* — Précipité pourpre de stannate d'or.

Toutes les autres réactions indiquées dans les ouvrages sont accessoires et peu caractéristiques.

B. — Réactions des sels d'étain au maximum

1° *Acide sulfhydrique ou sulfhydrate d'ammoniaque.* — Précipité *jaune* de bisulfure d'étain (il était brun avec les sels au minimum). Une fois que l'on est sûr, par l'essai général (1), que l'on a affaire à un sel d'étain, cette réaction est caractéristique et essentielle ; toutes les autres

(1) On entend ici par essai général la lame de zinc et l'essai au chalumeau.

qu'on trouve citées dans les ouvrages sont accessoires et peu caractéristiques.

4° SELS D'ANTIMOINE

Observation préliminaire. — Il importe de remarquer que l'antimoine ne se dissolvant que dans l'eau régale, en fait de sel *soluble d'antimoine simple,* on ne peut avoir affaire qu'au chlorure d'antimoine. Toutes les fois qu'on aura à essayer un métal que l'on suppose être de l'antimoine, si cela en est véritablement, l'acide azotique le transforme en une poudre blanche (acide antimonique) et l'acide chlorhydrique ne l'attaque même pas à chaud.

Caractère essentiel. — 1° La dissolution d'antimoine dans l'eau régale précipite par l'eau et le précipité *est soluble dans l'acide tartrique.* Ce caractère distingue les solutions d'antimoine de celles de bismuth, les seules qui précipitent également par l'eau, mais dont le précipité ne se dissout pas dans l'acide tartrique.

2° En fait de sels d'antimoine, on peut rencontrer encore les tartrates doubles ou émétiques. Ceux-ci ne précipitent pas par l'eau.

Remarque. — Si on soupçonne la présence d'un tartrate double d'antimoine et d'un métal (ordinairement de potassium) dans une solution, ajoutez un peu d'acide chlorhydrique et de l'hydrogène sulfuré, vous aurez un précipité orangé de sulfure d'antimoine hydraté (kermès) soluble dans les sulfures alcalins.

On distingue aisément l'antimoine de l'arsenic à ce que, en mettant dans une capsule de platine une solution d'antimoine, un peu de zinc et de l'acide chlorhydrique, on obtient la réduction de l'antimoine, qui recouvre le platine d'une couche grise ou noire. Cet enduit, lavé avec précaution, *résiste à l'hypochlorite de soude, ne se dissout pas, même à chaud, au contact de l'acide chlorhydrique, mais se dissout dans l'acide azotique en laissant un léger dépôt blanc.*

5° SELS D'ARSENIC

Observation. — Les combinaisons oxygénées de l'arsenic ne jouent pas le rôle de base, mais bien celui d'acide ; par conséquent, la reconnaissance de l'arsenic, ou de ses préparations, devrait être renvoyée au chapitre des acides. Toutefois, il existe deux réactions générales et caractéristiques de toutes les préparations que l'on suppose être arsenicales. Ce sont :

1° *Acide sulfhydrique.* — En acidulant la solution, supposée être arsenicale, et y versant de l'acide sulfhydrique, on obtient un précipité jaune de sulfure d'arsenic, soluble dans la potasse, dans l'ammoniaque et les sulfures alcalins ; ce sulfure est insoluble dans HCl ; il est volatil ;

2° Les solutions arsenicales introduites dans un appareil de *Marsh* donnent lieu dans la flamme à des taches noires brillantes, comme le font d'ailleurs les solutions d'antimoine, mais on les distingue de ces dernières en ce que *l'hypochlorite de soude les dissout instantanément.*

DEUXIÈME GROUPE

Métaux dont les solutions acides précipitent par l'hydrogène sulfuré et dont les sulfures sont insolubles dans les sulfures alcalins

1° SELS DE PLOMB

Les sels de plomb sont d'un usage assez restreint en photographie ; on sait cependant que les formules de viro-fixage renferment toutes une petite quantité d'acétate ou d'azotate de plomb. On peut, d'autre part, avoir à reconnaître ce métal dans l'enduit blanc qui recouvre les cartes stucquées, enduit pour lequel on emploie parfois un peu de céruse ou de sulfate de plomb que l'on associe au sulfate de baryte.

Réactions essentielles. — A. *Acide sulfurique et sulfates solubles.* — Précipité blanc de sulfate de plomb, soluble dans HCl concentré et bouillant, soluble aussi dans l'hyposulfite de soude.

Observation. — Lorsque les dissolutions sont très étendues, le précipité est assez long à se produire, les sels ammoniacaux gênent la réaction.

B. *Acide chlorhydrique et chlorures.* — Précipité blanc de chlorure de plomb, *insoluble dans l'ammoniaque,* soluble dans l'eau bouillante.

Réactions accessoires. — 1° *Iodures alcalins.* — Précipité jaune d'iodure de plomb.

2° *Chromates alcalins.* — Précipité jaune de chromate de plomb.

3° *Sulfhydrate d'ammoniaque.* — Précipité noir de sulfure de plomb, insoluble dans presque tous les réactifs ; est transformé par l'acide azotique concentré, à la température de l'ébullition, en soufre et azotate de plomb.

Observations. — La réaction par l'acide sulfurique est caractéristique, parce que les sels de baryte et de strontiane sont les seuls qui précipitent également par l'acide sulfurique et les sulfates; mais leurs sulfates ne sont pas, comme celui de plomb, sensibles à l'hydrogène sulfuré qui, sous l'influence de ce réactif, passe rapidement à l'état de sulfure noir.

La réaction par l'acide chlorhydrique permet la distinction facile des sels de plomb de ceux d'argent, le chlorure d'argent étant soluble dans l'ammoniaque et insoluble dans l'eau bouillante, et il noircit à la lumière.

2° SELS D'ARGENT

Observations. — Il existe peu de sels d'argent directement solubles dans l'eau; on ne rencontre guère que l'azotate et le sulfate. Les sels insolubles dans l'eau, tels que l'iodure, le bromure, le chlorure, jouent un grand rôle en photographie.

Lorsqu'on se trouvera en présence d'un sel insoluble que l'on suppose être un sel d'argent, on pourra, pour le reconnaître, le traiter par l'une ou l'autre des méthodes suivantes :

1° On le fond au chalumeau dans une petite coupelle, avec un peu de carbonate de soude ou un peu de potasse caustique; il se forme un chlorure, bromure ou iodure alcalin et une petite perle d'argent. En traitant par l'eau distillée, on a une solution qui permet de reconnaître la nature du sel, c'est à dire si l'on avait affaire à un chlorure, bromure ou iodure ; quant à l'argent métallique, on le dissout, après l'avoir bien lavé, dans l'acide azotique; cette dissolution est soumise à la réaction des sels d'argent.

2° On peut avoir enfin à examiner une solution de sel d'argent dans l'hyposulfite ou dans le cyanure. Après avoir constaté que cette solution précipite par l'hydrogène sulfuré et que le sulfure formé est insoluble dans les sulfures alcalins, on en traite une portion un peu plus importante par l'hydrogène sulfuré ou par un sulfure alcalin ; on récolte le sulfure formé sur un filtre où on le lave; on le sèche et on le fond comme il a été dit dans la première méthode ci-dessus.

Quoi qu'il en soit, ayant obtenu une solution d'argent, ou présumée telle, on s'assure qu'elle est bien ainsi au moyen de la réaction suivante:

Réaction caractéristique et unique. — *Acide chlorhydrique ou chlorures.* — Précipité blanc cailleboté, insoluble dans les acides, soluble dans l'ammoniaque et devenant violet à la lumière. Lorsque nous traiterons de la recherche des acides, nous verrons comment on détermine la nature du sel.

3° SELS DE MERCURE

Il existe des *sels au maximum* et des *sels au minimum*, c'est à dire des sels mercuriques et des sels mercureux. Parmi les premiers, le bichlorure de mercure ($HgCl^2$) est d'un usage assez fréquent en photographie pour le renforcement des négatifs; les sels mercureux intéressent moins le photographe, puisque aucun d'eux n'a reçu d'usage direct.

Caractères généraux des deux espèces de sels de mercure

Réactions essentielles. — 1° *Lame de cuivre.* — Précipité adhérent de mercure, devenant plus brillant par le frottement.

2° Les sels de mercure, chauffés dans un tube avec un peu de *carbonate de soude légèrement humecté*, donnent un sublimé de mercure métallique.

A. — Caractères des sels mercureux

Réaction essentielle. — *Potasse ou ammoniaque.* — Précipité noir d'oxyde mercureux, Hg^2O.

2° *Acide chlorhydrique.* — Précipité blanc de chlorure mercureux, Hg^2Cl^2 (calomel), noircissant par la potasse.

Réaction accessoire. — *Iodure de potassium.* — Précipité verdâtre de protoiodure de mercure, Hg^2I^2.

B. — Caractères des sels mercuriques

Réactions essentielles. — 1° *Potasse.* — Précipité jaune rougeâtre de bioxyde de mercure (HgO);

2° *Ammoniaque.* — Précipité blanc d'oxychlorure ammoniacal de mercure dans la solution de bichlorure. (Le précipité est noir avec les sels mercureux.)

Réaction accessoire. — *Iodure de potassium.* — Précipité rouge vif de biiodure de mercure (HgI^2).

Observation. — Il faut se méfier des réactions confuses résultant du mélange fréquent des sels mercureux et mercuriques; ainsi, il est rare que le nitrate de mercure ne soit pas un mélange des deux.

4° SELS DE CADMIUM

L'iodure et le bromure de cadmium se trouvaient autrefois dans tous les laboratoires de photographie; ils faisaient, en effet, partie des collodions.

Réaction unique et caractéristique. — *Hydrogène sulfuré.* — Précipité *jaune* de sulfure de cadmium, insoluble dans les sulfures alcalins. C'est le seul métal du deuxième groupe qui précipite en jaune par H^2S. Le sulfure de cadmium ne pourrait être confondu qu'avec le sulfure d'arsenic, qui appartient au premier groupe de métaux, lequel est donc soluble dans les sulfures alcalins.

Réaction accessoire confirmative. — Au chalumeau, sur un morceau de charbon, avec un peu de carbonate de soude, il se produit un enduit jaune rougeâtre d'oxyde de cadmium.

5° SELS DE CUIVRE

Il existe des sels de protoxyde et des sels de bioxyde de cuivre. Ces derniers sont les seuls d'emploi usuel et ceux qu'on est exposé à rencontrer; nous ne nous occuperons donc que des sels de bioxyde. Le bromure de cuivre et l'eau céleste sont quelquefois employés en photographie pour le renforcement ou la réduction des négatifs.

Réactions caractéristiques. — 1° *Potasse.* — Précipité bleu d'hydrate de cuivre, insoluble dans un excès de réactif, se déshydratant et passant au noir par l'ébullition ;

2° *Ammoniaque.* — Précipité bleu verdâtre de sous-sel, se dissolvant dans un excès de réactif, en donnant une liqueur d'un beau bleu (eau céleste);

3° *Cyanoferrure de potassium* (cyanure jaune). Précipité marron dans les solutions concentrées, coloration brun rouge dans les liqueurs étendues. *Sensibilité extrême.*

4° *Lame de fer décapée.* — Précipitation de cuivre avec sa couleur caractéristique. Le dépôt est immédiat dans les liqueurs concentrées ; elle ne se fait qu'à la longue, mais ne manque jamais, même dans les solutions les plus étendues. En liqueur très légèrement acide, l'effet est plus rapide. *Sensibilité extrême.*

6° SELS DE BISMUTH

N'ont reçu aucun emploi en photographie. Si je donne ici leur réaction caractéristique, c'est uniquement pour indiquer comment on arrive à les distinguer des sels de mercure ou des sels d'antimoine, dont les solutions, comme celles de bismuth, précipitent par l'eau.

Le précipité blanc que produit l'eau ajoutée aux solutions acides de bismuth se distingue du précipité blanc produit dans les mêmes circonstances avec les sels d'antimoine, en ce que le précipité fourni par ces derniers se dissout facilement dans l'acide tartrique, tandis que celui fourni par les sels de bismuth ne se dissout pas. On distingue les sels de bismuth des sels de mercure, en ce que le précipité fourni par ceux-ci est toujours d'une couleur jaune plus ou moins foncée, tandis que le sous-sel de bismuth est blanc. Enfin l'iodure de bismuth, obtenu en traitant ses solutions par l'iodure de potassium constitue un précipité qui est d'abord de couleur brune, mais qui, en quelques instants, vire au gris, au jaune et finalement au jaune rougeâtre.

TROISIÈME GROUPE

Métaux dont les solutions acides ne précipitent pas par l'hydrogène sulfuré, mais qui précipitent par le sulfhydrate d'ammoniaque.

1° SELS DE NICKEL

Les sels de nickel n'ayant pas reçu d'application en photographie, je me bornerai à indiquer les réactions qui permettent de les distinguer des sels de cuivre, avec lesquels on pourrait facilement les confondre à première vue ; le chlorure de cuivre, par exemple, possède la couleur verte de la plupart des sels de nickel. Mais les sels de cuivre précipitent par H^2S, tandis que les sels de nickel ne précipitent pas;

1° *La potasse* produit un précipité vert pomme avec les sels de nickel, tandis qu'il est bleu avec les sels de cuivre;

2° Ils ne donnent pas, avec *la lame de fer*, l'enduit rouge métallique caractéristique des sels de cuivre ;

3° Avec *le ferrocyanure de potassium*, les sels de nickel donnent un précipité vert blanchâtre, tandis que le même réactif précipite les sels de cuivre en marron.

2° SELS DE COBALT

Observations. — On pourrait faire, au sujet des sels de cobalt, la même remarque qu'à propos des sels de nickel. Les solutions de cobalt, quand elles sont neutres, sont toujours rouges ou roses ; elles présentent une couleur bleue ou verte quand elles sont très acides, ce qui pourrait les faire confondre avec celles de cuivre ; mais elles prennent la teinte rose quand on les étend de beaucoup d'eau ou qu'on les neutralise avec précaution.

Je dois faire remarquer que les réactions des sels de cobalt que je vais énumérer, sauf celle au chalumeau, ne sont bien caractéristiques que lorsqu'on traite des solutions neutres ou à peu près neutres.

Réactions essentielles. — 1° *Carbonate d'ammoniaque.* — Précipité rose de carbonate de cobalt, soluble dans un excès, en fournissant une liqueur rouge ;

2° *Phosphate de soude.* — Précipité d'un beau bleu violacé, soluble dans les acides et dans l'ammoniaque ;

3° *Au chalumeau.* — Avec le borax, perle limpide d'un beau bleu. Pour cet essai, il ne faut employer qu'une trace de sel de cobalt, sans quoi la perle est trop foncée et on ne distingue pas bien sa couleur.

3° SELS DE FER

Il existe *des sels de protoxyde* (FeO) et *des sels de peroxyde* (Fe^2O^3). Plusieurs sels ferreux et sels ferriques sont couramment employés en photographie ; tels sont : le sulfate ferreux, le chlorure ferreux, l'oxalate ferreux, le chlorure ferrique, l'oxalate ferrique, le cyanure rouge ou ferricyanure de potassium. La couleur de ces sels est très variable et ne peut, dans bien des cas, fournir des indications bien précises sur la nature supposée du sel que l'on a à déterminer. En général, les sels de protoxyde sont d'un vert d'autant plus pur qu'ils sont plus exempts de peroxyde. Les sels de peroxyde sont tous d'une couleur rouge brun plus ou moins foncée ; leurs solutions étendues sont plus ou moins jaunes.

A. — Sels de protoxyde

Réactions essentielles. — 1° *Potasse.* — Précipité verdâtre devenant rougeâtre au contact de l'air ;

2° *Cyanure jaune.* — Précipité blanc bleuâtre de cyanoferrure bleuissant rapidement à l'air;

3° *Cyanure rouge.* — Précipité immédiat de bleu de France foncé;

4° *Tannin.* — Pas de coloration si la solution est exempte de sel de peroxyde.

Nota. — Il est rare que, pour les sels de protoxyde les réactions soient nettement tranchées, parce qu'on rencontre rarement des sels de protoxyde absolument exempts de sels de sesquioxyde.

B. — Sels de peroxyde

Réactions essentielles. — 1° *Potasse.* — Précipité rouge brun de sesquioxyde de fer hydraté ;

2° *Cyanure jaune.* — Précipité immédiat de bleu de Prusse;

3° *Cyanure rouge.* — Pas de précipité, la solution fonce simplement de couleur;

4° *Tannin.* — Coloration noire intense;

5° *Sulfocyanure de potassium.* — Pas de précipité, mais coloration rouge sang d'autant plus intense que la solution est plus concentrée.

4° SELS DE MANGANÈSE

Les sels de manganèse sont employés dans le procédé ozobrome. Leurs solutions sont incolores; cristallisés, ils sont plus ou moins roses. Deux réactions essentielles les font facilement reconnaître.

La première, c'est que le précipité de sulfure qu'on produit au moyen du *sulfhydrate d'ammoniaque* est couleur chair ; ce sulfure brunit rapidement à l'air.

La seconde consiste en ce que la *potasse* produit un précipité blanc d'hydrate de protoxyde de manganèse noircissant rapidement à l'air.

5° SELS DE ZINC

Le bromure de zinc est le seul sel de ce métal qui ait, je crois, reçu des applications en photographie ; on voit le bromure de zinc figurer dans plusieurs formules de collodion destiné à être employé à l'état humide, à l'état sec ou sous forme d'émulsion.

Réactions essentielles. — 1° *Sulfhydrate d'ammoniaque.* — Précipité blanc de sulfure hydraté. Cette réaction est presque caractéristique et permet de distinguer les sels de zinc de tous les autres, sauf de ceux d'alumine;

2° *Potasse.* — Précipité blanc soluble dans un excès de réactif ;

3° *Chalumeau.* — Sur le charbon, les sels de zinc perdent leur acide, l'oxyde s'étend sur le charbon en un enduit qui est jaunâtre à chaud, devenant blanc par le refroidissement ;

4° *Au chalumeau*, en desséchant un sel de zinc sur la boucle de fil de platine et humectant ensuite la masse avec une trace de nitrate de cobalt, on obtient une masse verte (vert de Kinmann).

Ces deux dernières réactions différencient les sels de zinc de ceux d'alumine, car ces derniers ne produisent pas l'enduit blanc sur le charbon, et chauffés avec le nitrate de cobalt, ils produisent une perle bleue.

6° SELS D'ALUMINE

Les sels d'alumine sont incolores, et ceux qui sont insolubles se dissolvent bien dans l'acide chlorhydrique. Les aluns de potasse ou d'ammoniaque sont d'un usage courant en photographie ; le chlorure d'aluminium a reçu également quelques emplois.

Caractères essentiels. — 1° *Sulfhydrate d'ammoniaque.* — Précipité blanc d'hydrate d'alumine avec dégagement d'hydrogène sulfuré. Ce dégagement distingue les sels d'alumine des sels de zinc ; il est vrai qu'on peut le laisser inaperçu si on n'y porte la plus grande attention;

2° *Potasse.* — Précipité blanc d'hydrate d'alumine soluble dans un excès de réactif. Caractère commun avec les sels de zinc ;

3° *Chalumeau.* — Chauffés sur la boucle de fil de platine et la masse desséchée humectée d'une trace d'azotate de cobalt, formation d'une perle bleue.

Observations. — Comme on le voit, les réactions des sels de zinc et des sels d'alumine ne permettent guère de les distinguer ; il n'y a que l'essai au chalumeau avec l'azotate de cobalt qui soit nettement différentiel et certain.

7° SELS DE CHROME

Observations. — Il y a peu de sels de chrome où ce métal joue le rôle de base ; la plus grande partie des produits, tant industriels que photographiques, où se trouve le chrome sont des sels où ce métal joue le rôle d'acide. Les sels de chrome que l'on rencontre dans les laboratoires de photographie sont : l'alun de chrome dont les dissolutions sont vertes, violettes ou bleues, car ce même sel présente souvent ces diverses colorations. Puis viennent les chromates neutres de potasse, donnant des solutions jaune franc ; les bichromates de potasse, de soude ou d'ammoniaque, qui fournissent des solutions plus ou moins jaune rougeâtre. L'acide chromique est en cristaux rouges déliquescents qui, dissous dans l'eau, fournissent une liqueur à peu près de même teinte que les dissolutions de bichromate.

Réactions essentielles. — 1° *Potasse.* — Précipité vert de sesquioxyde de chrome soluble dans un excès ;

2° *Chalumeau.* — Desséchés sur la boucle de platine et la masse humectée de borax, perle vert émeraude ;

3° *Fusion avec l'azotate de potasse et le carbonate de soude.* — Transformation en chromate de potasse, reconnaissable à sa couleur jaune.

4° Bouillis avec HCl et de l'alcool étendus, laissent déposer du sesquioxyde de chrome (Cr^2O^3) sous forme d'une poudre verte.

Nota. — Les réactions des sels de chrome, où ce métal joue le rôle de base, sont, en général, peu caractéristiques ; pour les reconnaître, il faut tenir compte :

1° De leur couleur quand ils sont à l'état cristallin.

2° De la transformation en chromate que nous avons mentionnée.

Nous verrons, au contraire, en traitant de la reconnaissance des acides que les chromates possèdent des réactions bien caractéristiques.

QUATRIÈME GROUPE

Métaux dont les solutions ne précipitent pas par l'hydrogène sulfuré, ni par le sulfhydrate d'ammoniaque, mais qui précipitent par les carbonates alcalins.

1° SELS DE BARYUM

Réactions essentielles. — *Acide sulfurique et sulfates solubles.* — Précipité blanc de sulfate de baryte, insoluble dans tous les réactifs, ne noircissant pas par l'hydrogène sulfuré.

2° *Chromate de potasse.* — Précipité jaune de chromate de baryte.

2° SELS DE STRONTIUM

Le chlorure, l'iodure et le bromure de strontium ont été ou sont encore usités dans la préparation de quelques collodions destinés à être employés à l'état humide ou à l'état d'émulsion.

Réactions essentielles. — Les mêmes que les sels de baryum avec l'acide sulfurique et les sulfates.

Pour distinguer les sels de strontium de ceux de baryte, il faut avoir recours à l'acide *fluosilicique*, qui ne produit aucun précipité avec les sels de strontium, tandis qu'il forme un précipité blanc cristallin de fluosilicate avec ceux de baryum; en outre, les sels de strontium, dissous dans l'alcool, communiquent à la flamme de ce liquide une coloration pourpre, ce que font aussi les sels de lithium, mais qu'il est facile de distinguer de ceux de strontium, au moyen d'autres réactions.

3° SELS DE CALCIUM

Le carbonate de chaux, l'hypochlorite de chaux (improprement nommé chlorure de chaux) sont employés en photographie, le premier pour la préparation du virage à la craie, le second pour des usages divers que nous apprendrons à connaître.

Réactions essentielles. — 1° *Acide oxalique* ou mieux *oxalate d'ammoniaque.* — Précipité blanc d'oxalate de chaux qui se forme même avec des solutions excessivement étendues; cet oxalate de chaux se dissout facilement dans l'acide azotique, et dans l'acide chlorhydrique.

2° *Acide sulfurique.* — Précipité blanc de sulfate de chaux, soluble dans beaucoup d'eau; aussi cette réaction ne se manifeste que dans les liqueurs un peu concentrées et qui ne renferment point d'acide azotique ou chlorhydrique libres;

3° *Carbonates alcalins.* — Précipité de carbonate de chaux, soluble dans l'eau chargée d'acide carbonique (eau de seltz).

4° SELS DE MAGNÉSIUM

Le chlorure de magnésium, le sulfate de magnésie, le carbonate de magnésie, quoique peu employés en photographie, sont cependant mentionnés dans quelques formules d'émulsions, de bains de développement, etc.

Réaction caractéristique. — *Phosphate de soude en présence d'un sel ammoniacal.* — Précipité blanc cristallin de phosphate ammoniaco-magnésien, qui ne se forme qu'au bout de quelques instants. On le favorise en agitant fortement avec un agitateur que l'on frotte contre la paroi du verre. Ce précipité est soluble dans les acides, insoluble dans l'ammoniaque.

Réaction confirmative. — Les sels de magnésium précipitent par les carbonates alcalins, mais non par les bicarbonates, le bicarbonate de magnésie étant soluble dans l'eau.

CINQUIÈME GROUPE

Métaux dont les solutions ne précipitent ni par l'hydrogène sulfuré ni par le sulfhydrate d'ammoniaque, ni par les carbonates alcalins

1° SELS DE POTASSIUM

Divers sels de potassium, tels que l'iodure, le bromure, le chlorure, sont fréquemment employés pour la préparation des collodions et des émulsions; le carbonate de potasse sert à la préparation de divers révélateurs ; l'azotate de potasse a reçu quelques usages; en somme, les sels de potassium se rencontrent le plus souvent dans le laboratoire du photographe. Les sels de potasse, par le manque de réactions bien apparentes, caractéristiques et d'une certaine sensibilité, sont assez difficiles à reconnaitre. Lorsque une solution semble ne donner que des caractères négatifs, en évaporer avec précaution quelques gouttes sur une lame de platine; s'il reste un résidu qui forme une tache et que, surtout à la loupe, on lui constate un aspect cristallin, on peut, presque à coup sûr, supposer qu'on a affaire à un sel de potasse ou de soude. En concentrant alors la solution primitive par évaporation, on peut arriver à voir se produire les réactions caractéristiques des sels de potassium, qui ne se produisaient point en premier lieu parce que la liqueur était trop étendue.

Réaction caractéristique unique. — *Chlorure de platine.* — Précipité jaune serin de chloroplatinite de potasse; on favorise la réaction par addition d'un peu d'acide chlorhydrique et d'alcool. Cette réaction ne réussit pas dans les solutions étendues.

Réactions accessoires. — 1° *Picrate de soude.* — Précipité jaune de picrate de potasse dans les liqueurs moyennement concentrées.

2° *Acide tartrique.* — Précipité de crème de tartre. Ne réussit que dans liqueurs concentrées ;

3° *Sulfate d'alumine* (et non *alun*). — Précipité cristallin d'alun. Même observation que pour le réactif 2.

2° SELS DE SODIUM

Les mêmes genres de sels de sodium que de potassium sont d'un usage courant en photographie; il faut mentionner, en outre, les sulfite et bisulfite de soude, qui figurent soit dans les formules de révélateurs, soit dans celles des bains de fixage pour négatifs.

Caractères essentiels. — On pourrait dire que c'est de n'en avoir aucun. Une solution *étendue* d'un sel de soude ne donne aucune réaction avec quoi que ce soit. Toute réaction apparente sera celle de l'acide, mais non celle de la base, à tel point qu'une solution étendue de soude caustique peut être confondue avec de l'eau distillée. Le *papier rouge de tournesol sensible, la phtaléine du phénol*, le premier en passant au bleu, la seconde en prenant une coloration rouge violacée, permettent cependant d'éviter cette erreur.

Réaction dans les solutions concentrées. — 1° *Bi-méta-antimoniate de potasse grenu.* — Donne un précipité blanc cristallin d'antimoniate de soude peu soluble dans l'eau ;

2° *Au chalumeau.* — Évaporés sur la boucle de platine, puis plus fortement chauffés, les sels de soude colorent la flamme en jaune.

Nota. — Beaucoup de photographes possèdent un petit spectroscope de poche, appareil très utile pour s'assurer de la qualité des verres colorés que l'on destine à l'éclairage du laboratoire, ou pour étudier la bande d'absorption des couleurs d'aniline ou autres que l'on emploie dans la préparation des plaques orthochromatiques. L'examen au spectroscope constitue le meilleur procédé pour reconnaître les traces insensibles de potasse ou de soude. Les sels du premier métal, transportés au moyen du fil de platine dans la flamme de l'alcool ou dans la flamme bleue du bec de Bunsen, font immédiatement apparaître une raie dans l'extrême rouge et une autre dans l'extrême violet. Les sels de sodium produisent la raie jaune caractéristique. Il faut cependant se rappeler que ces réactions sont tellement sensibles que les raies apparaissent à la moindre trace, à la moindre impureté du sel que l'on examine. Il suffit, le plus souvent, de manipuler un sel de soude, même assez loin de la flamme, pour qu'aussitôt la raie jaune apparaisse au spectroscope.

3° SELS AMMONIACAUX

Tous les sels ammoniacaux sont incolores et solubles. Plusieurs d'entre eux sont souvent employés en photographie, tels l'iodure, le bromure, le chlorure d'ammonium; il en est de même du carbonate d'ammoniaque, de l'ammoniaque caustique, etc.

Réactions essentielles. — 1° Tous les sels ammoniacaux se volatilisent entièrement par la chaleur;

2° *Triturés avec un alcali caustique* (potasse, soude ou chaux), ils dégagent de l'ammoniaque sensible à l'odorat et qui forme, au contact de l'acide chlorhydrique, d'abondantes fumées blanches. (L'acide chlorhydrique, pour cet essai, doit être, cela se comprend, assez étendu d'eau pour qu'il cesse d'être fumant par lui-même);

3° *Bichlorure de platine.* — Précipité de chloroplatinate d'ammoniaque, décomposable par la chaleur en laissant du platine à l'état de poudre noire (le chloroplatinate est jaune). Cette réaction ne réussit que dans les solutions un peu concentrées.

4° On peut reconnaitre des traces d'ammoniaque, même celles qui existent dans l'air, au moyen du réactif suivant: « Prenez une solution de bichlorure de mercure, ajoutez-lui la quantité strictement nécessaire d'une autre solution d'iodure de potassium pour redissoudre le précipité de biiodure de mercure qui se forme tout d'abord, ajoutez alors une dissolution de potasse pure. » Ce réactif se colore en rouge sous l'influence de la moindre trace de vapeurs ammoniacales; cette coloration est due à la formation de l'iodure de tétra-mercurammonium, $AzHg^2I$.

Telles sont les principales réactions qui permettent de déterminer *la base* d'une substance chimique; il reste à connaître le genre de sel en présence duquel on se trouve, c'est à dire à déterminer la nature de l'acide auquel la base se trouve combinée. Parmi les acides, les uns sont d'un usage courant ou, pour mieux dire, forment avec les principales bases des sels que l'on est souvent appelé à rencontrer; les autres, du moins parmi les acides organiques, peuvent être considérés comme assez rares; de ces derniers, nous ne nous en occuperons pas; d'une part, parce que leurs sels ne sont pas d'un fréquent usage, et de l'autre parce que leur détermination présente, la plupart du temps, de sérieuses difficultés pour ceux qui n'ont point fait de la Chimie une étude spéciale. Je me bornerai donc à indiquer la marche à suivre pour déterminer les principaux acides minéraux ou organiques.

On divise les acides minéraux en deux classes : 1° ceux qui résultent de la combinaison des métalloïdes ou de quelques métaux avec l'oxygène, ce sont les *oxacides*, comme on les désignait autrefois et souvent encore de nos jours; 2° ceux qui résultent de la combinaison de ces mêmes métalloïdes avec l'hydrogène, ce sont ceux que l'on désigne sous le nom d'*hydracides*.

Les acides organiques sont d'une nature beaucoup plus complexe ; ils représentent, en général, *le second degré d'oxydation des alcools*, les *aldéhydes* représentant le premier degré. Leur caractère général, c'est que leurs sels calciques donnent de l'*acétone* par distillation sèche, et que leurs sels ammoniacaux se transforment en *amides* par la chaleur. La plupart des acides organiques sont transformés en *acide oxalique* par l'acide nitrique.

Une substance étant donnée à analyser qualitativement, on peut se demander si elle est : 1° entièrement minérale; 2° si elle est à base minérale et à acide organique; 3° à base organique et à acide minéral; 4° et enfin entièrement organique.

Si elle appartient au premier groupe, outre les réactions propres aux métaux, que nous avons appris à connaître, lorsque nous la chaufferons sur une lame de platine, nous ne percevrons aucune odeur empyreumatique, caractéristique d'une matière organique que l'on soumet à la chaleur.

Tout composé chimique appartenant au deuxième groupe, chauffé sur la lame de platine, donnera naissance à cette odeur empyreumatique et laissera un résidu fixe sur la lame; il faut cependant en excepter les combinaisons du mercure, de l'arsenic et les sels ammoniacaux, qui sont totalement volatilisés par la chaleur; mais les réactions des métaux nous auront déjà avertis que nous avions, malgré cette volatilisation, affaire à une base métallique; ces mêmes réactions nous avaient, en outre, permis de déterminer déjà la base du composé.

Les substances du troisième groupe ne laissent pas, en général, de résidu fixe; je dis en général, car il pourrait en être autrement si l'acide provenait de la combinaison d'un métal avec l'oxygène, tel que l'acide chromique. Les composés d'un acide minéral et d'une base organique accusent, quand on les chauffe, une odeur empyreumatique et laissent souvent un résidu charbonneux.

Il en est de même des substances du quatrième groupe, qu'on peut toujours arriver à détruire par l'action d'une chaleur assez forte et assez longtemps soutenue pour brûler la masse charbonneuse qui s'était d'abord formée.

Pour reconnaître les acides minéraux ou, du moins, pour déterminer à quel groupe appartient le genre de sel que l'on examine, on se fonde sur les remarques ou réactions suivantes :

1er GROUPE	Sels dont les solutions sont colorées.	Chromates. Manganates. Permanganates.
2e GROUPE	Sels qui, à l'état neutre, précipitent par le chlorure de baryum.	Arsénites. Arséniates. Sulfates. Sulfites. Hyposulfites. Phosphates. Borates. Fluorhydrates. Carbonates. Silicates.
3e GROUPE	Sels dont les solutions neutres ne précipitent pas par le chlorure de baryum, mais précipitent par l'azotate d'argent.	Sulfures. Chlorures. Bromures. Iodures. Cyanures.
4e GROUPE	Sels neutres dont les solutions ne précipitent ni par le chlorure de baryum, ni par l'azotate d'argent.	Azotates. Chlorates.

PREMIER GROUPE

Sels dont les dissolutions sont colorées

Observations. — Une dissolution saline peut être colorée par le fait de la base ou par le fait de l'acide. Le premier cas est celui qui se présente le plus fréquemment; mais en recherchant par les réactifs spéciaux les bases qui donnent naissance aux sels dont la couleur est plus ou moins analogue à celle des composés dont nous avons maintenant à nous occuper, il est toujours facile de reconnaître si cette couleur provient de la base ou de l'acide. Ainsi, les chromates et les bichromates ont une couleur jaune ou jaune rougeâtre analogue à celle des chlorures d'or et de platine; les manganates sont verts comme les sels de nickel, de sesquioxyde de chrome et certains sels de cuivre; mais les sels d'or, de platine, de nickel, de sesquioxyde de chrome, de cuivre, précipitent en noir ou en vert (chrome) par l'acide sulfhydrique ou le sulfhydrate d'ammoniaque, tandis que les chromates et les manganates donnent des précipités d'un tout autre aspect avec ces réactifs.

1° CHROMATES

Tous les chromates sont colorés, qu'ils soient solubles ou insolubles. C'est là un caractère physique très important, car tout sel incolore ne saurait être un chromate.

Réactions essentielles. — 1° *Chalumeau.* — Avec le borax, dans la flamme intérieure, production d'une perle verte;

2° *Réactif réducteur (hydrogène sulfuré).* — En acidulant légèrement la solution d'un chromate et la traitant par l'hydrogène sulfuré, il se forme un dépôt de soufre et un sel de chrome vert (sulfate qui reste en dissolution dans la liqueur).

Réactions accessoires. — 1° *Nitrate d'argent.* — Précipité pourpre foncé de chromate d'argent.

2° *Acétate de plomb.* — Précipité de chromate de plomb d'un beau jaune.

NOTA. — Si vous avez à essayer une matière insoluble que sa couleur vous fait supposer être un chromate, chauffez-la dans un creuset avec de l'azotate de potasse et du carbonate de soude, vous la transformerez en chromate jaune de potasse, dont la solution jaune sera soumise aux réactions ci-dessus.

2° MANGANATES

Observations. — Les solutions de manganates sont d'un vert foncé; elles deviennent violettes, puis rouges, par addition d'eau ordinaire; de là le nom de *caméléon minéral* qu'on a donné au manganate de potasse. L'addition d'un acide produit immédiatement la coloration rouge.

Réaction caractéristique. — *L'acide sulfureux,* ajouté en petite quantité, donne un précipité brun d'oxyde de manganèse; en présence d'un excès de réactif, la liqueur se décolore par formation de sulfate ou d'hyposulfate de manganèse soluble. Cette solution doit, dès lors, donner les réactions du manganèse citées p. 49.

1° PERMANGANATES

Les permanganates forment des dissolutions d'un violet intense; ce sont des oxydants très énergiques (comme le sont aussi les manganates); elles sont décolorées par la plupart des matières organiques; elles suroxydent les sels de fer et le manganèse est ramené à l'état de sel de protoxyde.

Réaction essentielle. — L'*acide sulfureux* fournit avec les permanganates la même réaction qu'avec les manganates. La couleur des dissolutions permet facilement de distinguer si on a affaire à un manganate ou à un permanganate.

Remarque. — On lit, dans la plupart des traités de Chimie, que les solutions de permanganate *verdissent* lorsqu'on les additionne de *potasse*; cette réaction n'est pas absolument vraie, car la *potasse pure* n'altère en rien leur couleur, tandis que la *potasse ordinaire* provoque le verdissement par suite des matières étrangères qu'elle renferme et qui occasionnent une réduction partielle de l'acide permanganique.

DEUXIÈME GROUPE

Acides dont les sels neutres précipitent par le chlorure de baryum

1° ARSÉNITES

Les arsénites n'ont reçu aucune application photographique; aussi il est peu probable qu'on rencontre quelqu'un de ces sels dans le laboratoire du photographe.

Réactions essentielles. — 1° *Au chalumeau.* — Sur un charbon, odeur alliacée. L'addition d'un peu de carbonate de soude rend la réaction plus sensible;

2° *Acide sulfhydrique.* — En acidulant un peu la solution, on obtient un précipité jaune de sulfure d'arsenic, soluble dans la potasse, l'ammoniaque et les sulfures alcalins, insoluble dans HCl;

3° *Nitrate d'argent.* — En solution neutre, précipité jaune d'arsénite d'argent. Si la solution est acide, la neutraliser par AzH^3 et chasser l'excès d'alcali par l'ébullition ;

4° *Sulfate de cuivre.* — Précipité vert d'arsénite de cuivre (vert de Schéele). Cette réaction ne se produit que dans les solutions neutres.

2° ARSÉNIATES

Réactions essentielles. — *Au chalumeau.* — Même odeur alliacée qu'avec les arsénites.

On distingue les arsénites des arséniates par :

1° *Le nitrate d'argent,* qui produit un précipité rouge brun d'arséniate d'argent. (Celui des arsénites est jaune);

2° *Le sulfate de cuivre.* — Précipité *bleu verdâtre* d'arséniate de cuivre. (L'arsénite de cuivre est vert franc.)

3° SULFATES

Observations. — Parmi les sulfates, les uns sont solubles et les autres insolubles ; si on croit avoir affaire à un de ces derniers, en le calcinant avec du carbonate de soude et en reprenant la masse par l'eau, on obtient un sulfate alcalin soluble, dont la solution peut être soumise aux réactions des sulfates.

Réaction caractéristique unique. — *Sels de baryte (chlorure ou azotate de baryte).* — Précipité blanc de sulfate de baryte insoluble dans l'eau et les acides dilués.

Réaction confirmative. — *Chalumeau.* — Fortement chauffés sur le charbon, en présence du carbonate de soude, les sulfates donnent lieu à la formation de sulfure de sodium noircissant l'argent et dégageant, par une goutte d'acide, de l'hydrogène sulfuré reconnaissable à son odeur.

4° SULFITES

Observations. — Les sulfites s'altèrent assez rapidement à l'air en se transformant en sulfates ; aussi n'est-il pas rare que, si l'on essaye un sulfite ainsi altéré, on ne le prenne souvent pour un sulfate. On sera néanmoins averti que l'on a affaire à un sulfite, qui peut être plus ou moins altéré en ce que :

1° Un sulfate additionné d'acide chlorhydrique ne donne lieu à aucune effervescence, tandis qu'un *sulfite traité dans les mêmes conditions* donne lieu à un dégagement de gaz ayant l'odeur du soufre qui brûle. C'est là la réaction caractéristique des sulfites, qu'on ne pourrait confondre qu'avec les hyposulfites qui, eux aussi, laissent dégager de l'acide sulfureux quand on les traite par des acides; *mais il n'est pas accompagné d'un dépôt de soufre avec les sulfites*, tandis que la *solution des hyposulfites devient bientôt laiteuse en raison du soufre qui se dépose ;*

2° On reconnaît encore que l'on a affaire à un sulfite et non à un sulfate, à ce que le précipité produit par le chlorure de baryum se dissout facilement dans HCl. Pour reconnaître que l'on est en présence d'un sulfite altéré par du sulfate, voici comment on peut opérer : traitez la solution à essayer par le chlorure de baryum ; acidulez par HCl. Le sulfate de baryte reste insoluble; le sulfite de baryte se dissout. Filtrez, pour obtenir une liqueur claire, à laquelle vous ajoutez quelques gouttes d'eau de chlore ou d'hypochlorite de soude ; traitez une seconde fois par le chlorure de baryum ; il doit se former à nouveau un précipité de sulfate de baryte, le sulfite de baryte ayant été transformé en sulfate par le chlore.

3° *Bichlorure de mercure.* — Précipité blanc ne noircissant pas.

5° HYPOSULFITES

Les hyposulfites, appelés aussi thiosulfates, sont très solubles lorsqu'ils ont pour base un métal alcalin ; les hyposulfites alcalino-terreux sont peu solubles, et ceux des métaux lourds insolubles.

Réactions caractéristiques. — *Acide chlorhydrique.* — Dégagement d'acide sulfureux facilement reconnaissable par son odeur ; la liqueur se trouble bientôt et laisse déposer du soufre. *Ce dépôt de soufre distingue les hyposulfites des sulfites.*

Bichlorure de mercure. — Précipité blanc qui noircit bientôt. (Il ne noircit pas avec les sulfites.)

6° PHOSPHATES

L'anhydride phosphorique Ph^2O^5 peut se combiner à un, deux ou trois molécules d'eau pour former : 1° l'acide métaphosphorique ; PhO^3H ; 2° l'acide pyrophosphorique, $Ph^2O^7H^4$, et l'acide phosphorique ordinaire ou orthophosphorique, PhO^4H^3. Les sels de ce dernier seuls nous intéressent. Suivant qu'un, deux ou trois atomes d'hydrogène seront remplacés par un métal, nous obtiendrons des phosphates mono, bi ou tribasiques; c'est ainsi que l'on connaît les phosphates de soude :

monobasique. . . . PhO $\begin{cases} HO \\ HO \\ NaO \end{cases}$

bibasique . . . . . . PhO $\begin{cases} HO \\ NaO \\ NaO \end{cases}$

et tribasique . . . . PhO $\begin{cases} NaO \\ NaO \\ NaO \end{cases}$

Le phosphate de soude tribasique peut remplacer les carbonates alcalins dans toutes les formules de développement où ces sels figurent comme accélérateurs, sauf dans celles au paramidophénol.

Réactions essentielles des phosphates. — 1° *Azotate d'argent.* — Précipité jaune clair de phosphate d'argent soluble dans les alcalis ;

2° *Sulfate de magnésie additionné d'un peu d'ammoniaque.* — Précipité cristallin de phosphate ammoniaco-magnésien, dont on facilite la formation en agitant au moyen d'une baguette que l'on frotte contre le verre. Le sulfate de magnésie seul précipite les solutions de phosphates si elles sont un peu concentrées et surtout si on fait bouillir ;

3° *Molybdate d'ammoniaque.* — En acidulant la solution d'un phosphate par HCl et y versant quelques gouttes de réactif, il se produit par l'ébullition une coloration d'un jaune vif tirant un peu sur le vert qui se décolore par refroidissement. Dans les liqueurs un peu concentrées, il se produit un précipité de phospho-molybdate d'ammoniaque ;

4° *Nitrate acide de bismuth.* — Un phosphate en solution, additionné d'un peu d'acide nitrique, donne un précipité de phosphate de bismuth. Cette réaction est très sensible.

Observation. — Si, en présence des autres réactions ci-dessus, on obtenait un précipité blanc avec le nitrate d'argent, on aurait affaire à un pyrophosphate ou à un métaphosphate. Du reste, ces derniers sels se transforment en phosphates ordinaires ou tribasiques, soit en les chauffant avec de l'acide sulfurique concentré, soit en les fondant avec du carbonate de soude.

7° BORATES

Le borate de soude sert à composer les virages dits au borax ; ce sel peut servir d'accélérateur avec certains réducteurs ou de retardateur avec d'autres.

Réaction caractéristique unique. — Lorsqu'on suppose avoir affaire à un borate, il faut le broyer dans un mortier avec un peu d'acide sulfurique concentré, verser dessus un peu d'alcool (1), l'enflammer et agiter avec une baguette. La flamme de l'alcool prend une teinte verte, caractéristique de l'acide borique. Si on avait une quantité notable du sel à essayer que l'on suppose être un borate, en faire une solution concentrée, lui ajouter de l'acide sulfurique à 66° et chauffer ; par le refroidissement, il se forme des paillettes d'acide borique.

8° FLUORURES

Les fluorures n'ayant pas d'emploi en photographie, si on excepte l'emploi du fluorure de sodium pour détacher la pellicule gélatineuse de son support de verre, je ne m'attarde pas à donner les réactions des fluorures ; qu'il me suffise de dire qu'en plaçant un fluorure dans une petite cuvette de plomb, le recouvrant d'acide sulfurique et posant par-dessus une lame de verre, celle-ci est dépolie par les vapeurs d'acide fluorhydrique qui se dégagent.

9° CARBONATES

Les carbonates de soude, de potasse, de chaux sont des produits assez souvent employés en photographie ; les premiers sont solubles ; celui de chaux, comme, du reste, la plupart des carbonates des autres métaux, est insoluble. Lorsqu'on traite les carbonates par un *acide minéral quelconque*, il se produit *un dégagement de gaz inodore* (acide carbonique) *troublant l'eau de chaux*. C'est là leur réaction caractéristique. *Les carbonates solubles* précipitent tous par l'eau de chaux.

10° SILICATES

Seuls les silicates avec excès d'alcali sont solubles ; tels sont les silicates de potasse et de soude ; les autres sont insolubles. Pour reconnaitre un

(1) Au lieu d'alcool ordinaire, ou alcool éthylique, il vaut mieux employer de l'alcool méthylique.

silicate insoluble, il faut le faire passer à l'état de silicate soluble, ce qui s'obtient en le pulvérisant, le mélangeant avec de la potasse caustique et calcinant le tout.

Réaction unique. — Une fois le silicate soluble obtenu, y verser *un acide minéral ;* il se forme un précipité gélatineux de silice tout à fait insoluble, si ce n'est dans les alcalis caustiques et encore par voie de fusion.

TROISIÈME GROUPE

Sels dont les solutions neutres ne précipitent pas par le chlorure de baryum, mais qui précipitent par l'azotate d'argent

1° SULFURES

Observation. — Les sulfures possèdent ordinairement l'éclat métallique ; presque tous sont colorés, possèdent même des couleurs assez vives (sulfure d'étain, sulfure de mercure) ; tous sont inodores, excepté le sulfure d'ammonium (sulfhydrate d'ammoniaque), qui est très volatil, et les sulfures alcalins, que l'acide carbonique de l'air décompose, ce qui donne une odeur d'œufs pourris. Insolubles dans l'eau, sauf ceux de potassium, sodium, baryum, strontium, calcium et magnésium. Une solution étendue d'un sulfure alcalin pourrait être confondue avec une solution d'hydrogène sulfuré ; on l'en distingue facilement au moyen d'une solution étendue de *nitro-prussiate de soude*, que les sulfures influencent en la colorant en violet, tandis que l'acide sulfhydrique libre est sans action.

Réactions caractéristiques. — 1° *Azotate d'argent.* — Précipité noir de sulfure d'argent, insoluble dans l'eau et l'ammoniaque ;

2° *Calcinés avec l'azotate de potasse,* ils se transforment en sulfate de potasse ;

3° *Les sulfures solubles, traités par un acide minéral,* laissent directement dégager de l'hydrogène sulfuré, qui noircit un papier imprégné d'acétate de plomb. Les sulfures insolubles, pour donner la même réaction, doivent être préalablement calcinés avec du carbonate de soude, ce qui les transforme en sulfure de sodium soluble.

2° CHLORURES

Les chlorures insolubles, traités par calcination avec du carbonate de soude, forment du chlorure de sodium soluble.

Réactions caractéristiques. — 1° *Azotate d'argent.* — Précipité blanc caséeux, noircissant à la lumière, insoluble dans l'acide azotique, soluble dans l'ammoniaque ;

2° *Les chlorures chauffés avec de l'acide sulfurique et du bioxyde de manganèse* laissent dégager du chlore, facilement reconnaissable à son odeur et à sa couleur jaune.

3° BROMURES

Les bromures insolubles, calcinés avec du carbonate de soude, donnent naissance à du bromure de sodium, facilement reconnaissable au moyen des réactions que nous allons énumérer.

Réactions caractéristiques. — 1° *Azotate d'argent.* — Précipité de bromure d'argent soluble dans l'ammoniaque ;

2° *Acide azotique ou eau chlorée.* — Séparation du brome, reconnaissable par la coloration jaune qu'il communique à la liqueur et que l'on peut enlever en l'agitant avec de l'éther ; celui-ci, chargé de brome, vient surnager en formant une couche rougeâtre ;

3° *Les bromures chauffés avec de l'acide sulfurique et du bioxyde de manganèse* laissent dégager du brome, dont l'odeur est caractéristique.

4° IODURES

Les iodures insolubles, calcinés avec du carbonate de soude, donnent naissance à de l'iodure de sodium soluble, qu'il est facile de caractériser.

Réactions caractéristiques. — 1° *Azotate d'argent.* — Précipité jaunâtre d'iodure d'argent, *à peu près insoluble dans l'ammoniaque,* ce qui distingue les iodures des chlorures et des bromures, le chlorure et le bromure d'argent étant solubles dans l'ammoniaque ;

2° *Eau chlorée.* — Séparation de l'iode, qu'on dissout dans de l'éther que l'on agite avec la liqueur et qui vient surnager en formant une couche violacée. Même réaction avec l'acide azotique ;

3° *Les iodures traités par l'acide sulfurique et du bioxyde de manganèse* laissent dégager des vapeurs violettes d'iode qui bleuissent le papier amidonné.

Réactions accessoires. — 1° *Acétate de plomb.* — Précipité jaune d'iodure de plomb ;

2° *Bichlorure de mercure.* — Précipité rouge vif de biiodure de mercure.

5° CYANURES

Les cyanures insolubles, calcinés avec du carbonate de soude, fournissent du cyanure de sodium soluble, que l'on peut caractériser au moyen des réactifs ci-dessous. Les cyanures constituent de violents poisons, qu'il ne faut manier qu'avec beaucoup de prudence, surtout si l'on a quelque excoriation.

L'acide cyanhydrique, CyH ou CAzH, constitue, à vraiment parler, un acide de nature organique ; je lui conserve néanmoins sa place parmi les acides minéraux, d'une part, parce que, dans la plupart des Traités, l'acide cyanhydrique est rangé à côté des acides chlorhydrique, iodhydrique et bromhydrique dont il se rapproche, et, de l'autre, parce que les cyanures possèdent quelque analogie avec les chlorures, iodures et bromures.

Réactions caractéristiques. — 1° *Azotate d'argent.* — Une solution *neutre* d'un cyanure produit un précipité blanc floconneux de cyanure d'argent soluble dans l'ammoniaque. (La plupart des cyanures de potassium ont une réaction alcaline ou l'acquièrent par suite de l'action de l'acide carbonique de l'air, qui chasse l'acide cyanhydrique et s'unit à la potasse.) Avant de soumettre un cyanure à l'action de l'azotate d'argent afin d'obtenir une réaction bien nette, il faut en neutraliser la solution au moyen de l'acide azotique ajouté avec précaution ;

2° *Sulfate de protoxyde de fer.* — Précipité blanc qui bleuit rapidement à l'air, ou immédiatement en le dissolvant dans l'acide chlorhydrique. (Le cyanure de mercure seul fait exception à cette règle.)

3° *Un cyanure traité par l'acide sulfurique* ou chlorhydrique laisse dégager des vapeurs d'acide cyanhydrique reconnaissables à leur odeur d'amandes amères.

Note essentielle. — Lorsqu'on produit cette réaction, n'opérer que sur une très petite quantité et respirer avec précaution, sans cela la proportion d'acide cyanhydrique dégagé peut devenir dangereuse à respirer.

Réaction accessoire. — Le précipité de cyanure d'argent obtenu dans la réaction n° 1, étant isolé par le filtre, est mis au fond d'un tube à essai avec un tout petit cristal d'iode ; on recouvre le mélange d'un tampon d'amiante ; en chauffant légèrement, il se forme de l'iodure de cyanogène, qui se sublime en belles aiguilles blanches.

QUATRIÈME GROUPE

Sels dont les solutions neutres ne précipitent ni par le chlorure de baryum, ni par l'azotate d'argent

1° AZOTATES

Tous les azotates sont solubles, ou du moins ceux qui font exception sont rares et se rencontrent peu souvent, tel est l'azotate de chrysaniline, pour citer un exemple d'azotate à peu près insoluble. Ils fusent quand on les projette sur des charbons ardents ; c'est là un de leurs caractères distinctifs.

Réactions caractéristiques. — 1° Celle de fuser sur les charbons ardents ;

2° Mélangés avec *de l'acide sulfurique et de la tournure de cuivre*, ils laissent dégager des vapeurs nitreuses. Cette réaction se fait mieux en élevant légèrement la température ;

3° Leur dissolution, colorée par *une goutte d'indigo*, puis mélangée avec de *l'acide sulfurique*, se décolore par la chaleur ;

4° *L'acide phénique, dissous dans l'acide sulfurique*, se colore en jaune au contact des azotates ou de l'acide azotique libre ; la coloration devient plus sensible si on vient à saturer par l'ammoniaque ;

5° Une réaction très sensible des azotates, puisqu'elle permet d'en reconnaître une proportion de 3 à 4 milligrammes par litre, consiste dans la coloration que prend le *sulfate de diphénylamine*. Sur une plaque de porcelaine parfaitement lavée à l'eau distillée, on dépose une goutte d'acide sulfurique *pur*, sur celle-ci on laisse tomber quelques cristaux de diphénylamine et à l'aide d'un agitateur on porte une goutte de la solution que l'on soupçonne renfermer un azotate ; les deux liquides se pénètrent et il se forme une sorte de panache qui s'auréole de bleu si la solution renferme réellement un azotate :

2° CHLORATES

Tous les chlorates sont solubles dans l'eau.

Réactions caractéristiques. — 1° Projetés sur des charbons ardents, ils déflagrent, c'est à dire qu'ils activent la combustion comme les azotates, mais en même temps ils font entendre un bruit de pétillement ;

2° Ils forment, avec *l'acide chlorhydrique*, en dégageant du chlore, une liqueur jaune foncé qui décolore l'indigo et le tournesol.

3° Chauffés dans un tube à essai, ils laissent dégager de l'oxygène qui rallume une allumette en ignition que l'on introduit dans le tube. Le résidu de cette opération, s'il est soluble, ou qu'on rend soluble en le fondant avec du carbonate de soude, donne lieu aux réactions des chlorures.

Caractères des principaux Acides organiques

Je ne vais donner les caractères que des principaux acides organiques, de ceux dont on est exposé à rencontrer des sels dans les laboratoires de photographie. Ainsi limités, nous allons voir qu'il est assez facile de reconnaître ces quelques acides organiques ; tandis qu'en étendant le nombre de ceux que nous passerions en revue, nous aurions à signaler des réactions peu caractéristiques, qui risqueraient fort de laisser la plus grande incertitude.

On peut diviser les acides organiques en deux classes ou groupes.

1er GROUPE	Acides pouvant être volatilisés par l'ébullition de leurs sels avec l'acide sulfurique étendu.	Acide cyanhydrique Acide formique. Acide acétique. Acide benzoique.
2e GROUPE	Acides non volatilisés par l'ébullition de leurs sels avec l'acide sulfurique.	Acide oxalique. Acide tartrique. Acide citrique. Acide malique.

PREMIER GROUPE

Acides pouvant être volatilisés par l'ébullition de leurs sels avec l'acide sulfurique étendu.

1° CYANURES

Nous avons déjà appris à reconnaître les cyanures, qui ont été étudiés avec le deuxième groupe des acides minéraux. A cette place, j'ai fait remarquer que l'acide cyanhydrique devait néanmoins être rangé parmi les acides organiques, puisque sa formule CAzH en faisait un acide hydrogéné du carbone. Dans cet acide, un atome de carbone C, tétratomique, se trouve combiné à un atome d'azote, triatomique, et à un atome d'hydrogène remplaçable par un atome d'une base : c'est donc un acide monoatomique, $H - C \equiv Az$; $K - C \equiv Az$.

Pour les caractères distinctifs, voir le deuxième groupe des acides minéraux.

2° ACÉTATES

Réactions caractéristiques. — 1° Les acétates, *chauffés avec de l'acide sulfurique étendu*, laissent dégager de l'acide acétique dont l'odeur est caractéristique.

2° *Potasse et acide arsénieux.* — Ces réactifs, broyés avec un acétate et chauffés dans un tube, donnent lieu à une odeur détestable *d'oxyde de cacodyle ou arséniure de méthyle.*

3° FORMIATES

Réactions caractéristiques. — 1° Les formiates, *chauffés avec de l'acide sulfurique étendu*, laissent dégager de l'acide formique, d'une odeur piquante particulière.

2° *Sels d'argent ou de mercure.* — Chauffés avec un formiate, réduction rapide d'argent ou de mercure.

4° BENZOATES

Réaction caractéristique et unique. — Les benzoates, chauffés avec de l'acide sulfurique étendu, laissent dégager l'acide benzoïque, reconnaissable à son odeur aromatique de benjoin. De plus, si l'on a opéré dans un tube, on obtient un sublimé cristallin ; ces cristaux isolés se volatilisent très rapidement, brûlent avec une flamme fuligineuse sans laisser de résidu.

Observation. — Le caractère tiré de l'odeur de l'acide benzoïque, ne peut être considéré comme constant ; en effet, si l'acide benzoïque extrait du benjoin conserve l'odeur aromatique de ce produit, celui extrait de l'urine des herbivores possède, au contraire, une odeur désagréable, et l'acide benzoïque obtenu en traitant le toluène chloré par l'acide azotique présente une odeur très sensible d'amandes amères. A l'état pur, quelle qu'en soit l'origine, cet acide n'a aucune odeur particulière. On ne peut donc regarder comme caractéristiques que sa facile sublimation et sa volatilité.

DEUXIÈME GROUPE

Acides qui ne peuvent être volatilisés par l'ébullition de leurs sels avec l'acide sulfurique étendu

1° OXALATES

L'acide oxalique, $C^2H^2O^4$, est un acide bibasique ; ses deux atomes d'hydrogène peuvent être remplacés par deux atomes d'un métal monoatomique ou par un atome d'un métal diatomique. On connaît des oxalates neutres et des oxalates acides. L'oxalate neutre de potasse, $C^2K^2O^4$, employé en photographie, ne doit pas être confondu avec l'oxalate acide de potasse, qui constitue en grande partie le sel d'oseille du commerce. Ce que l'on nomme quadroxalate de potasse, et qui constitue l'autre partie du sel d'oseille, doit être regardé comme une combinaison d'acide oxalique et d'oxalate acide; il renferme $C^2H^2O^4 + C^2HKO^4 + 2H^2O$.

Réactions. — 1° *Acide sulfurique.* — Les oxalates *secs*, chauffés avec cet acide, dégagent de l'oxyde de carbone et de l'acide carbonique, l'un inflammable, l'autre absorbable par la potasse ;

2° *Sels de chaux.* — Tous les sels de chaux, y compris le sulfate, donnent dans les liqueurs, même très étendues, un précipité blanc d'oxalate de chaux insoluble dans l'acide acétique et dans l'acide oxalique.

2° TARTRATES

L'acide tartrique est bibasique ; il renferme deux atomes d'hydrogène remplaçables par une quantité équivalente de métal. On connait des tartrates neutres et des tartrates acides :

$$C^4H^4O^6 \left\{ \begin{matrix} H \\ H \end{matrix} \right. \qquad C^4H^4O^6 \left\{ \begin{matrix} H \\ M^I \end{matrix} \right. \qquad C^4H^4O^6 \left\{ \begin{matrix} M^I \\ M^I \end{matrix} \right. \text{ ou } M^{II}$$

Acide tartrique — Tartrates acides — Tartrates neutres

On donne le nom d'émétiques (pris dans un sens général) à des tartrates neutres dans lesquels un atome de métal est remplacé par un groupe oxygéné monoatomique, tels que le groupe $(SbO)^1$ antimonyle, $(FeO)^1$ ferryle, $(BoO)^1$ boryle :

$C^4H^4O^6 \left\{ \begin{array}{l} K \\ K \end{array} \right.$	$C^4H^4O^6 \left\{ \begin{array}{l} K \\ (SbO)^1 \end{array} \right.$	$C^4H^4O^6 \left\{ \begin{array}{l} K \\ (FeO)^1 \end{array} \right.$
Tartrate neutre de potasse	Tartrate stibico-potassique (émétique)	Tartrate ferrico-potassique

On connaît plusieurs tartrates doubles, tel est le sel de Seignette ou tartrate double de potasse et de soude :

$$C^4H^4O^6 \left\{ \begin{array}{l} K \\ Na \end{array} \right. + 4\,H^2O$$

Réactions essentielles. — 1° *Chaleur.* — Projetés sur les charbons ardents, les tartrates, de même que l'acide tartrique, répandent une odeur caractéristique de sucre et de pain grillés ;

2° *Potasse.* — En opérant sur une solution un peu concentrée d'acide tartrique, on obtient un précipité blanc de tartrate acide peu soluble dans l'eau froide;

3° Un *tartrate neutre*, chauffé avec une solution de nitrate d'argent, opère la réduction du métal, qui se dépose en couche brillante sur les parois du verre.

3° CITRATES

L'acide citrique est un acide tribasique, $C^6H^5O^8 \left\{ \begin{array}{l} H \\ H \\ H \end{array} \right.$. Les citrates alcalins sont très solubles dans l'eau ; ceux de baryum, de strontium et de calcium le sont moins, et les citrates métalliques sont insolubles.

Réactions caractéristiques. — L'acide citrique et les citrates pourraient facilement être confondus à première vue avec l'acide tartrique ou les tartrates ; mais l'acide citrique, ou l'un de ses sels, projeté sur des charbons ardents, se décompose en exhalant des vapeurs acides qui ne présentent pas l'odeur de sucre et de pain grillés qui caractérisent les vapeurs émises dans les mêmes circonstances par l'acide tartrique ou les tartrates.

Potasse. — La potasse, ou l'un de ses sels, ajoutée dans une solution, même très concentrée, d'acide citrique, ne donne lieu à aucun précipité ;

cette réaction permet encore de différencier l'acide citrique de l'acide tartrique.

Quant aux autres réactions, elles sont communes à l'acide citrique et à l'acide tartrique ; ainsi l'eau de chaux, le chlorure de calcium ne précipitent pas par ces deux acides à l'état libre ; mais les tartrates et les citrates donnent lieu à un précipité avec l'un et l'autre de ces réactifs.

Le nitrate d'argent, l'acétate de plomb précipitent en blanc en présence des citrates et des tartrates ; le citrate d'argent, faisons-le remarquer, se dissout dans l'ammoniaque, propriété mise à profit dans la préparation des émulsions à l'ammonio-citrate d'argent.

Les sels d'alumine, de manganèse et de fer ne sont plus précipitables par les alcalis en présence des acides tartrique et citrique, parce qu'il se forme des sels doubles très solubles.

4° MALATES

Quoique très répandus dans la nature, puisque la plupart des fruits renferment de l'acide malique ou l'un de ses sels, on a très peu souvent affaire à des malates dans les essais analytiques. L'acide malique cristallise difficilement en masses mamelonnées, fusibles, inodores, de saveur très acide (goût de pommes vertes), très déliquescentes. On pourrait confondre les malates avec les citrates et surtout avec les tartrates, car, comme ces derniers, projetés sur des charbons, ils émettent une odeur de sucre brûlé.

Un caractère qui distingue les malates, c'est qu'ils ne précipitent ni par l'eau de chaux, ni par le chlorure de calcium ; ils précipitent, au contraire, avec l'acétate de plomb et le nitrate d'argent.

Je ne m'occuperai point des réactions qui servent à caractériser les bases ou autres produits de nature organique parce qu'elles sont loin d'être aussi caractéristiques que celles des substances minérales et en second lieu ce sujet, par son étendue, sortirait, je crois, du cadre de cet ouvrage.

D'ailleurs, en décrivant, dans le second volume, les substances qui sont usitées en photographie, j'aurai soin d'énumérer leurs propriétés physiques et chimiques et les principales réactions auxquelles elles donnent lieu.

Si donc on a sous la main une substance que l'on suppose être de nature organique, par exemple de l'acétone, de l'acide pyrogallique, de l'amidol, etc..., on voudra bien consulter l'article qui la concerne pour vérifier si elle possède bien les caractères qui y sont mentionnés et si elle satisfait aux réactions énumérées.

Pour terminer ce qui a trait à l'analyse qualitative, il me reste à indiquer comment on parvient à déterminer la nature des substances qui composent un mélange plus ou moins complexe ; nous ne nous sommes, en effet, occupés jusqu'ici que d'apprendre à reconnaître la base et l'acide d'un produit isolé, le sulfate de fer, l'oxalate de potasse par exemple. Le problème n'est pas toujours aussi simple, souvent on se propose de connaître la composition d'un mélange composé de deux, trois, quatre substances et même parfois davantage ; c'est ce qui a lieu pour les bains de virage-fixage, les révélateurs qu'on trouve dans le commerce. Cette détermination présente d'assez grandes difficultés pour tous ceux qui ne se livrent pas couramment à ces sortes de recherches, surtout lorsqu'on ne possède aucun renseignement sur la composition probable du produit auquel on a affaire ; mais du moment que l'on sait que la solution, ou le mélange que l'on veut examiner, est un révélateur, un bain de virage, de virage-fixage, etc..., ce seul renseignement permet de présumer la nature des éléments, ou des principaux éléments, qu'on peut y rencontrer et de diriger par conséquent les recherches en ce sens.

Je vais, à titre d'exemple d'analyse qualitative de ce genre, indiquer comment on pourrait mener l'opération en supposant qu'il s'agisse de reconnaître les substances qui composent une solution destinée au fixage et virage combinés des photocopies. Nous savons que dans ces sortes de solutions il se rencontre : 1° de l'hyposulfite de soude ; 2° de l'alun ; 3° un sel de plomb (azotate ou acétate) ; 4° du chlorure d'or, et 5° parfois de l'acide tartrique libre.

D'après ces données cherchons à caractériser chacun de ces produits ; nous commencerons par la recherche de l'hyposulfite de soude.

A. — Prenons pour cela 30 à 35 cmc. de la solution et ajoutons par petites quantités à la fois de l'acide chlorhydrique pour la rendre nettement acide. Nous devons constater un dégagement d'acide sulfureux, même assez abondant, à cause de la concentration assez forte de la solution primitive ; en même temps il se formera un dépôt de soufre, auquel se trouvera mélangé une quantité plus ou moins considérable de chlorure de plomb. Nous filtrons la liqueur trouble, pour séparer le dépôt de la partie claire ; le précipité resté sur le filtre est lavé à plusieurs eaux, puis desséché ; il doit alors, lorsqu'on l'expose à la flamme, brûler avec une flamme bleue en dégageant de l'acide sulfureux, c'est donc bien qu'il contient du soufre.

Notre solution, nous est-il ainsi démontré, contenait un hyposulfite. Nous nous assurerons un peu plus tard que ce sel était à base de soude et non d'ammoniaque.

B. — Prenons une nouvelle dose de 30 cmc. de la liqueur primitive et traitons-la par une solution de sulfure de potasse tant qu'il se produit un précipité noir. Filtrons pour séparer le dépôt et conservons la liqueur claire qui passe à travers le filtre. Le sulfure a précipité tout l'or et tout le plomb à l'état de sulfures; pour vérifier que le précipité resté sur le filtre est bien un mélange de ces deux sulfures, nous le lavons soigneusement avec de l'eau distillée, puis, après l'avoir égoutté et desséché, nous le séparons du papier pour le traiter dans une petite capsule avec un peu d'acide azotique bouillant. A la suite de ce traitement, le sulfure de plomb est transformé en azotate de plomb, du soufre est mis en liberté et le sulfure d'or est transformé en or métallique. On ajoute quelques centimètres cubes d'eau dans la capsule, on filtre, on a alors : d'une part, une solution d'azotate de plomb que l'on caractérise par les réactifs de ce métal, et, de l'autre, un dépôt mixte de soufre et d'or métallique resté sur le filtre. On lave ce dernier avec soin, on le dessèche, on le brûle en calcinant ses cendres. Le soufre est ainsi éliminé et on ne se trouve plus en face que d'un peu d'or métallique mélangé à une quantité insignifiante de cendres provenant du papier. On dissout l'or au moyen de quelques gouttes d'eau régale; la solution, légèrement évaporée, pour chasser le trop grand excès d'acide, sera soumise aux réactions des sels d'or.

C. — Reprenons une partie de la liqueur claire que nous avons conservée en faisant l'essai B; nous l'acidulons par l'acide chlorhydrique, nous la portons à l'ébullition pour chasser l'acide sulfureux et l'acide sulfhydrique car, si la plus grande partie de ces deux gaz se sont dégagés au moment où on a ajouté l'acide azotique, une portion s'est aussi dissoute dans le liquide. Nous filtrons pour séparer l'abondant dépôt de soufre qui s'est formé. En traitant la liqueur claire par du chlorure de baryum nous devons obtenir un précipité blanc de sulfate de baryum, occasionné par la présence de l'alun qui est un sulfate double, soit d'alumine et de potasse, soit d'alumine et d'ammoniaque; car, dans le commerce, on vend comme alun l'un ou l'autre de ces deux sulfates.

D. — Nous reconnaîtrons que c'est bien du sulfate d'alumine en prenant une certaine quantité de la solution claire que nous avons obtenue dans l'essai A. Nous la traitons d'abord par de l'hydrogène sulfuré, tant qu'il se produit un précipité noir de sulfure de plomb et de sulfure d'or. Nous filtrons pour séparer ce dépôt et dans le liquide ainsi obtenu nous ajoutons un peu de sulfhydrate d'ammoniaque qui doit produire un précipité blanc d'hydrate d'alumine, accompagné d'un dégagement d'acide sulfhydrique.

E. — Pour vérifier que l'hyposulfite était à base de soude et non d'ammoniaque, ce qui, soit dit en passant, est peu probable puisque l'hyposulfite d'ammoniaque, qui jouit des mêmes propriétés que celui de soude, sans présenter d'avantages pratiques marqués, est un produit plus cher et il est de règle dans les produits commerciaux, lorsqu'on peut employer indifféremment deux substances, on choisit toujours celle qui est à meilleur compte. Quoi qu'il en soit, si le sel ammoniacal avait été adopté, en effectuant le traitement indiqué en A, nous avons décomposé l'hyposulfite qui s'est transformé en chlorure de sodium ou d'ammonium. Si nous évaporons une certaine quantité de cette solution, nous obtiendrons une masse cristalline assez abondante, laquelle renfermera une proportion importante de l'un ou de l'autre chlorure. Si nous la chauffons assez fortement elle diminuera sensiblement de poids, si du chlorure d'ammonium en fait partie, il n'en sera plus de même si c'est du chlorure de sodium ; la seule perte qu'elle pourra éprouver proviendra de la destruction de l'acide citrique (1). Cet essai nous avertira même si ce dernier acide fait partie du bain de virage-fixage que nous essayons, puisque le résidu de l'évaporation que nous calcinons brunira d'abord et dégagera bientôt des vapeurs acides.

F. — Si nous avons constaté la présence d'un sel de plomb, il nous reste à déterminer si c'était l'azotate ou l'acétate qui avaient été employés. Nous opérerons, pour cette détermination, comme nous l'avons fait pour l'essai E ; c'est à dire qu'après avoir obtenu par évaporation une masse cristalline, nous traitons une petite portion de cette dernière dans un tube à essai par quelques gouttes d'acide sulfurique et un peu de tournure de cuivre. Si elle renferme un azotate nous verrons se produire des vapeurs rouges d'acide hypoazotique. Si cette réaction ne se produit point, il faut présumer que c'était de l'acétate de plomb qui entrait dans la composition du bain. Nous nous en assurerons en mettant dans un

(1) Et d'une légère volatilisation du chlorure de sodium car ce dernier chauffé au rouge se volatilise sensiblement comme le fait aussi, d'ailleurs, le chlorure de potassium.

autre tube à essai quelques grammes de la même masse cristalline avec un peu de potasse en solution concentrée et un peu d'acide arsénieux. En chauffant légèrement nous percevrons l'odeur désagréable de l'oxyde de cacodyle, si un acétate fait partie de la matière soumise à l'essai.

Il est difficile de formuler une règle générale pour la marche à suivre dans un essai qualitatif ; cependant, les suivantes doivent être toujours observées : 1° *dans chaque précipité formé par un réactif, on recherchera tous les corps qui se comportent de la même manière avec ce réactif* ; 2° *malgré que l'on ait démontré l'existence d'une ou plusieurs bases, il faudra cependant expérimenter toute la série des réactifs généraux* (HCl, H^2S, sulfhydrate d'ammoniaque, carbonates alcalins) *pour savoir s'il ne se trouve pas encore d'autres corps dans la substance examinée* : par conséquent, si, par exemple, une base ou un groupe de bases a été précipité et séparé par le filtre, on devra, à chaque opération, conserver le liquide de la filtration et rechercher les bases qui peuvent encore s'y trouver.

Comme il est prescrit de faire agir les deux principaux réactifs généraux sur des solutions acides, il est avantageux d'employer, pour les rendre telles, l'acide chlorhydrique qui précipite déjà à l'état de chlorures la totalité des sels d'argent et de protoxyde de mercure, et partiellement seulement les sels de plomb, car le chlorure de ce dernier métal présente une certaine solubilité.

Après filtration, pour séparer ce premier précipité, si la formation en a eu lieu, on conserve la liqueur claire pour déterminer les éléments ; pour cela, on la traite par l'hydrogène sulfuré d'abord. Si un précipité se forme, on prend une portion de la liqueur trouble pour s'assurer s'il est totalement ou partiellement soluble dans un sulfure alcalin, ou bien totalement insoluble dans ce réactif. Dans le premier cas, les bases précipitées appartiennent au premier groupe des métaux ; dans le second, elles appartiennent partie à ce premier groupe et partie au deuxième groupe. Le sulfure alcalin permet de les séparer, c'est à dire d'avoir, d'un côté, une solution des sulfures des bases appartenant au premier groupe des métaux, et de l'autre, un précipité formé par les bases provenant des métaux du deuxième groupe. Enfin, si le sulfure obtenu sous l'influence de l'hydrogène sulfuré ne se dissout point dans le sulfure alcalin, les bases proviennent des métaux du deuxième groupe.

Si l'hydrogène sulfuré n'a produit aucun précipité dans la liqueur acide, c'est que les bases qu'elle renferme ne peuvent appartenir qu'aux métaux des troisième, quatrième ou cinquième groupe. On essaie donc successivement les réactifs généraux sur les liquides clairs qui proviennent de la séparation des précipités obtenus précédemment. Chaque précipité est ensuite examiné séparément pour déterminer la base ou le groupe de bases qui le composent. Ceux qui sont formés par l'action de l'hydrogène sulfuré ou du sulfhydrate d'ammoniaque sont généralement des sulfures ; je dis *généralement*, car l'alumine donne, avec ces réactifs, non un sulfure d'aluminium, mais de l'hydrate d'alumine. Quoi qu'il en soit, les sulfures fondus avec du carbonate de soude et du charbon sont réduits à l'état métallique ; le métal ou les métaux ainsi isolés, dissous dans de l'acide azotique, fournissent une solution que l'on sait être formée par un azotate de l'un des métaux appartenant à un groupe bien déterminé. Il est donc facile de les reconnaître.

Le précipité formé par les carbonates alcalins dans les liqueurs dont on a d'abord isolé les métaux des trois premiers groupes au moyen de l'hydrogène sulfuré ou du sulfure d'ammoniaque, ne peut être formé que de carbonates appartenant au quatrième groupe. En dissolvant ce précipité, recueilli sur un filtre, au moyen d'un peu d'acide azotique on aura une solution qui servira à reconnaître la base ou les bases qui lui ont donné naissance.

Enfin, le liquide, dont on a séparé le précipité formé par les carbonates alcalins, peut renfermer une base ou des bases provenant des métaux du cinquième groupe. Cette détermination termine la recherche qualitative des bases, et l'on passe à la recherche des acides ou des corps non métalliques qui leur correspondent.

La recherche des acides offre, en général, moins de difficultés que celle des bases : d'abord, parce que le nombre des acides qui se rencontrent fréquemment n'est pas très considérable, et ensuite parce que la présence de certaines bases exclut celle de certains acides. La recherche des bases fournit donc des indications relatives aux acides que l'on doit prendre en considération et à ceux que l'on doit exclure.

Lorsque, au moyen des deux réactifs généraux (chlorure de baryum, azotate d'argent), on a reconnu que la substance renferme des acides appartenant à l'un des trois groupes ou à deux ou même aux trois groupes à la fois, on cherchera à déterminer l'acide ou les acides de chacun des groupes en provoquant les réactions caractéristiques de chacun d'eux, c'est à dire que, si on a en premier lieu obtenu un précipité avec le chlorure de baryum, après avoir isolé ce précipité par le filtre, l'avoir lavé et desséché, on le fond avec du carbonate de soude, en reprenant la masse par l'eau, on obtient une solution dans laquelle les acides sont en majeure partie combinés à la soude.

A la solution primitive, rendue acide par de l'acide azotique, on ajoute de l'azotate d'argent ; s'il se forme un précipité, c'est que la solution renferme un ou plusieurs acides du deuxième groupe. En fondant ce précipité, lavé et desséché, avec du carbonate de soude, on obtiendra une solution sodique de ces acides, qu'il faudra arriver à caractériser en employant successivement les réactions caractéristiques de chacun d'eux ; pour les acides, en effet, il n'est pas possible, comme nous l'avions fait pour les bases, de séparer ceux qui font partie d'un même groupe. Voilà pourquoi il faut, sur chacune des deux solutions sodiques, faire successivement intervenir presque tous les réactifs des acides qu'il peut renfermer.

Dans la liqueur claire, provenant de la séparation du précipité produit une première fois par le chlorure de baryum (ou préférablement l'azotate de baryte) et en second lieu par l'azotate d'argent, on recherchera les acides qu'il peut renfermer.

Avant toute recherche des acides, il faut s'assurer, par la calcination, si la substance ou la solution primitives (amenées à l'état sec par évaporation) renferment une matière organique, matière qui est le plus souvent constituée par un ou plusieurs acides organiques. Si la substance brunit et dégage des vapeurs empyreumatiques, c'est le signe qu'au nombre de ses composants figure une matière organique, probablement un ou plusieurs acides. On ne tiendra pas compte tout d'abord de ces derniers et on s'en affranchira facilement en fondant la substance à essayer avec du carbonate de soude. Durant cette opération, les acides organiques sont détruits, et, dans la solution sodique que l'on obtient, on n'a plus que les acides minéraux, que l'on recherche en suivant les indications que je viens d'exposer ci-dessus et après avoir, toutefois, neutralisé la solution sodique au moyen de l'acide azotique. On détermine ensuite la nature des acides organiques.

CHAPITRE III

ESSAIS AU CHALUMEAU — NOTIONS GÉNÉRALES

Plusieurs fois, en énumérant les réactions caractéristiques des divers produits chimiques que nous venons de passer en revue, il a été question de l'emploi du chalumeau; nous avons même vu que, dans certains cas, ce mode d'essai était indispensable parce qu'il fournit des indications plus sûres que les réactions par voie humide; dans beaucoup d'autres, il permet d'acquérir la certitude que la substance est bien celle que les réactifs ordinaires faisaient supposer; c'est donc une méthode de contrôle qu'il faut savoir mettre à contribution.

Sans entrer ici dans les détails, qu'il serait indispensable de donner si nous avions à nous occuper de l'étude des minéraux proprement dits, je dois décrire au moins les principales conditions dans lesquelles ce petit instrument est utilisé.

Le chalumeau le plus simple — et c'est celui qui peut suffire pour les essais que nous avons indiqués — est le chalumeau ordinaire des bijoutiers : il consiste, comme chacun le sait, en un tube de laiton ou même de fer-blanc de forme légèrement conique, recourbé à angle droit ou en arc de cercle et terminé par un ajustage en cuivre à ouverture très fine (fig. 5). Le chalumeau du minéralogiste est un peu plus complet, en ce sens qu'il se compose de quatre pièces se montant les unes sur les autres à frottement dur (fig. 6). L'ajustage, ou mieux les ajustages sont le plus souvent en platine, au lieu d'être en cuivre, comme dans les instruments ordinaires : l'un est à ouverture relativement large, le second est percé d'une très fine ouverture. On emploie l'un ou l'autre suivant la nature du résultat qu'on cherche à produire. Si l'on projette un courant d'air de faible volume dans la flamme, celle-ci est réductrice; avec l'ajustage à large ouverture, il y a excès d'air : la flamme devient oxydante. Lorsqu'on ne dispose que d'un chalumeau ordinaire, à ajustage unique, on peut néanmoins obtenir des oxydations ou des réduc-

Fig. 5.

tions; en effet, dans toute flamme, et ceci se constate facilement dans celle d'une bougie, il existe au centre une portion ou *cône obscur a* (fig. 7), entouré d'une enveloppe brillante, *b*, qui est la partie éclairante de la

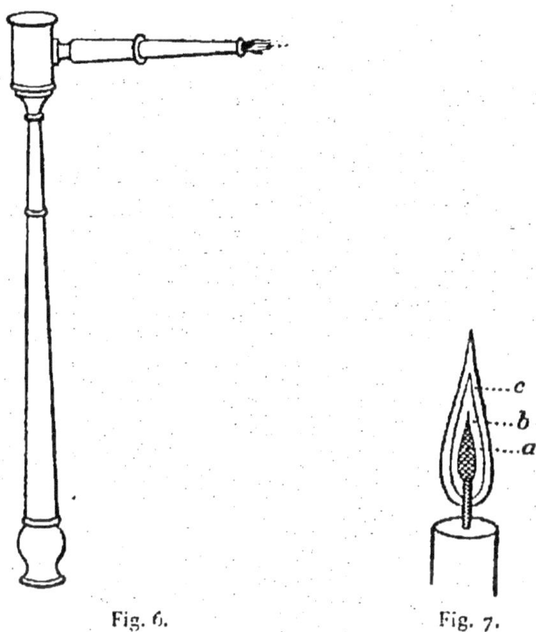

Fig. 6. Fig. 7.

flamme. Ces deux portions, par suite d'une combustion incomplète, tenant à ce que la quantité d'air n'est pas suffisante pour brûler *complètement* les particules charboneuses, sont susceptibles d'opérer la réduction des substances que l'on introduit dans ces parties de la flamme ou sur lesquelles on les projette au moyen du chalumeau, si celui-ci n'introduit pas, toutefois, un excès d'air qui brûlerait ces particules charbonneuses auxquelles est due le phénomène de réduction; il faut donc que le chalumeau soit à ouverture réduite pour laisser subsister ces zones de combustion incomplète, zones dans lesquelles nous placerons la substance sur laquelle nous voulons opérer une action réductrice.

Tout autour de ces deux parties centrales de la flamme, on remarque une troisième zone *c*, caractérisée par une flamme bleue, peu éclairante; c'est là que la température est la plus élevée, et là aussi les particules charbonneuses y sont totalement brûlées, à cause de l'excès d'air qui alimente cette portion. C'est dans cette portion que se produisent les phénomènes d'*oxydation*.

On se convaincra facilement des propriétés de ces deux parties de la flamme au moyen de la petite expérience suivante : On prend un morceau de charbon de bois, on y creuse une petite cavité, et dans celle-ci on place un globule d'étain, sur lequel on dirige le dard du chalumeau. Si on maintient quelque temps le globule fondu et porté à haute température dans la partie centrale ou réductrice de la flamme (fig. 8), on le

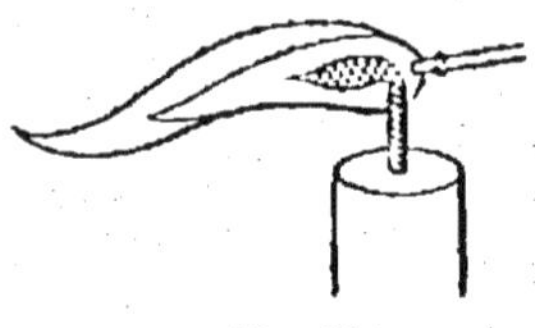

Fig. 8. Fig. 9.

verra se maintenir brillant, et une fois refroidi, il a conservé ses propriétés. Maintenu dans la zone oxydante (fig. 9), il se transforme rapidement en une masse blanche qui s'effrite après refroidissement.

L'habileté consiste à maintenir l'étain pendant assez longtemps dans la flamme sans l'oxyder ; il faut aussi acquérir l'habitude de produire un courant d'air continu, ce qui s'obtient en aspirant l'air par les narines et l'expirant par la bouche, les joues faisant l'office de régulateur. Ceci s'acquiert très vite et peut se continuer longtemps sans fatigue.

La source de chaleur peut être la flamme d'une lampe à alcool ou à huile, le gaz d'éclairage ou enfin une bougie.

Les supports sur lesquels on fait les essais sont : 1° un morceau de charbon de bois, sans fissures, dans lequel on creuse une petite cavité où l'on dépose la matière ; 2° des fils de platine très fins, recourbés en boucle ; ils servent à soumettre les corps à la fusion, soit seuls, soit avec addition de fondants ; 3° une petite pince en acier permettant de soutenir une capsule plate en kaolin sur laquelle on fond le borax, qui prend des colorations caractéristiques avec divers oxydes. Je me borne à ces indications succintes sur les méthodes d'essai au chalumeau, en faisant remarquer que les opérations, en général très simples, sont rapidement exécutées et suffisent pour une détermination première.

CHAPITRE IV

ANALYSE QUANTITATIVE — MÉTHODES GÉNÉRALES ET DESCRIPTION DES APPAREILS

L'analyse quantitative, j'ai eu déjà l'occasion de le dire, est une opération délicate et qui demande une longue pratique pour être correctement conduite, c'est à dire pour accorder toute confiance aux résultats qu'elle indique. Deux méthodes générales sont usitées pour *les dosages et les titrages* de substances : la première, dite *méthode des pesées*, demande l'emploi d'une balance de précision et de réactions compliquées ; de celle-ci, je n'en parlerai point, car, à mon avis, elle ne saurait convenir qu'aux laboratoires de chimie analytique bien outillés et dirigés par un professionnel rompu aux manipulations. La seconde, au contraire, d'un usage très facile, peut parfaitement convenir aux laboratoires de photographie : on l'appelle *méthode volumétrique ou par les liqueurs titrées*. Elle consiste essentiellement à provoquer une réaction à l'aide d'une solution d'un réactif dont on connaît exactement la teneur ou *titre*. La fin de la réaction étant rendue apparente par un second réactif, qu'on appelle *indicateur*, qui, par son changement de couleur, indique que l'on a employé un volume de solution titrante suffisante pour saturer, modifier ou précipiter la totalité de la substance dont on veut connaître la proportion. Or, comme la solution titrante est faite de telle sorte qu'un volume donné correspond à un poids connu du sel à analyser, un calcul des plus simples permet d'obtenir le résultat que l'on a en vue. On comprend que le titre de la solution doit avoir été déterminé avec tous les soins et avec toute la rigueur possibles, sans quoi tous les résultats seront entachés d'erreur ; aussi, si l'on ne se sent pas assez de confiance en soi-même pour les préparer ou plutôt pour en déterminer convenablement le titre, sera-t-il préférable de les acheter toutes prêtes chez un marchand spécialiste, et j'ajoute qu'elles devront, pour la plupart, être de préparation récente, car beaucoup de ces solutions s'altèrent parfois assez rapidement et toujours à la longue ; changent de titre, soit par l'effet du contact de l'air, soit par évaporation du dissolvant ou de leurs principes constituants. Sur d'autres, la lumière exerce un effet de réduction.

Une méthode très simple d'analyse quantitative consiste *dans l'aréométrie*, c'est à dire dans la détermination de la densité des solutions ; mais ce procédé ne donne des résultats exacts que dans le cas où la solution est composée d'un sel unique pris à l'état à peu près pur.

Dans ce chapitre, je me bornerai à l'énoncé général des principes de la méthode d'analyse volumétrique, me réservant de faire figurer la description particulière des procédés de titrage des produits photographiques à la suite de l'article qui leur sera spécialement consacré dans le deuxième volume de cet ouvrage.

Méthodes d'analyse volumétrique. — L'analyse volumétrique procède par trois méthodes différentes :

1° *Par saturation :* par exemple, l'alcalimétrie et l'acidimétrie. On sature, en effet, dans le premier cas, au moyen d'une solution acide titrée, une autre solution alcaline de teneur inconnue ; dans le second, on fait tout le contraire ;

2° *Par précipitation :* par exemple, le titrage des bains d'argent ;

3° *Par réduction ou oxydation :* par exemple, le titrage de l'hyposulfite de soude, de l'oxalate de potasse, des sels de fer.

Avant de donner un exemple de titrage par l'une de ces trois méthodes, disons quelques mots sur la préparation des liqueurs titrantes ou liqueurs normales et sur les moyens employés pour établir rigoureusement leur titre.

Liqueurs titrantes. — Il est évident, tout d'abord, que si on emploie un réactif impur, c'est à dire mélangé d'autres substances qui n'ont plus la même action ou la même capacité de saturation vis à vis de la substance à analyser, on ne peut compter sur un résultat exact. Pour mieux faire comprendre ce que je viens d'énoncer, prenons par exemple : c'est une solution d'azotate d'argent que nous voulons titrer au moyen d'une solution de chlorure de sodium ; sans entrer dans le détail des opérations que nous avons à faire pour procéder à ce dosage, puisque je me propose d'y revenir tout à l'heure, contentons-nous de dire pour le moment qu'on se fonde sur la précipitation totale du sel d'argent à l'état de chlorure que produit le chlorure de sodium. En supposant que ce dernier produit soit absolument pur, d'après les poids moléculaires 58 gr. 50 devront exactement transformer 170 grammes d'azotate d'argent en chlorure d'argent. Si donc nous dissolvons 58 gr. 5 de chlorure de sodium dans une quantité d'eau distillée, telle que nous obtenions exactement 1.000 centimètres cubes, chaque centimètre cube de cette solution renfermera 0 gr. 0585 de chlorure de sodium et sera, par conséquent, capable de précipiter 0,17 de nitrate d'argent, et nous pourrons dire que si, en prenant, par exemple, 10 centimètres cubes de la solution d'argent à titrer nous avons dû employer 12 centimètres cubes de celle de chlorure de sodium, pour transformer en chlorure tout l'azotate d'argent que renfermait la première, c'est que celle-ci contenait $12 \times 0,17 = 1$ gr. 94 d'azotate d'argent par 10 centimètres cubes, soit 194 grammes par litre. Mais, si le chlorure de sodium est impur, qu'il renferme du chlorure de magnésium, dont le poids moléculaire n'est plus le même, du sulfate de soude dont l'action sur le sel d'argent est différent, nous ne pourrons plus dire que la solution titrante, préparée avec un tel produit, est capable de précipiter exactement 0 gr. 17 de nitrate d'argent par centimètre cube, c'est une quantité moins forte, qu'il serait difficile de déterminer exactement, puisque nous ne connaissons pas la composition ou la teneur réelle du chlorure de sodium employé. On prend alors un moyen détourné pour connaître le titre de la solution ; on fait pour cela dissoudre un gramme d'argent pur (argent vierge), que l'on peut facilement se procurer dans cet état, dans de l'acide azotique, ce qui fournit une solution renfermant 1 gr. 57 de nitrate d'argent ; en effet, 108 grammes d'argent métallique fournissent 170 grammes d'azotate, et 1 gramme en fournit 1 gr. 57. Avec ces données nous cherchons combien il faut de centimètres cubes de la solution de chlorure de sodium pour précipiter à l'état de chlorure ces 1 gr. 57 d'azotate d'argent ; une simple proportion nous fait alors savoir combien 1 centimètre cube de la solution composée avec 58 gr. 50 de chlorure de sodium, plus ou moins impur, précipite d'azotate d'argent, et sur l'étiquette dont nous affecterons le flacon qui la contient, nous inscrirons : *Solution titrante de chlorure de sodium, dont 1 centimètre cube correspond à* N *grammes d'azotate d'argent ;* N représentant le poids trouvé par le petit calcul que j'ai indiqué. C'est là la méthode la plus recommandable pour établir le titre exact des solutions normales de quelque nature qu'elles soient ; elle présente plus de certitude que si on se contente de les préparer en pesant une quantité du réactif correspondant à son poids moléculaire et la faisant dissoudre dans le volume d'eau nécessaire pour obtenir un litre. Cette dernière manière d'agir est, je l'avoue, beaucoup plus simple, mais exige que l'on se serve de réactifs bien purs, ce qui n'est pas impossible puisque des maisons spéciales mettent en vente des produits chimiques pour analyses, avec lesquels l'erreur, s'il y en a, est du moins de bien minime importance. Mais elle n'est praticable qu'autant que le réactif en dissolution ne subit pas d'altération sous l'influence des éléments de l'air ou sous celle de la lumière, ou pour toute autre cause extérieure ; avec celle-ci il est impossible, ou du moins très difficile, d'obtenir que le titre des liqueurs ne varie pas, qu'il se maintienne même durant un petit nombre de jours. Il est, dans ce cas, indispensable de déterminer le titre avant d'exécuter une analyse, et on opère, pour cela faire, d'une façon analogue à celle que nous avons mise en pratique pour déterminer celui de la solution d'un chlorure de sodium impur.

Les solutions titrées sont ou *rationnelles* ou *empiriques*. D'après Mohr on comprend parmi les premières celles qui, à une température de 17° centigrades, contiennent, par litre, 1 équivalent ou 1 atome de substance active, représenté en grammes ; au lieu d'un atome on n'emploie quelquefois que le millième d'atome, soit parce que cette quantité de matière dissoute donnerait une liqueur trop concentrée, soit aussi pour avoir, outre ces liqueurs normales, d'autres dissolutions de sensibilité plus grande parce qu'elles font apparaître le commencement de la réaction caractéristique d'une façon plus graduelle et par conséquent susceptible d'être observée avec plus de netteté. On se sert souvent aussi de liqueurs *normales décimes*, ce sont celles qui renferment un dixième d'atome par litre de liquide.

Les liqueurs normales empiriques ne correspondent pas, comme les précédentes, à un atome ou à un dixième d'atome, elles sont titrées de telle façon que si on emploie 1 centimètre cube, par exemple, cela indique qu'il y a dans la dissolution soumise à l'analyse 1 o/o de la substance à doser.

Dans le cours du second volume nous aurons à donner la composition de quelques-unes de ces liqueurs normales empiriques. Ainsi nous en trouverons une à l'article : *titrage des bains d'argent*.

1° *Méthodes d'analyse par saturation.* — Comme exemple d'analyse volumétrique par saturation, nous pouvons prendre le titrage des alcalis ou des acides ; c'est une opération très courante dans les fabriques de produits chimiques et qui se présente souvent dans les essais commerciaux. Ne nous occupons que du titrage des alcalis (carbonates de soude, potasses, cendres, etc.), puisque le titrage des acides constitue, pour ainsi dire, l'opération inverse. Le principe repose sur ceci : 1° les alcalis, à l'état libre ou carbonaté, modifient la couleur du tournesol rouge, du phénol phtaléine ou d'autres réactifs employés comme indicateurs ; le premier acquiert une teinte bleue, le second une couleur rouge violacée ; 2° si, au moyen d'un acide (l'acide sulfurique, puisque c'est celui qui est ordinairement employé pour ces sortes d'essai), on attaque ces matières, tant que l'acide sulfurique n'a pas été ajouté en quantité nécessaire pour s'emparer de tout l'alcali, la liqueur conserve la teinte bleue fournie par le tournesol ou la teinte violacée de la phtaléine. Mais aussitôt qu'une goutte d'acide est mise en excès, la couleur rouge pelure d'oignon apparaît, si l'indicateur est le tournesol, ou elle se décolore s'il est constitué par la phtaléine ; la saturation est alors terminée ou à peine outrepassée.

On nomme *titre d'une potasse ou d'une soude* le nombre de centièmes d'oxyde KO ou NaO qu'elles contiennent.

Le calcul des équivalents fait voir que 5 grammes d'acide sulfurique SHO^4 saturent 4 gr. 81 de KO et 3 gr. 16 de NaO.

La liqueur normale d'acide sulfurique se prépare en délayant 100 gr. d'acide sulfurique, récemment bouilli, dans une quantité d'eau distillée suffisante pour obtenir 1.000 centimètres cubes de liqueur acide, lorsque sa température est revenue à 17° centigrades. Il est clair que 50 centimètres cubes de cette liqueur renferment 5 grammes d'acide sulfurique SHO^4, et ce volume de 50 centimètres cubes est susceptible ou même, peut-on dire, est nécessaire pour saturer 4 gr. 81 de potasse KO et 3 gr. 16 de soude NaO. Si nous les introduisons dans une burette divisée en demi centimètre cube, c'est à dire portant 100 divisions (fig. 10), ces 100 divisions devront être totalement employées pour saturer les quantités d'alcalis ci-dessus indiquées ; mais, si on faisait l'essai d'une potasse ou d'une soude de commerce, dont nous avons pris 4 gr. 81, s'il s'agit de la première, et 3 gr. 16 s'il s'agit de la seconde, nous obtenons le changement de couleur de l'indicateur, annonçant que la saturation est complète, lorsque nous n'avons encore employé que 60 divisions de la burette, nous pourrons en conclure que l'un ou l'autre alcali ne renfermait que 60 pour 100 de potasse ou de soude pures. On obtient donc le titre de la matière essayée rien que par lecture du nombre de divisions de la liqueur normale d'acide sulfurique employées ; cette liqueur normale rentrant dans la catégorie des liqueurs normales empiriques.

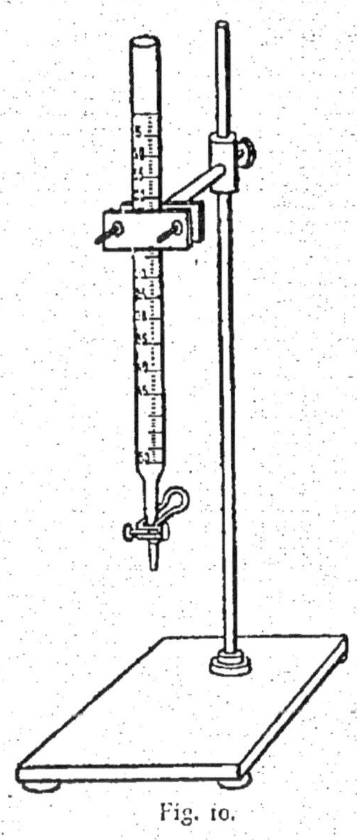

Fig. 10.

Je me contente de cette courte description du procédé alcalimétrique en omettant bien des détails opératoires qui ne sauraient trouver place ici, car c'est plutôt pour donner le principe de la méthode que pour servir de guide dans ces sortes d'opérations que je l'ai introduite dans ce chapitre ; je pourrais faire la même observation au sujet des deux autres procédés d'analyse volumétrique dont nous allons nous occuper. D'ailleurs, ces principes étant bien compris, ceux que les procédés analytiques intéressent ou qui auraient besoin d'y avoir recours, pourront consulter les divers traités d'analyse chimique que notre littérature scientifique possède. Il existe un grand nombre de ces ouvrages bien complets et dans lesquels les nombreuses méthodes sont soigneusement et clairement décrites.

2° *Méthodes d'analyse par précipitation.* — Comme exemple d'analyse volumétrique par précipitation, nous allons reprendre le dosage des bains d'argent, dont nous avons déjà dit quelques mots. On se sert d'une solution normale de chlorure de sodium et du bichromate de potasse comme indicateur.

Une très minime quantité de ce dernier sel forme avec le nitrate d'argent un précipité rouge brique très accentué de chromate d'argent, qui indique fort bien la fin de la réaction.

La solution normale de chlorure de sodium renferme, par litre, 17 gr. 19 de ce sel pur et 1 gramme de bichromate de potasse. Pour procéder à un essai, on mesure très exactement 10 centimètres cubes de liqueur normale, que l'on place dans un verre à précipité, et on introduit la solution d'argent à titrer dans une burette divisée en dixième de centimètre cube (1), en la remplissant jusqu'au *o* de la graduation. En ouvrant doucement le robinet ou la pince de la burette, de manière à faire écouler le liquide goutte à goutte dans la solution de chlorure, on voit se former un précipité de chlorure d'argent qui, tout d'abord, se colore en rouge, mais dont la teinte disparaît presque aussitôt en agitant le verre ; on continue de laisser écouler la solution d'argent tant que cela se passe ainsi ; bientôt, toutefois, la coloration est plus longue à disparaître : c'est le signe que la précipitation est sur le point d'être complète. Aussi faut-il espacer la chute des gouttes et arrêter l'écoulement dès que la coloration devient persistante. A ce moment, le volume de solution employée renferme la quantité de sel d'argent capable d'être totalement transformée en chlorure d'argent

(1) Si l'on supposait la solution concentrée, c'est à dire renfermant plus de 2 à 3 o/o de nitrate par 100 cm³, et tel est le cas des bains sensibilisateurs pour collodion et pour papier albuminé, on arriverait à une précision beaucoup plus grande en la diluant de 4 à 5 fois son volume d'eau ; il y aurait ensuite lieu, cela se comprend, de multiplier le résultat trouvé par 4 ou 5 pour obtenir le titre vrai de la solution.

par 0 gr. 1719 de chlorure de sodium ; les poids moléculaires de ces deux composés (nitrate d'argent et chlorure de sodium) nous font voir que c'est 0 gr. 50 de nitrate d'argent qu'il a fallu employer. Si donc A est le volume indiqué par la burette, ce volume renferme 0 gr. 50 de nitrate d'argent ; la quantité X contenue dans 100 centimètres cubes nous est fournie par la proportion suivante :

$$X = \frac{50}{A}.$$

3° *Méthode d'analyse par oxydation ou par réduction.* — Nous prendrons comme exemple de cette méthode le titrage de l'oxalate de potasse au moyen du permanganate de potasse. Ce dernier réactif étant un oxydant énergique transforme l'oxalate de potasse en carbonate de potasse en se décolorant. Comme la teinte violette de ses solutions est très aisément perceptible, bien que la proportion dissoute soit excessivement minime, le réactif lui-même sert d'indicateur. L'équation de la réaction qui se produit et le poids moléculaire des corps en présence nous indiquent que 184 grammes d'oxalate de potasse pur exigent 316 grammes de permanganate de potasse pour que le premier soit totalement transformé en carbonate de potasse.

La liqueur normale se préparera en faisant dissoudre 31 gr. 60 de permanganate dans la quantité d'eau nécessaire pour obtenir exactement un litre (1). On pèse exactement 1 gr. 84 de l'oxalate à titrer, on les fait dissoudre dans 150 à 200 centimètres cubes d'eau distillée, et on acidule au moyen de 2 à 3 centimètres cubes d'acide chlorhydrique ; cet acide a pour but de dissoudre l'oxyde de manganèse qui va se former, et qui, sans cela, en rendant la liqueur trouble, ne permettrait pas d'apercevoir facilement la fin de la réaction.

Au moyen de la burette, on verse la solution de permanganate dans celle qui renferme 1 gr. 84 de l'oxalate à titrer. Tout d'abord la coloration rose violacée du permanganate disparaît rapidement ; vers la fin de l'opération, elle se maintient durant quelques secondes, et finalement une ou deux gouttes de plus produisent une coloration rose persistante. L'oxydation de tout l'acide oxalique de l'oxalate en essai est alors complète, et, comme

(1) Comme cette solution s'altère assez vite, ou du moins change légèrement de titre, il faudra ne la préparer qu'au moment de s'en servir, ou la retirer à ce même moment au moyen d'une autre solution d'oxalate pur (ou d'acide oxalique pur) ; de plus, comme elle s'altère au contact des matières organiques, il est indispensable de se servir d'une burette à robinet et non d'une burette à pince.

1 centimètre cube de la liqueur normale est capable d'oxyder l'acide oxalique renfermé dans 0 gr. 092 d'oxalate pur, si nous en avons employé 15 centimètres cubes, il s'ensuit que l'oxalate ne renferme que $15 \times 0{,}092 = 1{,}38$ d'oxalate pur, le reste $(1{,}84 - 1{,}38 = 0{,}46)$ étant composé d'impuretés, telles que sulfate de potasse, carbonate de potasse. La proportion $\frac{1{,}38 \times 100}{1{,}84}$ nous donne la teneur du sel en centièmes; dans le cas présent c'est donc 75 centièmes, ce qui veut dire que l'oxalate essayé ne renferme que 75 pour 100 d'oxalate pur.

Le matériel que réclament les analyses volumétriques n'est pas, on l'a vu par celui nécessité dans les trois exemples que je viens de de donner, ni bien important ni bien compliqué. Il consiste tout d'abord en une balance destinée à peser les réactifs qui doivent composer les liqueurs normales et les prises d'essai; pourvu que sa portée soit de 200 à 250 grammes et que sa sensibilité aille jusqu'à 1 centigramme, on a un instrument bien suffisant. Quant à la burette, on choisira de préférence la burette de Mohr à robinet (fig. 11), car, j'ai eu déjà l'occasion de le faire remarquer, les burettes à pince (fig. 10) ne peuvent servir pour les réactifs qui s'altèrent au contact du caoutchouc. Les burettes à robinet de verre présentent bien un petit inconvénient: c'est que ce dernier est rarement complètement étanche. On est obligé de les suifer pour les rendre tels; un mélange de paraffine et de vaseline dans des proportions telles qu'on obtienne, après fusion et refroidissement, une masse onctueuse est ce qu'il y a de préférable pour deux raisons: c'est que la lubrification est meilleure et que surtout ce mélange n'altère pas sensiblement les réactifs qui, comme le permanganate de potasse, ne peuvent être mis en contact avec des substances organiques. Les burettes sont ou divisées en demi ou en dixième de centimètre cube; celles-ci sont préférables, puisque un seul modèle de 50 centimètres cubes de capacité peut suffire à tous les cas.

Fig. 11.

On doit avoir un assortiment de pipettes graduées de diverses contenances; les unes comprennent entre deux traits le volume pour lequel elles sont construites (fig. 12), dont l'un est situé à la partie supérieure, vers le milieu du tube d'aspiration, et l'autre, à une petite distance du bec d'écoulement. Dans le modèle le plus courant, ce volume est compté du trait unique supérieur (fig. 13) jusqu'à l'extrémité du bec; il faut donc laisser écouler entièrement le liquide pour avoir le volume indiqué sur le trait de jauge. Mais, comme par capillarité il reste une ou deux gouttes de liquide dans la pointe effilée, et que pour la graduation on en a tenu compte, il ne faut point les faire écouler en soufflant. Un troisième modèle de pipette consiste en un instrument de la même forme que les précédents, mais portant des divisions en centimètre cube ou en demi-centimètre cube (fig. 14); leur emploi peut être utile en certains cas, mais il

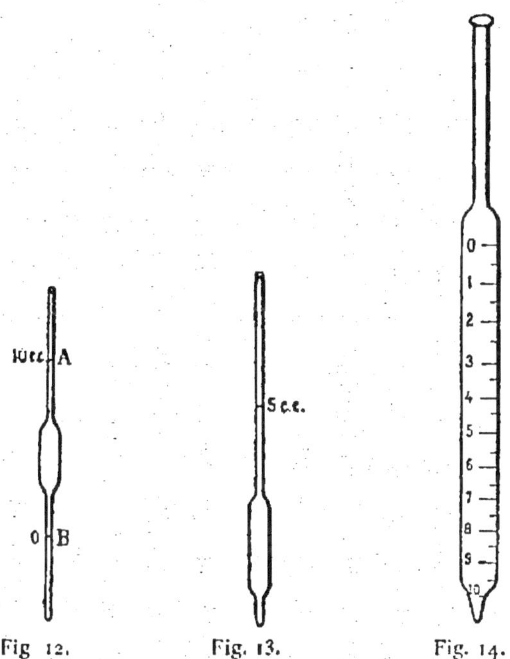

Fig 12. Fig. 13. Fig. 14.

présente quelques difficultés pour ne laisser écouler que le volume voulu de liquide ; aussi, à mon avis, les burettes à un ou deux traits me semblent plus pratiques. Cela exige simplement que l'on possède une série de pipettes de volumes assortis ; la suivante répond à tous les besoins : 50 centimètres cubes, 25 centimètres cubes, 20 centimètres cubes, 10 centimètres cubes, 5 centimètres cubes, 2 centimètres cubes.

Les verres gradués, tels que éprouvettes droites ou à pied, les ballons jaugés (fig. 15 et 16), ne méritent aucune remarque spéciale, si ce n'est que les uns sont vendus *jaugés humides* et les autres *jaugés à l'état sec*, ce qui veut dire que les premiers contenant, par exemple, 100 centimètres cubes, ont été tout d'abord remplis d'eau, vidés en égouttant le liquide, puis en y mettant exactement 100 centimètres cubes d'eau à la température de 15°. Au point d'affleurement, on a tracé le trait et l'indication de la contenance. Les seconds ont été pris à l'état complètement sec, on y a mis 100 centimètres cubes; le trait de jauge et l'inscription ont été tracés au niveau supérieur de la colonne d'eau. On doit se conformer, pour

Fig. 15. Fig. 16.

leur emploi, aux mêmes conditions d'état humide ou sec ; sans cela, on commettrait une petite erreur sur le volume réel du liquide qu'ils servi-

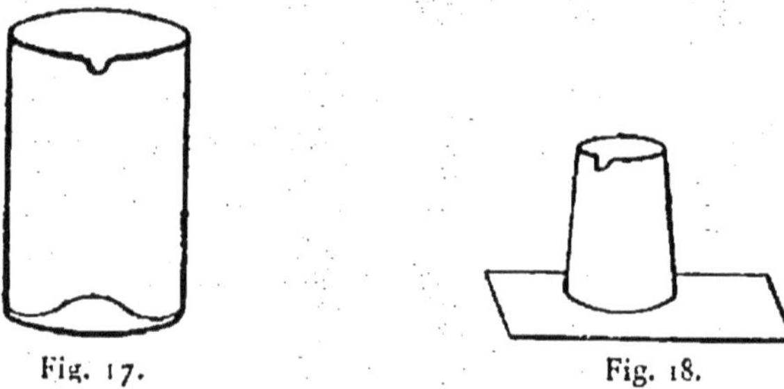

Fig. 17. Fig. 18.

raient à mesurer. Le constructeur a toujours soin d'indiquer, à côté de l'inscription de la contenance, l'indication : *jaugé sec* ou *jaugé humide*.

L'assortiment des ballons jaugés doit comprendre ceux de 100 centimètres cubes, 250, 500 et 1.000 centimètres cubes, ce dernier n'étant guère usité que pour la préparation des liqueurs normales ou pour la dissolution des substances à essayer, etc.

Les verres à précipiter (fig. 17) n'offrent rien de particulier, de même que les verres à saturation (fig. 18); on en possédera de grandeurs variées et assorties. Pour les essais, qui doivent être faits à chaud, il faut qu'ils soient en verre mince; dans le commerce, ils portent le nom de *vases à filtrations chaudes* (fig. 19) et se vendent par séries de grandeurs assorties.

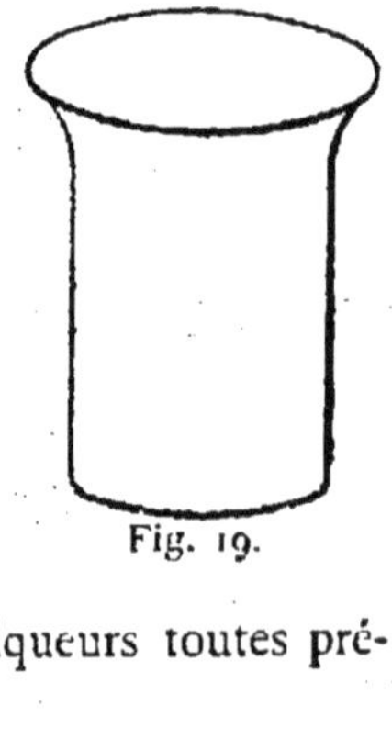

Fig. 19.

Quant aux réactifs, ils sont de deux sortes: les réactifs proprement dits, avec lesquels on prépare les liqueurs normales, à moins qu'on n'achète ces liqueurs toutes préparées dans le commerce, et les indicateurs.

Les principales liqueurs dont le photographe soit appelé à faire usage sont :

1° *Solution normale de chlorure de sodium.* — Nous avons déjà donné la composition de cette liqueur ; elle renferme 58 gr. 5 de chlorure de sodium sec et pur par 1.000 centimètres cubes.

1 centimètre cube correspond à 0 gr. 17 d'azotate d'argent et à 0 gr. 108 d'argent métallique.

L'*indicateur*, pour ces essais, est le *bichromate de potasse* à 5 0/0. Quelques gouttes suffisent. Souvent on introduit directement l'indicateur dans la liqueur normale à la dose de 1 gramme par litre ; c'est d'une telle liqueur que j'ai supposé avoir fait usage lorsque j'ai décrit le titrage des solutions d'argent ;

2° *Liqueur normale d'azotate d'argent.* — Renferme 17 grammes d'azotate d'argent pour 1.000 centimètres cubes.

1 cmc. correspond à 0 gr. 00585 de chlorure de sodium ;
1 cmc. — à 0 gr. 0119 de bromure de potassium ;
1 cmc. — à 0 gr. 0098 de bromure d'ammonium ;
1 cmc. — à 0 gr. 0166 d'iodure de potassium.

On peut se passer d'indicateur parce que, du moment que la totalité des sels qu'il s'agit de tirer se sont combinés à l'argent, le réactif ne produit plus de trouble au moment de sa chute. Cette constatation est rendue facile en ce sens que, dès le début, le précipité est répandu dans tout le liquide, qui prend un aspect caséeux, tandis que, vers la fin de la réaction, ce précipité s'agglomère, tombe au fond du vase, en laissant au-dessus un liquide relativement clair, dans lequel on distingue aisément si les dernières gouttes d'azotate produisent encore un nouveau précipité. Rien, d'ailleurs, n'empêcherait d'additionner la solution des chlorures, iodures ou bromures, de quelques gouttes de bichromate de potasse ; dans ce cas, la fin de la réaction serait annoncée par l'apparition de la coloration persistante du chromate d'argent ;

3° *Liqueur normale d'acide sulfurique.* — On dispose ordinairement de deux de ces liqueurs : l'une est normale et l'autre normale décime, c'est à dire dix fois plus faible que la première.

La liqueur normale renferme 49 grammes d'acide sulfurique monohydraté pur par 1.000 centimètres cubes.

1 cmc. correspond à 0 gr. 056 de potasse ;
1 cmc. — à 0 gr. 049 de soude.

L'indicateur est le tournesol ou *la phtaléine du phénol;*

4° *Liqueur normale d'iodure de potassium ioduré.* — Se prépare en mettant au fond d'un ballon, jaugé à un litre, d'abord 18 grammes d'iodure de potassium, l'on ajoute 40 à 50 grammes d'eau pour dissoudre l'iodure, puis 12 gr. 7 d'iode, qui se dissolvent rapidement; on complète le volume de 1.000 centimètres cubes. Cette solution s'altérant assez vite à la lumière, il faut la conserver à l'obscurité.

1 cmc. correspond à 0 gr. 0228 d'hyposulfite de soude pur.

L'indicateur est le papier amidonné, qui prend une teinte bleue dès que la totalité de l'hyposulfite a été modifiée par l'iode que renferme la liqueur normale. Dès que cette solution ne se décolore plus que lentement en tombant dans la solution d'hyposulfite, on prend une goutte du mélange avec laquelle on mouille le papier indicateur. S'il ne se teinte pas en bleu, on ajoute quelques nouvelles gouttes de liqueur normale, et on procède à une nouvelle touche, et cela jusqu'à apparition de la teinte bleue ;

5° *Liqueur normale et permanganate de potasse.* — Sa composition a été donnée précédemment (31 gr. 6 de permanganate de potasse par 1.000 centimètres cubes); j'ai fait remarquer en même temps qu'elle est sujette à s'altérer. Ne la préparer, par conséquent, qu'au moment du besoin.

1 cmc. correspond à 0 gr. 063 d'acide oxalique ;

1 cmc. — à 0 gr. 092 d'oxalate neutre de potasse.

On ne se sert pas d'indicateur, la coloration rose persistante que communique le réactif suffisant à marquer la fin de l'opération.

Remarque. — Dans toutes les analyses volumétriques, il est prudent, une fois une première opération faite pour obtenir un résultat que l'on ne considère que comme approximatif, d'en exécuter une seconde et même une troisième; de cette manière, guidé que l'on est par les précédentes, on arrive à un résultat plus précis, et c'est, d'ailleurs, là un moyen de contrôle qu'il ne faut jamais négliger.

DEUXIÈME PARTIE

CHIMIE PHOTOGRAPHIQUE

CHAPITRE V

ACTION CHIMIQUE DE LA LUMIÈRE

L'action chimique des rayons lumineux est excessivement variable, comme on peut le constater en examinant certains phénomènes avec attention ; ainsi, pour citer quelques exemples, des sels au maximum sont réduits au minimum, propriété mise à profit pour l'obtention directe d'images photographiques avec les sels de fer et, d'une façon indirecte, les images dites au platine ; c'est encore par réduction qu'il est admis, par plusieurs auteurs, que prend naissance l'image latente dans les préparations photographiques usuelles. La lumière produit encore des décolorations, et des colorations en décomposant tantôt la matière colorante, tantôt les substances qui, dans les circonstances normales, auraient formé la matière colorante. On sait, par exemple, que si on recouvre partiellement un fruit (une pomme) d'un cache opaque plus ou moins découpé et qu'on laisse mûrir ce fruit, l'image du cache se dessinera en teinte claire. Ces colorations et décolorations peuvent se produire d'une façon excessivement rapide, étant tantôt fugaces et tantôt permanentes, être particulières à certains rayons et d'autres fois sembler être propres à toutes les radiations. Comme exemple de ces faits nous pourrions citer les couleurs rétiniennes ; on sait qu'un des éléments de la rétine, les bâtonnets, présentent une coloration rouge, avec quelques-uns entremêlés colorés en vert, lorsqu'ils sont à l'obscurité ; exposés à la lumière, cette coloration pâlit rapidement et passe au jaune, mais la coloration rouge se reforme quand à nouveau l'organe est remis à l'abri des rayons. On peut, en prenant quelques précautions, et grâce à cette décoloration du rouge rétinien, obtenir une image permanente mais non fixée (1), d'un objet à grand contraste qui a frappé la rétine, c'est là ce que l'on nomme l'*optographie*, sujet qui a eu une certaine vogue dans ces dernières années et autour duquel on a fait un certain bruit parce qu'on a voulu voir, gravée au fond de la rétine d'une victime, l'image plus ou moins reconnaissable de l'assassin ; sur la rétine de foudroyés on a vu aussi, dit-on, la silhouette d'objets voisins que la lumière de l'éclair embrasant l'espace devait faire fortement contraster sur le fond.

On peut attribuer à une action chimique de la lumière sur la plaque d'argent recouverte d'iodure d'argent, cette attraction qu'elle exerce sur les vapeurs de mercure dans les parties isolées, et à la suite de laquelle a lieu la formation de l'image daguerrienne.

Si on prend deux plaques d'argent, recouvertes de chlorure d'argent, et qu'après les avoir placées dans une solution d'un sel métallique on les relie par un fil conducteur, on ne constatera aucun courant électrique tant que le couple sera tenu totalement à l'obscurité, mais celui-ci s'établira si une des plaques vient à être éclairée et l'autre tenue dans l'ombre.

Nous pourrions multiplier fort longtemps ces exemples où l'action chimique de la lumière intervient et que nous mettons à profit d'une façon plus ou moins directe, tel est le cas de la combinaison du chlore et de l'hydrogène ; on a, en effet, construit des photomètres dans lesquels le volume des gaz combinés dans l'unité de temps sert à mesurer l'activité chimique des rayons lumineux.

D'ailleurs, comme la plupart des chapitres suivants vont avoir pour objet l'étude de l'action chimique des rayons lumineux, je me bornerai pour l'instant à l'énumération de ces quelques faits, pour démontrer que la lumière est une forme de l'énergie dont les effets sont très variés et même excessivement grandioses puisqu'elle est la source de la vie végétale, à laquelle la plupart des animaux empruntent directement leurs moyens d'existence, tandis que l'homme et quelques autres animaux n'y ont recours parfois que d'une manière indirecte ; mais, que la nourriture de ces derniers soit animale ou végétale, la source n'en remonte pas moins, en fin de compte, au régime végétal, et par suite à l'énergie chimique de la lumière. Cette énergie ne le cède donc en rien, comme puissance, aux autres formes qu'on étudie en physique :

(1) Fixée est pris ici dans le sens qu'on lui donne en photographie, c'est à dire que cette image se conserve si elle est maintenue à l'obscurité, mais qu'elle se détruit ou s'efface si elle est exposée au jour.

chaleur, électricité ; ses effets sont moins palpables par un examen superficiel, voilà tout. Si la lumière constitue une forme d'énergie aussi puissante, on comprend aisément qu'elle puisse modifier certaines substances telles que les composés haloïdes d'argent et les préparer à subir les réactions qui forment le principe de la photographie.

Dans d'autres cas, la lumière seule n'influence point certains corps, ils ne deviennent sensibles que dans des circonstances particulières, en présence d'autres corps, ceux-ci jouent donc le rôle de *sensibilisateur*.

Tel est le cas du nitrate d'argent pur : un cristal de ce sel, dans cet état, peut être longtemps exposé à une vive lumière, rien ne peut nous indiquer qu'il ait subi une altération quelconque. Si nous le faisons dissoudre et que nous versions quelques gouttes de cette dissolution sur une plaque de verre, de porcelaine ou de tout autre corps inerte, la lumière n'aura encore pas d'action, mais si nous les répandons sur une substance plus facilement altérable, telles que le papier, la gélatine et beaucoup d'autres matières organiques, nous verrons l'endroit mouillé noircir ; coloration qui tient à la réduction du sel à l'état métallique.

Nous avions cependant toujours affaire au même sel, car on ne peut pas dire que le nitrate d'argent ait formé une combinaison chimique avec le papier, ce qui expliquerait la façon toute différente dont l'expérience s'est réalisée, mais il faut en conclure que la substance organique s'est comportée comme un sensibilisateur du nitrate ou comme un adjuvant de la lumière.

Cela est tellement vrai que les sels d'argent, déjà sensibles par eux-mêmes, acquièrent une sensibilité beaucoup plus accusée en présence de ces agents sensibilisateurs, dont l'action est loin d'être pour tous portée au même degré. On sait, en effet, que les préparations dans lesquelles les composés haloïdes d'argent sont incorporés dans la gélatine, d'une part, et dans l'albumine, d'autre part, possèdent des sensibilités fort différentes ; cependant, dans les unes comme dans les autres, les sels d'argent sont les mêmes, l'excipient seul diffère. Nous discuterons d'ailleurs plus tard et plus à fond ce rôle des sensibilisateurs.

Les sels d'argent ne sont pas les seuls qui soient modifiés ou réduits par la lumière, ils partagent cette propriété avec beaucoup d'autres sels métalliques, mais l'impressionnabilité des premiers étant beaucoup plus accentuée, c'est la raison pour laquelle ils sont les seuls usités jusqu'ici pour la production des images négatives.

Cette action chimique de la lumière peut être ou visible ou invisible, dans ce dernier cas elle est à *l'état latent*. Les moyens qui servent à faire apparaître cette image latente datent de l'invention de la photographie proprement dite, tandis qu'on avait constaté longtemps auparavant la faculté qu'a le chlorure d'argent (*l'argent corné* des anciens) de noircir à la lumière, on utilise encore cette propriété dans le tirage des photocopies aux sels d'argent par impression directe.

Dans l'impression directe il y a vraiment réduction du sel d'argent à l'état métallique (1) ; dans l'impression latente il n'y a pas de modification apparente de ce sel, mais simplement une modification latente qui le rend susceptible de réduction sous l'influence de certains agents auxquels on donne le nom de *révélateurs*. Ces derniers, dans les circonstances ordinaires, resteraient sans action si l'impression première n'avait pas eu lieu.

On n'est pas absolument d'accord sur la modification qu'a subie le sel d'argent, on n'explique pas du moins ce phénomène de la même manière ; pour les uns, partisans de la *théorie dynamique*, la lumière a rompu partiellement l'équilibre de la molécule de chlorure ou de bromure d'argent; cette instabilité permettra au révélateur de la détruire d'une façon complète et de produire la réduction à l'état métallique ; effet dont il n'était pas capable en face de la molécule non affectée. Pour les autres, qui admettent la *théorie chimique*, la lumière a décomposé le chlorure ou le bromure d'argent, amenant la formation d'un sous-chlorure ou d'un sous-bromure, sels que les révélateurs sont capables de réduire. Les premiers, comme les seconds, mettent en avant des faits et des raisons pour soutenir leur manière de voir ; quand on considère ces arguments on peut, je l'avoue, rester indécis sur la théorie que l'on adoptera, car les raisonnements sont de part et d'autre assez précis ; mais, que l'on adopte l'une ou l'autre explication, les résultats pratiques restent les mêmes, et ce qui est indiscutable, c'est que le chlorure ou le bromure d'argent insolés renferment moins de chlore ou de brome que les mêmes sels préparés et tenus à l'obscurité. On explique le rôle sensibilisateur des substances organiques et le maintien de l'image latente en disant que ces substances absorbent, avec plus ou moins de rapidité et d'activité, les métalloïdes devenus libres, ce qui rend compte en même temps pourquoi leur rôle sensibilisateur n'est pas identique pour toutes.

Je borne là ces généralités sur l'action chimique des radiations pour en aborder l'étude plus détaillée dans les chapitres suivants, consacrés à l'examen théorique des procédés photographiques, qui sont tous basés sur ces faits.

(1) Nous verrons cependant, en étudiant la question de plus près, que le chlorure d'argent n'est pas réduit à l'état métallique durant l'impression des photocopies, comme on l'a admis fort longtemps.

CHAPITRE VI

LES DIVERS PROCÉDÉS PHOTOGRAPHIQUES — IMAGES NÉGATIVES IMAGES POSITIVES

Les sels d'argent, avons-nous dit, étant ceux qui présentent la sensibilité la plus grande, sont les seuls que l'on ait appliqués, jusqu'ici, à la production des images négatives ; pour celles-ci, en effet, il est nécessaire que l'impression ait lieu dans la plus petite fraction de temps possible, condition essentielle s'il s'agit de portraits, de photographies d'animaux ; elle est avantageuse dans tous les autres cas et indispensable pour les sujets en mouvement. C'est par des progrès incessants, des perfectionnements pour ainsi dire journaliers que, depuis les premières photographies de Daguerre, dont l'impression demandait primitivement des heures entières, l'on est parvenu à ces poses qui ne se comptent plus que par très minimes fractions de seconde et que la plaque sèche actuelle permet d'aborder avec succès.

Substances employées dans les procédés photographiques. — Les composés haloïdes d'argent, et spécialement le bromure, sont donc les seuls qui nous intéressent pour l'obtention des négatifs. Pour la production des photocopies, on peut utiliser, et on utilise, en effet, des procédés d'impression fort divers. Tantôt ce sont les sels d'argent qui forment la base de l'image, sels qui s'impriment d'une façon directe ou qu'on n'impressionne que d'une façon latente pour les développer ensuite ; d'autres fois, c'est par un procédé mixte qu'on les imprime, c'est à dire qu'une impression directe partielle est complétée par un développement. Mais ce sont toujours là des impressions aux sels d'argent ; ce sont même les plus répandues parmi les amateurs ; étant faciles à mettre en œuvre, expéditives et n'exigeant pour ainsi dire pas d'apprentissage pour arriver à les bien conduire ; toutefois, elles sont coûteuses ; aussi, dans l'industrie, adopte-t-on les procédés aux sels de fer pour reproduire des plans, souvent de grand format et dont il faut de nombreux exemplaires ; on réalise ainsi une économie considérable, et la couleur bleue de ces photocopies n'a ici aucune importance, tandis qu'elle conviendrait en général fort peu aux photographies ordinaires.

Le peu de résistance aux agents d'altération des épreuves à l'argent fit rechercher des modes d'impression pouvant fournir des épreuves durables. C'est ainsi qu'on a été amené, d'une part, à choisir des métaux plus réfractaires, tels que le platine, le palladium, et, de l'autre, des poudres colorées ayant fait leur preuve comme durabilité. Ce dernier mode d'impression comprend divers procédés ayant pour base, soit la modification que subit la gélatine et les autres colloïdes bichromatés et insolés, soit celle que subit le bitume de Judée. Le procédé au charbon, la phototypie, la photoglyptie, les procédés par saupoudrage, l'héliogravure ne sont que des applications des découvertes de Poitevin ou de Niepce.

Puisque nous devons passer en revue les principes théoriques de ces procédés, nous les étudierons à peu près dans l'ordre dans lequel je viens de les énumérer, c'est à dire que nous allons nous occuper d'abord des procédés négatifs avant d'aborder l'étude des procédés d'impression proprement dits.

CHAPITRE VII

ÉPREUVES NÉGATIVES — ÉPREUVES POSITIVES — NÉGATIFS SUR PAPIER, SUR ALBUMINE, SUR COLLODION

Épreuve négative. — Bien qu'on puisse produire des positifs directs, c'est à dire sur la surface sensible qui a été exposée à la chambre noire, on cherche tout d'abord à obtenir, à la suite de cette exposition, une *image négative ou phototype*, avec lequel on peut imprimer pour ainsi dire un nombre illimité d'*épreuves positives ou photocopies*, en ayant recours tantôt à un procédé d'impression, tantôt à un autre, tandis que par le premier moyen on n'obtient qu'un seul exemplaire.

C'est pourquoi, bientôt après l'invention de Daguerre, on se mit à la recherche de procédés permettant la multiplication des épreuves, qui fut rendue possible par l'emploi du collodion, de l'albumine et du papier négatif, préparations abandonnées aujourd'hui, du moins par les amateurs qui ne se servent plus, à peu d'exceptions près, que des plaques sèches à la gélatine. Ces dernières préparations seront donc celles qui nous occuperons spécialement ; c'est à leur sujet que j'entrerai dans le plus de détails, mais je ne peux passer les autres entièrement sous silence ; d'autant plus que si elles ne possédaient pas, à beaucoup près, l'énorme sensibilité du gélatino-bromure, elles avaient et possèdent encore des qualités qui les font toujours rechercher pour certains travaux.

Je reporterai aux chapitres consacrés au gélatino-bromure l'exposé théorique de l'action lumineuse sur les sels d'argent, de l'orthochromatisme, etc. ; après cela, nous étudierons l'action des révélateurs physiques ou chimiques, le fixage et les autres opérations qu'il peut être nécessaire de faire subir aux négatifs.

Négatifs sur papier. — Le procédé négatif, le premier en date, est celui que Fox Talbot publia, en 1841, sous le nom de *calotype* ; il constitue un procédé sur papier humide.

L'image de la chambre noire est reçue sur une feuille de papier dont es pores sont imbibés d'iodure d'argent, associé à un peu de nitrate d'argent. Avant de voir comment cette préparation était obtenue, disons auparavant que dans toute préparation, qu'elle soit d'ailleurs positive ou négative, nous trouverons toujours : 1° un sel haloïde d'argent ou un mélange de plusieurs haloïdes ; 2° un support, qui sera tantôt du papier, une plaque de verre, une feuille de celluloïd, une pellicule quelconque ; 3° un médium, qui englobera dans sa trame les particules de sel d'argent, parce que celles-ci, n'ayant aucune cohésion, seraient enlevées au cours des manipulations ultérieures ; 4° un sensibilisateur, destiné à exalter la sensibilité ou parfois même à la faire acquérir à un produit à peu près insensible, tel que l'iodure d'argent pur ; cet agent sensibilisateur sera tantôt le médium lui même, — c'est le cas de la gélatine, — tantôt un sel soluble d'argent, comme nous allons le voir dans le procédé sur papier à l'iodure d'argent.

Nous verrons dans la suite quelles sont les autres qualités que doit posséder le médium, ou qu'on lui fait acquérir au moyen de traitements convenables.

Reprenons la préparation du papier, telle que la publia Fox Talbot : Dans une solution d'azotate d'argent, on en verse une autre d'iodure de potassium ; il se précipite de l'iodure d'argent. Dans la liqueur, on ajoute de l'iodure de potassium (en cristaux, cette fois) jusqu'à ce que l'iodure d'argent se soit redissous dans cet excès d'iodure alcalin.

Cette solution est étendue sur des feuilles de papier et on laisse sécher. Comme le papier n'a reçu aucune préparation préalable, il conserve sa porosité ; donc, la solution d'iodure d'argent pénètre plus ou moins la trame, et, une fois sec, les molécules d'iodure d'argent s'y trouvent englobées. Le papier sert ainsi, tout à la fois, de support et de médium ; de plus, en cet état, le papier est insensible, parce que l'iodure d'argent se trouve en présence d'un excès d'iodure. Je me contente pour le moment de cette explication, que nous aurons l'occasion d'approfondir plus tard.

Quoi qu'il en soit, le papier ainsi préparé se conserve longtemps sans altération trop marquée ; pour lui donner la sensibilité, il faut détruire l'excès d'iodure de potassium et mettre l'iodure d'argent en présence d'un sensibilisateur. Nous arriverons à ce résultat en immergeant la feuille dans une solution de nitrate d'argent. Au sortir de ce bain, le papier renferme dans sa trame de l'iodure d'argent associé à du nitrate d'argent libre.

On l'expose tout humide, puis on le développe au moyen d'une solution d'acide gallique additionnée d'acide acétique et de nitrate d'argent ; c'est donc une impression latente qu'on lui fait subir.

En admettant pour celle-ci la théorie chimique, on peut dire que l'iodure d'argent est amené à l'état de sous-iodure en mettant de l'iode en liberté; celui-ci, à l'état naissant, décompose l'eau retenue par le papier qui, avons-nous dit, est exposé humide, s'unit à son hydrogène pour former de l'acide iodhydrique, tandis que l'oxygène oxyde le papier ou forme de l'iodate d'argent avec une partie du nitrate libre; quant à l'acide iodhydrique, il se combine à une autre partie de l'azotate d'argent pour former de l'iodure d'argent. A la suite de ces réactions, l'acide azotique provenant du nitrate d'argent décomposé reste à l'état libre.

En omettant la formation d'iodate d'argent, car la réalité de cette réaction accessoire n'est pas absolument certaine, nous pouvons traduire ce qui se passe par les formules suivantes :

$$(1^o)\ 2AgI = I + Ag^2I;$$
$$(2^o)\ I^2 + H^2O = {}^2HI + O;$$
$$(3^o)\ HI + AzO^3Ag = AzO^3H + AgI.$$

Le révélateur employé par Fox Talbot rentre dans la catégorie des révélateurs physiques, c'est à dire qu'il renferme un sel d'argent dissous en présence d'un réducteur; ce réducteur est ici l'acide gallique, et le nitrate le sel d'argent. L'inventeur reconnut bientôt qu'il était nécessaire, pour obtenir un développement progressif, de donner une certaine stabilité à la solution révélatrice, et que pour cela il fallait la rendre acide, ce qu'il fit en l'additionnant d'acide acétique. La réduction des solutions neutres ou alcalines se faisant très rapidement, l'image se développe pour ainsi dire instantanément; elle est empâtée et ne conserve pas les gradations des ombres aux grandes lumières.

La réaction qui se produit au cours du développement est la suivante : L'acide gallique réduit le nitrate d'argent, le métal se porte sur les portions d'iodure d'argent modifiées par la lumière, c'est à dire passées à l'état de sous-iodure; celui-ci, n'étant pas saturé, exerce sur les molécules d'argent naissant une attraction. C'est donc sur ces molécules seules d'iodure d'argent modifiées par la lumière que se dépose le métal, d'où formation de l'image. C'est là le début ou première phase du développement. L'augmentation progressive de l'intensité de l'image se produit ensuite, parce que le noyau primitif constitue, à son tour, un centre d'attraction, que viennent grossir les molécules d'argent que ne cesse de fournir le révélateur, cette seconde phase pouvant être considérée comme due à un phénomène électro-chimique.

Ce procédé présentait plusieurs inconvénients : d'abord, les images fournies étaient un peu floues, grenues et manquaient d'intensité. La raison de ces défauts est fort simple à donner : elle consiste en ce que, le papier n'ayant reçu aucun encollage, le sel d'argent pénétrait assez profondément dans la feuille, se localisait dans ses pores, était en somme inégalement réparti, ce qui occasionnait la formation d'images grenues et floues ; quant au manque d'intensité, il faut en voir la cause en ce que le révélateur n'agissait que sur les molécules superficielles d'iodure d'argent.

Blanquard-Évrard simplifia le procédé de Talbot et le perfectionna. Sans m'attarder à décrire ces divers perfectionnements, je ne citerai que le plus important, qui consistait à additionner le bain iodurant, dans lequel on plongeait d'abord le papier (bain composé simplement d'iodure de potassium), d'une substance colloïde (albumine, colle de poisson ou gélatine) ; ce bain devenait ainsi un peu visqueux, ne pénétrait guère le papier, mais retenait à la surface de la feuille l'iodure d'argent, que l'on formait en le sensibilisant dans un bain de nitrate d'argent.

Procédé à l'albumine. — Niepce de Saint-Victor eut, le premier, l'idée d'employer l'albumine comme véhicule des molécules des sels d'argent. Il est certain que le choix de cette matière faisait réaliser un grand progrès sur les procédés de Fox Talbot ou de Blanquard-Évrard ; les négatifs fournis par le procédé à l'albumine n'ayant jamais été surpassés, même de nos jours, comme finesse, brillant et vigueur de l'image ; son abandon ne peut être motivé que par la longueur de l'impression et la manipulation délicate qu'il exige ; la plus difficile, et la seule difficile, faut-il ajouter, étant l'étendage de l'albumine en couches régulières, et l'affranchissement des poussières venant s'attacher à la couche, qui produisent plus tard des taches irrémédiables.

Le procédé à l'albumine repose sur les deux faits suivants : en premier lieu, l'albumine, à l'état liquide, peut dissoudre les iodures, chlorures et bromures alcalins. Cette solution, étendue en couche mince à la surface d'une glace, fournit, après dessication, une pellicule très adhérente, au sein de laquelle ces sels sont uniformément répartis. En second lieu, une telle couche, immergée dans une solution de nitrate d'argent, devient le siège de plusieurs réactions, dont l'une est la coagulation à peu près instantanée de l'albumine, et l'autre, la formation d'iodure, chlorure ou bromure d'argent qui, se produisant dans la trame même du véhicule, lui communiquent ainsi de la porosité, condition essentielle pour que les réactifs puissent plus tard venir les atteindre. De plus, les molécules de ces corps haloïdes, aussitôt qu'ils se forment, sont englobés dans la trame de l'albumine; le composé sensible existe donc à l'état d'extrême division, comme en témoigne la transparence d'une glace à l'albumine sensibilisée. Elle n'est pas opaque comme une plaque au gélatino-bromure : elle est simplement opaline. La finesse des négatifs provient, on le comprend, de l'état de division extrême du composé sensible.

Il est nécessaire de sensibiliser la couche dans un bain d'argent de concentration assez forte (à 10 0/0) pour que la coagulation de l'albumine soit presque instantanée, et pour que, grâce à cette concentration, les iodures et bromures alcalins soient rapidement transformés en sels d'argent, au lieu de se diffuser dans le bain. On l'additionne, en outre, de 10 0/0 d'acide acétique, pour éviter la formation d'une trop grande quantité d'albuminate d'argent, combinaison très instable et qui s'oppose à la conservation des glaces.

Une fois sensibilisées, les glaces retiennent un excès de nitrate d'argent dont il faut les débarrasser, sans quoi leur altération serait très rapide; malgré cela, il ne faut compter pouvoir les conserver en bon état plus de trois à quatre jours en été, à moins, qu'après les lavages, on les recouvre d'une solution d'un préservateur (tannin ou acide gallique).

Pour donner plus de porosité et de sensibilité à la couche, on a proposé d'additionner la solution d'albumine iodurée et bromurée d'un corps soluble : le sucre, le glucose, la dextrine ou la gomme ont été employés dans ce but.

Au moment où on l'expose, la plaque à l'albumine ne renferme donc plus de nitrate d'argent libre, le sensibilisateur indispensable est constitué par l'albumine elle-même qui remplit donc un double rôle et même un troisième, si on ajoute qu'elle a formé avec le nitrate d'argent une combinaison, l'albuminate d'argent, sensible elle aussi à la lumière mais malheureusement assez altérable.

Le développement se produit au moyen d'une solution d'acide gallique au millième, qu'on laisse agir d'abord seule pour bien pénétrer la couche et jusqu'à ce que une image faible, due à la réduction de l'albuminate d'argent impressionné, commence à apparaître, puis on ajoute quelques gouttes de nitrate d'argent au révélateur; l'image se renforce et on la fait monter au degré voulu par des additions successives et ménagées de nitrate d'argent.

Les réactions qui se produisent sont, à peu de chose près, les mêmes que dans le cas du papier ioduré humide, si ce n'est que le développement commence par le fait de la réduction de l'albuminate d'argent.

Le fixage se fait, tant pour l'albumine que pour le papier humide, au moyen d'une solution d'hyposulfite à 12 ou 15 o/o que l'on fait suivre de lavages soignés.

Procédé au collodion humide. — L'albumine étant difficile à étendre en couches régulières, ni trop épaisses ni trop minces, exemptes de poussières et la sensibilité de la préparation étant dans bien des cas insuffisante, dès que le collodion fut connu, son emploi se généralisa, se vulgarisa même, car, à partir de cette époque, la photographie prit déjà un grand essor.

Le collodion est une dissolution de *pyroxyle trinitré*, mélangé accidentellement, et quelquefois volontairement, de *pyroxyle binitré*, dans un mélange d'alcool et d'éther éthyliques. C'est là le *collodion normal* qui a reçu plusieurs usages, soit en photographie, soit en médecine ou dans l'industrie. Le véritable *collodion photographique* ou *sensibilisé*, comme on dit souvent mais à tort, tient en outre en dissolution des iodures et des bromures alcalins ou métalliques.

Étendu en nappe mince sur une plaque de verre il laisse, à la surface de celle-ci, par l'évaporation rapide des dissolvants, une pellicule d'une continuité parfaite, d'une grande finesse et qui constitue un très bon véhicule des sels haloïdes d'argent que nous allons produire au sein de la trame, au moment de la sensibilisation. On conçoit, en effet, que si l'alcool et l'éther, en s'évaporant, laissent une pellicule homogène de pyroxyle au sein de laquelle les molécules des iodures et bromures, tenus primitivement en dissolution, se trouvent uniformément et finement réparties, il en sera de même des sels haloïdes d'argent qui prendront naissance par double décomposition au moment de la sensibilisation.

Dans tout collodion photographique, nous avons à considérer : 1° *Les dissolvants* alcool et éther ; 2° *Le pyroxyle ;* 3° *Les iodures et bromures alcalins ou métalliques* dissous.

L'étude spéciale et détaillée de chacune de ces substances devant trouver sa place dans le second volume où un article leur sera respectivement consacré. nous n'avons pas à nous étendre ici sur leurs propriétés, mais simplement sur les conditions qu'ils doivent remplir pour répondre à l'application dont il s'agit, nous ne nous occuperons pas non plus des formules et du mode à suivre pour préparer le collodion photographique, car c'est d'une façon générale et plutôt théorique que nous allons étudier le procédé au collodion.

L'alcool et l'éther qui doivent servir de dissolvants doivent être d'un titre assez élevé, 90° au moins pour le premier et 65° pour le second (le degré de l'alcool est exprimé en degrés alcoométriques de Gay-Lussac et celui de l'éther en degrés Baumé) ; plus aqueux, ils dissolvent mal le pyroxyle et laissent des pellicules présentant l'aspect réticulé. Ils ne doivent pas être acides, sans quoi les collodions s'altèrent rapidement, ils rougissent, perdent de leur sensibilité et donnent des images dures (1).

Le pyroxyle qui convient le mieux au procédé humide est la cellulose trinitrée (plus ou moins mélangée de cellulose tétranitrée) préparée à basse température (de 61 à 63°). Ce pyroxyle donne, en effet, des couches de bonne consistance, bien adhérentes au verre, ni trop minces ni trop épaisses. Le pyroxyle préparé à une haute température (77 à 78°) fournit des couches poreuses, poudreuses, peu consistantes qui ne pourraient convenir ; on réserve le pyroxyle *dit à haute température* pour les collodions émulsionnés ou pour les collodions secs, et encore leur donne-t-on plus de corps en les mélangeant de pyroxyle à basse température. La dose moyenne que l'on fait dissoudre dans 100 centimètres cubes de mélange d'alcool et d'éther est de 1 gramme. Certains pyroxyles exigeant que cette dose, pour fournir une pellicule assez épaisse, soit portée à 1 gr. 20 et parfois à 1 gr. 50 ; par contre, on se tient très rarement au-dessous de 1 gramme. L'alcool et l'éther s'emploient à volumes égaux, lorsque la température ambiante est moyenne, forçant un peu le volume d'alcool durant l'été et inversement durant l'hiver.

Si le pyroxyle n'a pas été convenablement lavé, s'il retient des acides plus ou moins chargés de produits nitreux, le collodion, même normal, s'altère rapidement et il en advient de même du collodion ioduré qui, pour cette cause, s'altère encore plus vite qu'à la suite d'une acidité provenant du fait de l'alcool ou de l'éther. Lorsque le collodion était d'un usage beaucoup plus courant qu'aujourd'hui, on trouvait dans le commerce, et je crois qu'on l'y trouverait peut-être encore, une qualité de cellulose nitrée dite *coton-précipité* qui était exempte de ces défauts, mais elle était fort chère ; d'ailleurs, on se procure facilement maintenant un pyroxyle qui ne laisse guère à désirer, c'est la *celloïdine* de Shéring ; elle constitue des masses diaphanes un peu cornées, retenant une notable quantité d'alcool et d'éther, aussi faut-il suivre, pour préparer des collodions de consistance convenable avec cette matière, les indications fournies par l'industriel qui la prépare.

Le choix des iodures et des bromures est loin d'être indifférent. Tout d'abord, on emploie un mélange de ces deux sels, car l'iodure d'argent

(1) Les acides décomposent en effet très facilement les iodures, l'iodure d'ammonium particulièrement en mettant de l'iode en liberté.

seul ne donnerait que des images dures; celles que fournit le bromure seul pècheraient d'une façon contraire, tandis qu'avec un mélange d'iodures et de bromures on obtient facilement des négatifs harmonieux. On emploie cependant presque toujours plus d'iodures que de bromures; généralement deux parties des premiers pour une des seconds, et la quantité de ce mélange dissous dans 100 centimètres cubes de collodion est d'environ un gramme. Dans certains collodions, dont la formule a eu autrefois une certaine vogue, les proportions ci-dessus sont admises, dans d'autres elle est un peu moins forte. Tous ceux dans lesquels la dose de bromure et d'iodure s'abaisse au-dessous de 0 gr. 75 pour 100 fournissent des négatifs peu corsés.

La base des iodures et des bromures mérite d'être prise aussi en considération ; on ne doit, cela se comprend, choisir que ceux qui se dissolvent dans le mélange éthéré; c'est pour cela que le bromure de potassium et plusieurs bromures doubles, qui sont très peu solubles dans ce liquide ne peuvent être employés si ce n'est en très faible quantité.

Il ne faut point choisir des iodures et des bromures trop altérables soit à l'air, soit lorsqu'ils sont dissous dans le collodion, ils rougissent alors par mise en liberté d'iode que ce soit l'iodure ou le bromure qui soit décomposé.

Dans le premier cas, cela se conçoit aisément ; on se l'explique, dans le second, en sachant que si le bromure est décomposé, ce métalloïde chasse l'iode des iodures pour se combiner avec leur base, c'est donc toujours de l'iode qui est mis en liberté.

Certains iodures et bromures ont la propriété de rendre le collodion très fluide, d'autres d'augmenter sa viscosité. Enfin les azotates qui prennent naissance par double décomposition au moment de la sensibilisation, et dont il reste toujours une partie dans la couche, ont une influence plus ou moins marquée sur la sensibilité des sels d'argent au moment de l'exposition. On a remarqué qu'avec l'azotate d'ammonium et l'azotate de zinc l'exposition pouvait être plus rapide qu'avec les azotates de cadmium ou de potassium. Aussi les formules de collodion pour portraits renferment toutes de l'iodure et du bromure d'ammonium, quoique ces sels soient assez facilement altérables. Des formules de collodion réputés très rapides renfermaient de l'iodure et du bromure de zinc.

Généralement, pour éviter l'altération des collodions, qui se produit toujours avec le temps, on ne préparait en grande quantité que du collodion normal, qu'on laissait bien éclaircir par le repos, on l'iodurait par petites fractions, et au fur et à mesure des besoins, au moyen de deux solutions alcooliques parfaitement dosées d'un mélange de plusieurs iodures pour l'une et d'un mélange de plusieurs bromures pour la seconde.

Toutes les fois que l'on se servait de l'iodure et du bromure de cadmium, M. A. Martin recommandait d'employer de l'alcool absolu, afin d'isoler l'oxyde de cadmium, qui est insoluble dans ce liquide ; on a tout intérêt à se débarrasser de cet oxyde, qui altère presque tous les échantillons de bromure et d'iodure de cadmium, parce qu'il provoque rapidement la décomposition des collodions iodo-bromurés ou leur fait produire des images voilées.

Le collodion, étendu en nappe régulière sur une plaque rigoureusement propre, et l'excédant reversé dans un flacon à part, en suivant, pour exécuter cette opération, les indications fournies par tous les traités de photographie pratique, est plongé d'un coup dans un bain d'azotate d'argent à 7 ou 8 pour 100 (1), dans lequel on a fait préalablement dissoudre de l'iodure d'argent, mais non au point de le saturer de ce sel, comme on l'a avancé bien des fois. En effet, tout bain d'argent saturé d'iodure d'argent occasionne sur la couche sensible des piqûres ou trous d'aiguille. D'un autre côté, tout bain neuf qui ne renferme pas d'iodure d'argent en dissout une bonne partie en l'empruntant aux premières glaces que l'on sensibilise et qui ne renfermeront plus la quantité nécessaire de ce sel. On arrive à faire dissoudre dans le bain la quantité d'iodure d'argent nécessaire, soit en y laissant longtemps séjourner une glace collodionnée, soit en y versant quelques gouttes de collodion, soit enfin quelques gouttes d'une solution d'iodure de potassium. Après agitation et un certain temps de repos, on le filtre et il est prêt à servir.

Comme dans le procédé à l'albumine, il se produit dans la trame du collodion de l'iodure et du bromure d'argent. La majeure partie des azotates provenant de cette double décomposition se dissolvent dans le bain d'argent, une faible portion seulement de ces sels restant dans la couche, où ils se trouvent associés, au moment de l'exposition, avec un peu de nitrate d'argent dont cette couche s'est imbibée et dont elle est recouverte ; ce nitrate d'argent agit comme sensibilisateur.

Comme la glace se dessèche assez vite, surtout en été, il faut, aussitôt après l'exposition, la soumettre au développement. On avait proposé, pour rendre cette dessication moins rapide, d'additionner le bain d'argent d'un peu de glycérine ; mais ce moyen ne fut jamais d'un usage général.

Le développement que l'on fait subir à la plaque est un développement

(1) On rendait le bain très légèrement acide au moyen de quelques gouttes d'acide azotique, afin d'éviter le voile qu'occasionnent les bains neutres ; ce voile se produit surtout lorsque le collodion est fortement bromuré. Un bain trop acide nuit, d'autre part, à la sensibilité, mais permet d'obtenir des négatifs très brillants.

physique, et le réducteur généralement employé est le sulfate de fer, ou mieux le sulfate double de fer et d'ammoniaque, qui est moins altérable que le premier et qui, en agissant un peu moins vite, donne des images plus modelées. Devant avoir l'occasion de parler plus tard du développement et des développateurs, je ne donnerai point ici de longs détails sur cette opération, et je vais me contenter de dire que la solution de sulfate de fer doit être acide, puisque on se trouve en présence de nitrate d'argent libre qui serait instantanément réduit par une solution neutre ou alcaline, ce qui occasionnerait la formation d'images empâtées. C'est l'acide acétique qu'on emploie généralement pour aciduler les solutions de sulfate de fer; on les additionne aussi d'un peu d'alcool pour que le liquide s'étende facilement et régulièrement à la surface de la plaque; celle-ci étant, en effet, encore imprégnée d'éther et d'alcool, repousse les liquides entièrement aqueux : au lieu d'une nappe uniforme de liquide, on n'aurait, sans cette addition, que des traînées irrégulières occasionnant un développement inégal, plus intense par endroits et plus faible dans d'autres.

Pour rendre le développement des négatifs encore plus graduel et plus régulier, on ajoute souvent au révélateur à base de sulfate de fer diverses substances colloïdes, telles que la glycérine, le sucre, la métagélatine, etc., qui, par leur viscosité, retardent la précipitation du métal.

On pourrait choisir un réducteur autre que le sulfate de fer, quoique celui-ci ait été toujours le plus employé; l'acide pyrogallique en solution rendue acide par l'acide acétique ou citrique est, ou du moins a été, quelquefois utilisé.

Que ce soit le sulfate de fer ou l'acide pyrogallique qui constitue l'agent réducteur, c'est toujours un révélateur physique que l'on fait agir, et les réactions qui se produisent avec l'un ou l'autre de ces deux agents sont pour ainsi dire identiques. Nous avons une plaque contenant de l'iodure et du bromure d'argent dont une partie des molécules ont été plus ou moins impressionnées en présence d'un sensibilisateur, le nitrate d'argent, dont la plaque, toute humide, est encore imprégnée. Le révélateur, facilement oxydable, décompose l'eau; l'hydrogène naissant qui résulte de cette décomposition se porte sur l'azotate d'argent et le réduit; les molécules du métal se fixent, à leur tour, sur les molécules d'iodure et de bromure d'argent impressionnées, c'est à dire passées à l'état de sous-iodure et de sous-bromure. L'image se forme donc grâce au nitrate d'argent que retient la couche; mais, cette quantité étant assez faible, on aurait beau prolonger l'action du révélateur; on ne pourrait, la plupart du temps, obtenir un négatif assez corsé. Ce réactif resterait sans effet, puisque tout le nitrate a été réduit. Pour amener à l'intensité voulue, on peut user de trois moyens différents :

1° Laver la plaque, la recouvrir ensuite d'une solution de nitrate à 2 pour 100, l'égoutter et faire agir de nouveau le révélateur; sans longues explications, on comprend aisément ce qui se produit à la suite de ce traitement : le révélateur agit encore sur le nitrate qui s'est imprégné dans la couche ou qui la recouvre ; une nouvelle quantité d'argent métallique vient renforcer l'image produite en premier lieu;

2° Après avoir lavé la plaque, on la recouvre d'une solution étendue et acidulée d'acide pyrogallique, à laquelle on ajoute quelques gouttes de nitrate d'argent à 3 pour 100 ; celui-ci est réduit peu à peu, et ses molécules se portent sur les noyaux primitifs qui ont formé l'image ;

3° On peut enfin laver et fixer la plaque, la laver encore et lui faire subir un renforcement, comme il vient d'être dit. On opère ainsi en plein jour et on se rend mieux compte de la valeur réelle du négatif, soit avant, soit pendant le traitement; il est donc facile de l'arrêter au point convenable.

Le fixage des négatifs se fait, le plus souvent, au moyen d'une solution de cyanure de potassium à 5 pour 100. Cette substance, si dangereuse à manier, peut, sans désavantage, être remplacée par l'hyposulfite de soude en solution à 10 pour 100. L'emploi de ce dernier produit ne peut donc qu'être conseillé, puisqu'il permet d'éliminer un violent poison du laboratoire du photographe.

Procédés secs. Remarques générales. — Si on laisse sécher une glace au collodion humide au sortir du bain d'argent, sans lui faire subir aucun traitement, qu'on l'expose et qu'on la développe un ou deux jours après, on n'obtiendra qu'un négatif inutilisable, il sera rempli de taches, voilé sur toute sa surface. La raison réside en ce que, durant le dessèchement, l'azotate d'argent libre se combine d'abord avec l'iodure d'argent pour former un iodo-azotate qui cristallise dans la couche en masses étoilées ; cet azotate se combine, en outre, avec le pyroxyle pour former une combinaison argentico-organique. Or, l'iodo-azotate d'argent se décompose au contact de l'eau ; le révélateur réduit le nitrate remis ainsi en liberté, aux points même où il a pris naissance, d'où formations de taches étoilées opaques distribuées un peu partout à la surface de la glace. Quant à la combinaison argentico-organique, elle est réductible par le révélateur et, comme elle s'est formée uniformément, ou à peu de chose près, sur toute la surface de la plaque sa réduction occasionnera un voile général.

Nous voyons ainsi que la première des conditions pour obtenir une plaque au collodion sec, consiste à la débarrasser du nitrate d'argent libre qu'elle retient au sortir du bain d'argent. Le pyroxyle ne remplissant pas le rôle de sensibilisateur, une glace au collodion parfaitement privée de nitrate d'argent par les lavages, ne présenterait plus aucune sensibilité ; une seconde condition pour préparer des couches sèches consiste donc à faire pénétrer un sensibilisateur dans la couche. On peut employer pour jouer ce rôle un assez grand nombre de substances, et tout à l'heure je citerai celles qui ont été le plus utilisées. Ces substances rempliront en même temps un second rôle tout aussi important, c'est que la pellicule de pyroxyle,qui était perméable aux liquides tant qu'elle était humide, perd cette propriété en séchant ; le sensibilisateur ou préservateur, en déposant une matière spongieuse au sein de la couche, maintient suffisamment sa porosité pour que les révélateurs la pénètrent en entier, c'est à dire pour que leur action se produise dans toute son épaisseur. Les sensibilisateurs ou préservateurs les plus employés, tannin, acide gallique ou infusions tanniques, etc., étant des réducteurs de l'azotate d'argent, on comprend qu'on ne doit les faire agir que lorsque, par les lavages, on a éliminé tout le nitrate d'argent.

Ce que je viens de dire du collodion peut s'appliquer au papier humide, car ce dernier, séché au sortir du bain de sensibilisation ne fournirait lui aussi que des surfaces inutilisables. Nous allons voir comment Legray modifia le procédé de Fox Talbot pour obtenir un papier susceptible de conservation.

Nous avons déjà vu, en parlant de l'albumine, qui est un procédé sec, qu'on lavait les plaques au sortir du bain d'argent, mais qu'on se dispensait parfois de les recouvrir d'un préservateur, car l'albumine constitue par elle-même un sensibilisateur, que si on avait parfois recours à l'un de ces agents, c'était pour prolonger la durée de conservation des glaces, les préservateurs détruisent, en effet, l'albuminate d'argent facilement altérable.

Ces généralités posées, décrivons rapidement les divers procédés secs qui ont précédé l'emploi des émulsions soit au collodion, soit à la gélatine, mais sans revenir sur le procédé à l'albumine qui a été déja décrit.

Procédé au papier ciré sec. — En 1851, Legray publia son procédé sur papier ciré sec, qui eut une certaine vogue, étant assez facile à mettre en pratique et ses résultats assez constants, et enfin, lorsqu'on abordait les grands formats, les images ne manquaient point d'un certain cachet artistique, à tel point que j'ai connu des amateurs qui n'ont abandonné ce procédé que longtemps après l'apparition du gélatino-bromure. Legray obturait tout d'abord les pores du papier avec de la cire fondue, opération qui demandait un certain soin pour être convenablement faite, puis il l'iodurait dans un bain d'iodure de potassium dans lequel il faisait entrer de la colle de poisson, d'autres faisaient dissoudre l'iodure dans du petit lait ou dans de l'eau de riz, de même qu'au lieu de cirer le papier à chaud certains opérateurs exécutaient cette opération au moyen d'une dissolution de cire ou de paraffine dans l'essence de térébenthine ou la benzine.

Quoi qu'il en soit, la matière colloïde introduite dans le bain iodurant constituait le sensibilisateur de l'iodure d'argent.

Le papier ioduré, une fois sec, était sensibilisé par immersion dans un bain d'azotate d'argent, après quoi on le lavait soigneusement et on le laissait sécher. Il se conservait plusieurs semaines.

L'exposition était fort longue, c'était là un des inconvénients de ce papier qu'on avait tâché, sans grand succès d'ailleurs, de rendre plus rapide en ajoutant du fluorure de potassium ou de sodium dans le bain iodurant, de sorte qu'un peu de fluorure d'argent se trouvait mélangé à l'iodure d'argent.

On développait au moyen d'une solution saturée d'acide gallique, à laquelle on ajoutait successivement quelques gouttes de nitrate d'argent à 3 0/0.

Procédés au collodion sec. — De tous les procédés secs, employés avant l'invention des émulsions, ce sont bien certainement les procédés au collodion dont on fit le plus usage, et parmi ceux-ci c'est le collodion sec au tannin qui fut le plus usité. Ce procédé, inventé par le major Russell, et successivement perfectionné, ne laissait guère à désirer comme résultats ; sa sensibilité, sans être comparable à celle des plaques à la gélatine, marquait sous ce rapport un sérieux progrès sur le papier ciré sec et sur l'albumine, surtout du moment où l'on se servit des développateurs chimiques.

J'ai déjà donné succintement la théorie des procédés au collodion sec mais je dois y revenir pour indiquer les raisons qui ont motivé certains détails opératoires.

Tout d'abord l'emploi du pyroxyle à haute température devient indispensable, soit seul, soit mélangé à une petite quantité de pyroxyle à basse température en quantité simplement suffisante pour donner un peu plus de résistance à la couche que fournit le premier, qui, nous le savons, est poudreuse et sans grande adhérence au verre. L'emploi du coton binitré a fait écarter l'emploi des collodions vieux dont on se servait au début et dans lesquels, avec l'âge, le coton à basse température acquiert plus ou moins les qualités des pyroxyles à haute température.

L'emploi de ces derniers est indispensable parce que la pellicule étant poudreuse, les pellicules qu'ils fournissent gardent une certaine porosité qui permet aux révélateurs de les pénétrer dans toute leur épaisseur, au lieu de ne développer qu'une image toute superficielle, comme cela se produirait avec les cotons à basse température dont la pellicule, en séchant, devient presque imperméable.

Mais la pellicule des pyroxyles à haute température n'a aucune consistance, elle est peu adhérente au verre, a toujours tendance, lorsqu'elle est employée sans aucune préparation préalable du verre, à se détacher de ce support durant la sensibilisation, le développement ou le fixage. Pour éviter ces insuccès, il faut avant toute autre chose recouvrir les verres, soigneusement décapés et polis, d'une couche adhésive de gélatine, d'albumine ou de caoutchouc. Il suffit d'une dose excessivement minime de ces substances pour arriver au résultat désiré, aussi se sert-on de dissolutions étendues de l'une ou l'autre substance. Cette préparation préalable du verre peut se faire longtemps à l'avance et le substratum une fois sec, les plaques de verre sont conservées pour l'usage ultérieur.

Les collodions iodurés et bromurés que l'on emploiera renfermeront une dose d'iodures et de bromures métalliques toujours plus forte que les collodions destinés à l'emploi humide. On reconnut bientôt qu'il était préférable de faire le contraire de ce que l'on faisait pour le collodion humide, je veux dire d'employer une dose de bromure beaucoup plus forte que celle d'iodure ; de nombreuses formules de ces collodions ne comportent même que des bromures. La raison en est que l'iodure d'argent, s'il est suffisamment sensible en présence du nitrate d'argent, cas du collodion humide, l'est beaucoup moins lorsque ce sensibilisateur a été éliminé et remplacé par un sensibilisateur organique, cas du collodion sec ; il n'en est pas de même pour le bromure d'argent qui, outre la sensibilité plus grande des couches sèches qu'il permet d'obtenir, donne encore des images mieux modelées et se prête à l'usage des révélateurs chimiques, tandis que l'iodure d'argent se laisse difficilement réduire par ces réactifs.

Toutes ces raisons motivent donc l'emploi des bromures seuls ou associés avec un peu d'iodure, qui a la propriété de maintenir l'image plus claire, sans tendance au voile. Si la dose des bromures est augmentée c'est, d'une part, pour que, si l'on se sert des révélateurs chimiques, on puisse obtenir du premier coup une image assez dense, et de l'autre, pour que la couche ait une certaine opacité et soit moins sujette au phénomène du halo. On pourrait ajouter, enfin, que la grande quantité de sel sensible incorporé dans la couche maintient mécaniquement sa porosité.

Toutefois, par suite de cette plus grande quantité de sel haloïde à former, et surtout parce que la double décomposition des bromures est assez longue à se produire, il devient nécessaire d'accorder un temps plus long à la sensibilisation (durée qui sera au besoin de 10 minutes), et de l'exécuter avec un bain plus concentré (10 à 12 o/o de nitrate) qu'il sera bon d'aciduler par l'acide acétique ou nitrique afin d'éviter le voile.

Comme je l'ai déjà dit, après la sensibilisation les glaces seront minutieusement lavées en les faisant passer successivement dans cinq à six cuvettes d'eau filtrée, et distillée si possible ; mais, dans tous les cas, il faut éviter l'emploi d'eaux trop calcaires ou contenant des matières organiques en suspension ou en dissolution, ce qui serait absolument nuisible à la bonne conservation des plaques.

Au sortir de la dernière eau, après un rinçage sous le robinet, on les recouvre du préservateur en versant à leur surface une première nappe de ce liquide, qu'on rejette pour la remplacer par une seconde et qu'on laisse plus longtemps pour bien imbiber la couche. On égoutte et on laisse sécher à l'abri des poussières. Il est toujours bon de se servir de ces deux bains successifs de préservateur, le premier pouvant s'imprégner des dernières traces de nitrate d'argent ayant subsisté dans la couche, nitrate qui serait bientôt réduit par le préservateur et qui occasionnerait ainsi un voile plus ou moins sensible quand on développerait la plaque.

Les préservateurs employés sont de nature plus ou moins complexe : le major Russell ne se servait que d'une dissolution de tannin à 10 o/o ; si ce n'est pas le meilleur, c'est au moins l'un des plus certains et des plus recommandables. On employa successivement des infusions de thé, de café, des solutions de sucre, de gomme, de dextrine, de miel, de glucose..., de bière, soit seules, soit à l'état de mélange. Ces divers préservateurs, dont certains comportaient une formule assez complexe, avaient pour but, soit d'augmenter la sensibilité, et il est juste de dire que certaines possédaient en effet cette qualité, soit d'assurer une plus longue conservation.

On peut développer les plaques au collodion sec, soit avec un révélateur physique, soit avec un révélateur chimique. Les premiers furent d'abord seuls employés, tandis que, plus tard, on s'adressa de préférence aux seconds, qui permettent de réduire la durée de la pose et qui fournissent des images plus complètes. Je ne m'occuperai pas encore des révélateurs chimiques, leur étude devant être faite en détail après celle du gélatino-bromure.

Puisque les plaques au collodion sec ne renferment plus de nitrate d'argent, si on les traite par un révélateur physique il faudra nécessairement en ajouter de petites quantités à ce réactif. On se sert ordinairement d'une solution acide d'acide pyrogallique, plus ou moins alcoolisée, qu'on laisse d'abord agir seule pour ramollir un peu et bien pénétrer la couche; on la reverse dans un verre, on l'additionne de deux ou trois gouttes de nitrate à 3 o/o, et on répand à nouveau sur la plaque. L'image ne tarde guère à apparaître, on la renforce peu à peu, sans presser les additions de nitrate d'argent. On fixe à l'hyposulfite à 10 o/o.

Procédé au collodion sec et à l'albumine. — Le collodion sec à l'albumine mérite une place à part parmi les procédés au collodion sec, tant à cause de son mode de préparation, qui s'écarte sensiblement des procédés que j'ai mentionnés dans le paragraphe précédent, qu'à cause des résultats tout à fait supérieurs qu'il permet d'obtenir. S'il était, en effet, un peu plus long et difficile de préparer de pareilles couches, les négatifs étaient d'une pureté, d'une finesse et d'une vigueur merveilleuses.

Les glaces, soigneusement propres, sont d'abord recouvertes d'un substratum, destiné à augmenter l'adhérence du collodion dont on va les recouvrir. Taupenot, qui publia en 1858 les formules et le mode opératoire de ce procédé, indique l'albumine diluée pour cette première couche. Une fois sèches, les glaces sont recouvertes d'un collodion iodo-bromuré bien fluide et pas trop chargé en iodures et bromures. La proportion de 1 gramme du mélange de ces sels pour 100 centimètres cubes de collodion ne sera jamais dépassée; elles sont ensuite sensibilisées dans un bain de nitrate à 8 o/o, légèrement acidulé par l'acide nitrique. On lave dans une série de quatre cuvettes remplies d'eau distillée, on rince sous le robinet et on égoutte légèrement.

Les glaces sont alors recouvertes avec de l'albumine iodurée (1 gramme d'iodure d'ammonium, 0 gr. 25 de bromure d'ammonium et 100 centimètres cubes d'eau). Cette solution albumineuse doit être très limpide, c'est-à-dire avoir été filtrée à travers un tampon de coton hydrophile, et exempte de bulles d'air ; elle s'étend beaucoup plus facilement sur le verre recouvert de collodion encore tout humide qu'elle ne le ferait sur un verre à l'état naturel. Après un séjour d'une demi-minute, elle est rejetée; la glace égouttée est portée au séchoir. Dès qu'elle est sèche, on l'expose quelques minutes au jour ; elle peut, après cela, être longtemps conservée en bon état ; elle ne présente aucune sensibilité à la lumière.

Quels sont les résultats de ces traitements, dont on s'explique tout d'abord assez difficilement la raison d'être et les effets ? L'albumine et, avec elle, l'iodure de potassium qu'elle tient en dissolution pénètrent la couche entière de collodion ; une fois que le tout sera sec, l'albumine maintiendra la porosité du collodion et servira plus tard d'agent sensibilisateur. Quant à l'iodure de potassium, il rend la plaque insensible à la lumière par la raison que, si la lumière décompose à la fois l'iodure d'argent et l'iodure de potassium, l'iode dégagé de l'un se portera sur le second pour le ramener à l'état primitif. L'impression lumineuse sera donc détruite. L'utilité de ce traitement, c'est que les glaces arrivées à cette période de leur préparation peuvent se conserver pour ainsi dire indéfiniment, et, comme c'est le travail le plus long et le plus difficile qui a été fait, on peut, pour l'exécuter, profiter des journées d'hiver, de telle sorte que, lorsque viendra le moment de les utiliser, il restera peu de chose à faire. En effet, pour rendre les glaces sensibles,il n'y a qu'à les immerger, quelques jours avant de les employer, dans un second bain de nitrate d'argent à 7 pour 100, renfermant également 7 pour 100 d'acide acétique, où elles restent 30 secondes environ. Elles sont lavées dans une série de quatre cuvettes, et recouvertes enfin d'une solution d'acide gallique à 4 grammes pour 1000. Une fois sèches, elles pourront se conserver de trois à quatre semaines.

Le développement de ces glaces peut, comme celui des glaces au collodion sec, se faire avec un révélateur physique ou un révélateur chimique ; mais ces derniers, je dois le faire remarquer, leur conviennent peut-être moins bien que les révélateurs physiques ; les glaces préparées par le procédé Taupenot ne renferment, en effet, que de l'iodure d'argent, bien qu'on se soit servi d'un collodion iodo-bromuré. Primitivement, au moment où on les sort du premier bain d'argent, le composé sensible qu'elles renferment est bien un mélange d'iodure et de bromure d'argent, mais ce dernier est converti en iodure d'argent par l'iodure de potassium, avec lequel on le met en contact en recouvrant la glace d'albumine iodurée ; il y a bien formation, par double décomposition, de bromure de potassium, qui pourrait être retransformé en bromure d'argent lors de la seconde sensibilisation ; mais celle-ci est de trop courte durée pour qu'on puisse supposer que cette transformation ait le temps de s'opérer d'une façon complète. Somme toute, je suis d'avis qu'une glace Taupenot ne renferme guère que de l'iodure d'argent, et, par conséquent, qu'elle doit être de préférence développée au moyen d'un révélateur physique.

Le procédé Taupenot a été simplifié de plusieurs manières ; de ces nouveaux modes opératoires, je ne retiendrai que celui de Fothergill, qui est celui qui fournit assez simplement des glaces de qualité à peu près égale à celles de Taupenot. La plaque est collodionée, sensibilisée, lavée assez légèrement et recouverte d'une couche d'albumine (non iodurée). L'albumine pénètre la couche et forme, avec la petite quantité de nitrate d'argent qu'elle renferme encore, de l'albuminate d'argent insoluble. Après ce traitement, on fait subir à la préparation un lavage à fond qui élimine l'excès de nitrate d'argent. On laisse sécher et les glaces sont prêtes à être exposées.

Autres procédés au collodion sec. — Il me reste à signaler quelques autres procédés qui ont été moins employés que ceux dont il a été déjà question, mais qui avaient le mérite d'une excessive simplicité ; tel est celui de l'abbé Desplats, qui se servait d'un collodion iodo-bromuré renfermant 0 gr. 50 de colophane par 100 centimètres cubes. (MM. Robiquet et Dubosc se servaient d'un collodion renfermant une quantité à peu près égale d'ambre jaune.) Lorsqu'on plonge les glaces recouvertes d'un tel collodion dans le bain de nitrate d'argent, il se forme une émulsion résineuse dont les molécules s'interposent aux molécules des composés sensibles, ce qui suffit, l'expérience l'a démontré, pour maintenir la porosité de la couche. Il est presque inutile d'ajouter qu'après la sensibilisation, les plaques sont parfaitement lavées ; il est, en effet, de toute nécessité, pour les préparations qui doivent être conservées d'éliminer, aussi complètement qu'on le peut, le nitrate d'argent qui imbibe la couche, nous avons plus d'une fois déjà insisté sur ce point.

En adoptant pour ce procédé un collodion préparé avec un mélange d'iodures et de bromures, dans lequel ces derniers prédominent, on peut avantageusement se servir de révélateurs chimiques. D'autre part, il est avantageux que ce collodion soit préparé avec du pyroxyle à haute température, mélangé, si l'on veut, d'un peu de pyroxyle à basse température.

M. Jeanrenaud et Chardon simplifièrent le procédé de l'abbé Desplats, en ce sens qu'ils n'employèrent plus de matière résineuse, ni aucune autre matière étrangère dans le collodion, laissant le soin au composé sensible de maintenir seul la porosité. Pour cela, le collodion ne fut, tout d'abord, composé qu'avec du pyroxyle binitré et, en second lieu, la proportion des sels haloïdes fut fortement augmentée (le collodion employé renfermait jusqu'à 4 et 5 grammes de bromures par 100 centimètres cubes (1), et c'est cette proportion, je ne dirai pas exagérée, mais très abondante, qui gonflera la couche en créant mécaniquement des pores, si je puis m'exprimer ainsi, surtout si le pyroxyle employé est la variété à haute température.

On comprend qu'un collodion si fortement bromuré exigera un temps assez long pour la sensibilisation et que le bain d'argent soit relativement concentré (à 12 ou 15 pour 100).

Les glaces sensibilisées sont lavées avec soin, séchées et conservées pour l'usage ; de préférence, elles seront développées avec un révélateur alcalin.

Procédés au collodion émulsionné. — Les glaces préparées au bromure d'argent, d'après les indications que je viens de donner, exigent un travail assez long lorsqu'il s'agit d'un certain nombre, puisque chacune d'elles doit séjourner près d'un quart d'heure dans le bain de sensibilisation. Ce procédé, comme tous les autres procédés au collodion sec, n'est pas praticable en voyage ; aussi, les photographes désiraient-ils depuis longtemps posséder un mode opératoire plus simple et plus expéditif; ce qu'ils avaient en vue, c'était de posséder un collodion réellement sensibilisé, de sorte qu'il ne fût besoin que d'en étendre une couche, à l'abri d'une lumière actinique, sur un verre que l'on pourrait directement exposer après dessiccation de la pellicule.

Pour que ce résultat puisse être atteint, il est nécessaire que le collodion ne renferme que du bromure d'argent à l'état de division extrême, autrement dit émulsionné, doué d'une bonne sensibilité et débarrassé de toutes les substances nuisibles à une bonne conservation ou pouvant

(1) Je reviens encore une fois sur cette remarque pourquoi on doit employer les bromures et non les iodures dans les procédés secs quand les négatifs doivent être traités par des révélateurs chimiques, et pourquoi, même avec les révélateurs physiques, les bromures sont encore préférables. Avec ces derniers, une préparation sèche à l'iodure d'argent exigera une pose prolongée, car ce sel n'est réellement très sensible qu'en présence du nitrate d'argent ; l'image vient péniblement et est, la plupart du temps, dure, les révélateurs chimiques n'affectant que très peu l'iodure d'argent. Le bromure d'argent, formé en présence d'un excès de nitrate, comme c'est le cas pour les collodions, garde sa sensibilité malgré l'élimination du sel soluble d'argent ; il est facilement réduit par les révélateurs chimiques et fournit des images bien modelées ; l'éclairage du laboratoire doit être moins actinique que dans le cas de l'iodure.

produire des taches, par suite des cristallisations qui ne manqueraient pas de se former pendant le séchage, si on y laissait subsister les produits de la double décomposition.

Nous sommes amenés, en un mot, pour préparer une émulsion au collodion :

1° A faire agir de l'azotate d'argent sur les bromures solubles dissous dans le collodion. Pour que le bromure d'argent soit à l'état de division convenable, il faut que la solution d'azotate soit ajoutée par petites quantités à la fois dans le collodion et qu'on agite le liquide tout le temps que dure l'affusion, pour faciliter la division du produit ;

2° Comme le bromure d'argent que nous venons de former n'est pas très sensible, qu'il n'acquiert à froid une grande sensibilité qu'en présence du nitrate d'argent libre, nous devons employer de ce dernier un léger excès au delà de la quantité strictement nécessaire pour opérer la double décomposition des bromures. *La maturation*, c'est à dire l'augmentation de sensibilité, ne se produisant qu'avec le temps, nous laisserons les réactions se parfaire au moins trente-six heures ;

3° Si la maturation exigeait un excès de nitrate d'argent, ce léger excès, si petit qu'il soit (1) ne peut rester dans le collodion ; nous savons, en effet, que le nitrate d'argent altère toutes les matières organiques avec lesquelles il reste longtemps en contact. Pour débarrasser l'émulsion de cet excès d'azotate, on lui ajoute une minime quantité d'un chlorure soluble (M. Chardon employait le chlorure de cobalt, qu'il faisait dissoudre dans du collodion ; d'autres ont employé quelques gouttes d'eau régale qui, tout en transformant l'azotate d'argent en chlorure, détruisait aussi les composés argentico-organiques qui avaient pu se former). On ajoute une quantité de ce chlorure telle qu'après la réaction il en reste un très faible excès.

4° Il faut maintenant débarrasser l'émulsion et de l'excès de ce chlorure et des azotates provenant de la double décomposition. Pour obtenir ce résultat, on peut ou bien verser le collodion dans une cuvette, laisser évaporer les dissolvants et laver la pellicule lorsqu'elle a pris une consistance un peu ferme, ou bien verser l'émulsion en mince filet dans une grande quantité d'eau, ce qui la précipite immédiatement en masse spongieuse, plus facile à laver que la pellicule cornée obtenue par évaporation.

(1) Nous ne pourrons toutefois par des lavages, aussi prolongés qu'ils soient, enlever à une émulsion au collodion la totalité de l'azotate d'argent, car le bromure d'argent, préparé avec un excès d'azotate, retient une petite quantité de ce sel (mécaniquement ou par suite d'une combinaison ?), dont on ne peut le débarrasser. Cette petite quantité n'est pas d'ailleurs nuisible ; elle agit, au contraire, comme sensibilisateur.

5° Cette pellicule, ou cette masse spongieuse, une fois lavée avec soin, est constituée par du coton-poudre englobant du bromure d'argent ; on la laisse sécher, puis on la redissout dans un mélange d'alcool et d'éther, ce qui fournit un collodion sensibilisé qu'on n'a qu'à étendre sur une plaque de verre, pour l'exposer une fois sèche.

Cependant, il faut remarquer que, malgré la précaution qu'on a eue de n'employer en majeure partie que du pyroxyle à haute température, la pellicule manquerait un peu de porosité ; aussi ajoute-t-on à l'alcool et à l'éther une substance qui augmente cette porosité, ce qui a pour résultat de rendre le développement plus rapide et plus complet.

Cette substance sera choisie, cela va sans dire, parmi celles qui n'ont point d'action sur le bromure d'argent ; parmi celles qui conviennent le mieux, il faut citer plusieurs alcaloïdes et surtout la quinine précipitée, parce qu'elle cristallise difficilement et qu'elle communique une teinte agréable à l'image, ce qui peut avoir son importance si on désire utiliser, comme c'est souvent le cas, les émulsions au collodion pour obtenir des positifs transparents.

Après ces indications théoriques, il me restera peu de chose à dire sur les émulsions au collodion, car, pas plus pour ce procédé que pour tous ceux dont il a été ou dont il sera question, je n'aborderai les détails pratiques des manipulations qui les concernent, cette partie relevant plutôt des Traités généraux de photographie que de ceux qui, comme celui-ci, ont principalement pour but d'en exposer la théorie, de donner les raisons scientifiques des procédés opératoires et de faire saisir l'utilité d'un bon nombre qui pourraient, de prime abord, paraître n'avoir aucune importance.

Le procédé au collodio-bromure possède des qualités qui peuvent, dans certains cas, le rendre préférable au gélatino-bromure, je ne signale pour le moment que son application à la production des diapositives, question qui sera traitée plus tard ; dans cette circonstance l'émulsion au collodion fournit des images dont la finesse et la transparence sont supérieures à celles obtenues sur gélatine, c'est là un fait reconnu de tous. Il permet, en voyage, avec une installation, même sommaire, de préparer les glaces au fur et à mesure des besoins, pour ainsi dire journée par journée, et cela sans avoir besoin d'emporter un nombre considérable de verres, puisque, s'ils ont été préalablement talqués, on peut, une fois que les négatifs ont été développés, fixés et séchés, les transporter provisoirement sur une feuille de papier enduite de colle d'amidon. Cette propriété, jointe à celle que possèdent les plaques au collodion de supporter les climats très chauds et humides, sous lesquels les préparations à la gélatine se comportent fort mal, a fait quelquefois adopter les émulsions au collodion pour les expéditions lointaines, bien qu'on disposât de plaques au gélatino-bromure. Ce qui manque aux émulsions au collodion, c'est de posséder une rapidité comparable à celle de nos plaques sèches actuelles; de grands progrès ont été faits dans ce sens, puisque M. Albert, de Munich, a donné la formule et a mis autrefois en vente des plaques au collodion égalant comme rapidité celle d'une plaque à la gélatine de sensibilité moyenne.

Gaudin d'abord, puis MM. Sayce et Bolton avaient donné le mode de préparation de ces sortes d'émulsions, mais il faut arriver à 1875 pour les voir adopter d'une façon courante, et cela à la suite des travaux de M. Chardon qui publia, à cette époque, son *Traité de photographie par émulsion sèche au bromure d'argent pur*. C'est à cet ouvrage fort complet et où sont minutieusement décrits tous les détails opératoires que je renverrai le lecteur qui désirerait se livrer à la préparation du collodio-bromure.

On peut se demander pourquoi le bromure d'argent, émulsionné dans le collodion, est moins sensible que ce même sel émulsionné dans la gélatine.

Bien qu'au chapitre consacré aux émulsions à la gélatine je doive envisager cette question, je vais en dire cependant ici quelques mots. Les deux bromures d'argent ne possèdent point des qualités tout à fait identiques, car, outre leur sensibilité différente à la lumière blanche, cette sensibilité n'est pas non plus identique pour les diverses radiations du spectre. Le bromure précipité dans le collodion a son maximum de sensibilité dans l'indigo (à la longueur d'onde 430), tandis que le bromure précipité dans la solution de gélatine présente son maximum de sensibilité un peu moins loin vers cette partie du spectre, c'est, en effet, les rayons bleus (de longueur d'onde 450), qui ont sur lui l'action maxima.

Vogel a démontré que ces différences de propriété du bromure d'argent ne tiennent point à la nature du véhicule qui le supporte au moment de l'impressionnement, mais bien à la nature du liquide dans lequel il se forme. Si l'on précipite du bromure d'argent au sein d'une solution acétique de gélatine, et que l'on ajoute du collodion au produit, on constate que ce bromure est sensible au bleu.

Inversement, si l'on produit la précipitation avec du collodion et que l'on ajoute au liquide une solution acétique de gélatine, on aura cette fois du bromure sensible à l'indigo. Dans les deux cas, le liquide final est le même, mais le bromure provient de deux modes de précipitation différents. Ces expériences nous prouvent que c'est à la nature du liquide au sein duquel on précipite le bromure d'argent, à son mode de préparation, en un mot, qu'est due la différence de sensibilité des émulsions à la gélatine et au collodion.

Les émulsions au collodion, et toutes les autres préparations au collodion sec, dont le composé sensible est en majeure partie constitué par du bromure d'argent, exigent que leur préparation et le restant des opérations que l'on fait subir aux plaques, soient conduites dans un laboratoire dont l'éclairage soit moins actinique que celui qui peut suffire pour le collodion humide. Il faudra donc adopter, avec les préparations à base de bromure d'argent, le verre rouge rubis qu'on emploie avec le gélatino-bromure, ou encore les verres jaunes doublés de verre vert.

CHAPITRE VIII

GÉNÉRALITÉS SUR LES ÉMULSIONS A LA GÉLATINE

Les procédés à la gélatine étant les plus importants et, pour ainsi dire, les seuls usités aujourd'hui, pour produire les images négatives, j'entrerai dans de plus longs détails à leur sujet que je ne l'ai fait pour les procédés précédemment décrits. Les émulsions à base de gélatine ne sont pas seulement adoptées pour la production des phototypes, on les emploie encore, et de plus en plus, pour l'obtention des photocopies, que celles-ci soient sur verre et destinées à être vues par transparence, soit directement, soit projetées à la lanterne, ou qu'elles soient sur papier et destinées à être vues par réflexion. Les émulsions que l'on emploie pour ces dernières applications ne sont pas toujours à base de bromure d'argent, parfois et souvent même, elles sont à base de chlorure d'argent ou constituées par un mélange de chlorure et de bromure.

Enfin, l'on utilise des émulsions à base de chlorure d'argent, avec un excès de nitrate d'argent libre, celles-ci sont destinées *aux impressions directes*. Je ne parlerai ici de ces dernières que d'une façon générale, puisque nous aurons l'occasion d'y revenir, lorsque nous traiterons des procédés d'impression des photocopies.

Historique du procédé à la gélatine. — Donnons tout d'abord un court historique du procédé à la gélatine : c'est en 1850, que Poitevin indiqua la gélatine comme véhicule des sels d'argent dans les procédés négatifs ; ses premières préparations se composaient d'iodure d'argent incorporé à la gélatine, et Poitevin les préparait en faisant dissoudre cette dernière substance dans une solution d'iodure de potassium que l'on sensibilisait au moyen d'un bain d'argent. Hadow, en mai 1854, décrivit un procédé semblable, avec cette seule différence, qu'au lieu de développer avec de l'acide gallique, comme le faisait Poitevin, il employait du sulfate de fer. La véritable première émulsion (car les glaces de Poitevin devaient être préparées une à une, comme s'il s'agissait de préparations au collodion humide), fut préparée par Gaudin, qui, dans sa notice sur les émulsions au collodion (20 août 1853), avait fait remarquer qu'on pouvait préparer des produits analogues avec l'albumine ou la gélatine; en 1861, il décrivit plus explicitement son procédé. Dix ans plus tard, Maddox communiqua au *British Journal of photography* sa première notice sur la préparation du gélatino-bromure et remit en même temps à l'éditeur de cette Revue plusieurs négatifs obtenus par son procédé.

Le 14 novembre 1874, King donne une description complète du procédé à la gélatine, dans lequel il signale le lavage de l'émulsion pour éliminer les sels solubles provenant de la double décomposition.

Dans le même numéro du *British Journal*, où King donnait son procédé, Johnston recommandait de faire intervenir un excès de bromure soluble, fait qui fut reconnu plus tard comme indispensable, et qui est devenu, en conséquence, une règle générale dans la préparation des émulsions.

Burgess fut le premier qui, en 1873, introduisit dans le commerce une émulsion à la gélatine. C'est dans le numéro du 25 juin 1873 du *British Journal* qu'elle fut annoncée; la formule n'en fut jamais publiée, mais c'est à lui qu'on est redevable de la première émulsion de bonne qualité.

Kenett, en 1874, mit en vente des pellicules ou grumeaux d'émulsion lavée; ce produit jouit d'une assez grande vogue, et il contribua largement à faire connaître les émulsions à la gélatine. Kenett publia, d'ailleurs, sa formule; on la trouve dans le numéro du *British Journal*, daté du 24 avril 1874.

Dans le *Year-Book* pour l'année 1877, Wratten et Wainwright indiquèrent la pression de l'émulsion, effectuée sous l'eau, au moyen d'un canevas grossier pour en obtenir la division en grumeaux, ce qui rend le lavage plus rapide et plus complet.

Benett fit faire un grand pas à la préparation des émulsions très sensibles en faisant connaître, le 29 mars 1878, que ce produit gagnait beaucoup en sensibilité à la suite d'une digestion prolongée à la température de 32° centigrades.

Les études de Monckoven sur le nouveau procédé, commencées au mois d'août 1879, ont aussi une grande importance. C'est ce savant praticien qui fit remarquer que l'augmentation de sensibilité du bromure d'argent est suivie d'un changement d'état moléculaire. Il vérifia les assertions de Stass sur ce point et fit la découverte importante, que la transformation du bromure d'argent en *bromure vert* extra-sensible est énormément accélérée par l'ammoniaque.

Eder, en 1880, perfectionna le procédé à l'ammoniaque, et cette même année ce savant publia son procédé à *l'ammonio-nitrate;* il fit connaître aussi l'influence favorable qu'exerce l'ammoniaque, ou son carbonate, ou le carbonate de soude sur les émulsions bouillies.

Henderson fit connaître, en 1882, la meilleure méthode pour préparer à froid des émulsions très sensibles.

Vers cette même époque (1881), le gélatino-bromure fit un grand progrès; jusque-là, on n'avait disposé que de gélatines qui, n'étant pas préparées dans ce but, amenaient de nombreux insuccès dans la fabrication des plaques. L'usine de Winterthur entreprit alors la préparation de gélatines dures, très pures, qui devinrent rapidement d'un usage courant, car elles présentaient de sérieux avantages sur les gélatines tendres anglaises.

Le procédé au gélatino-bromure avait acquis, à partir de cette date, tous les perfectionnements qui permettent de le considérer comme entré dans la phase industrielle; sans doute, il en a reçu bien d'autres depuis de la part de ceux qui l'exploitent sur une plus ou moins vaste échelle, soit pour obtenir des produits plus sensibles, soit pour rendre la préparation des émulsions plus sûre et plus régulière; mais tous ces détails de fabrication sont la plupart du temps tenus secrets par les intéressés. Ce qu'on peut voir dans les usines, c'est que toutes les précautions ont été prises pour que la fabrication suive une marche régulière et uniforme, afin que les mêmes qualités se retrouvent dans le produit. Des machines, sans cesse perfectionnées, procèdent au couchage des émulsions, qui sèchent sur les plaques dans des conditions identiques de température et d'état hygrométrique de l'air, et cela durant toute l'année; en un mot, la fabrication est devenue pour ainsi dire automatique et mécanique; aussi, les produits qui sortent de nos usines en renom, à de très rares exceptions près, possèdent une uniformité que l'on était loin de rencontrer autrefois, où tel numéro d'émulsion était bien inférieur à ceux qui le précédaient ou qui le suivaient. Si cela persiste encore parfois aujourd'hui, il faut en attribuer la cause aux conditions tout à fait défavorables qui peuvent se présenter durant les mois les plus chauds de l'année; mais, je l'ai déjà fait remarquer, ce fait est devenu beaucoup plus rare, presque une exception.

Pour terminer cet historique, je dois rappeler qu'en juin 1879 Abney employa un procédé, qui avait été essayé auparavant pour les émulsions au collodion, consistant à précipiter séparément le bromure d'argent et à le réémulsionner dans une solution de gélatine. Abney fit encore connaître le rôle de l'iodure et du chlorure d'argent dans les émulsions.

En 1882, Schumann entreprit d'importants travaux spectroscopiques et attira l'attention sur ce fait, que l'iodure et le bromure d'argent, mis ensemble à digérer, se comportent plus favorablement que si on les produit séparément pour les mélanger ensuite.

La préparation des plaques orthochromatiques, basée sur la sensibilisation optique produite par certaines matières colorantes, fut découverte par Vogel en 1873. Attout-Tailfer prépara le premier industriellement de telles plaques et prit un brevet en 1882 pour l'emploi de l'*éosine*. Bientôt après (1884), Vogel mit en vente des plaques isochromatiques, sensibilisées au moyen d'un mélange de rouge et de bleu de quinoline, sous le nom de *plaques à l'azaline*. Eder reconnut bientôt après que l'érythrosine était préférable à l'éosine comme sensibilisateur pour le jaune et le vert. Qu'il soit permis à l'Auteur de cet ouvrage de rappeler les études qu'il publia, en 1888, sur plusieurs matières colorantes pouvant être employées comme sensibilisateurs optiques.

Comme développateur des plaques à la gélatine, on n'employa d'abord que l'acide pyrogallique alcalin (l'ammoniaque ou son carbonate furent les seuls alcalis employés au début); l'oxalate ferreux, proposé par Carey-Lea et Eder, devint d'un usage fréquent à partir de 1879. Dans le courant de l'année 1882, Berkeley introduisit le sulfite de soude. L'hydroquinone, déjà essayée par Abney en 1880, ne devint d'un usage courant qu'à partir de 1887. Depuis, on a successivement préconisé de nouveaux et nombreux réducteurs, possédant des avantages spéciaux, tels ceux qui, comme l'*amidol*, permettent de révéler sans le secours de substances alcalines.

Définition du terme « émulsion ». — Sous le nom général d'*émulsions*, on désigne des liquides ayant une apparence laiteuse, dont la composition et, par suite, les propriétés peuvent être très différentes. Le nom d'*émulsion* convient de préférence aux liquides lactescents, qui se préparent en broyant, puis en délayant dans l'eau les semences oléagineuses. Le principe huileux, divisé à l'infini, est maintenu à l'état de gouttelettes microscopiques à la faveur d'une matière mucilagineuse qui épaissit le liquide et s'oppose à la réunion des vésicules huileuses. Par extension, le nom d'*émulsion* a été donné à des milieux liquides tenant en suspension des résines, des substances solides très variables, les unes plus légères, les autres plus denses que le milieu. Pour combattre la tendance qu'ont les particules solides à venir surnager ou à former dépôt, suivant leur poids spécifique relatif, on est obligé de communiquer au liquide une viscosité plus ou moins grande; tantôt on emploiera la gomme, la gélatine ou le collodion. Les émulsions photographiques sont constituées, chacun le sait, par un composé sensible (bromure ou chlorure d'argent) à l'état d'extrême division, maintenu en suspension dans des liquides aqueux ou éthéro-alcooliques, rendus visqueux au moyen de la gélatine ou du coton-poudre.

Les émulsions au bromure d'argent pur ou mélangé d'un peu d'iodure sont seules usitées pour les procédés négatifs, les émulsions au bromure ou au chlorure d'argent, sans excès de nitrate, sont en général réservées pour obtenir des épreuves positives après une impression latente et les émulsions au chlorure, avec excès d'argent, sont celles que l'on emploie pour l'impression directe.

Dans les chapitres qui vont suivre, nous ne nous occuperons que des émulsions pour négatifs, après quoi je traiterai plus rapidement des émulsions au chlorure pour impression latente, tandis que je renverrai à la troisième partie, consacrée aux procédés d'impression, l'étude des émulsions pour impression directe.

CHAPITRE IX

ÉMULSION AU GÉLATINO-BROMURE — ÉTUDE DES COMPOSANTS DIVERSES VARIÉTÉS DE BROMURE D'ARGENT

Comment se forme une émulsion à la gélatine. — La gélatine, telle qu'elle convient aux préparations photographiques, est insoluble dans l'eau froide; elle ne fait que se gonfler dans ce liquide qui pénètre ses pores; nous examinerons plus tard les qualités que doit posséder ce produit pour convenir aux émulsions, contentons-nous de dire, pour le moment, que la quantité d'eau qu'elle doit ainsi absorber ne doit être ni trop forte ni trop faible. La gélatine gonflée se dissout aisément dans l'eau chaude (chauffée à 28 ou 30°), et c'est au sein de cette solution qu'on provoque la formation du bromure d'argent; pour cela, il suffit d'avoir additionné la solution gélatineuse d'un bromure soluble et de verser dans ce liquide une autre solution de nitrate d'argent. A mesure que le mélange s'effectue le liquide prend une apparence de plus en plus crémeuse, provenant de ce que le bromure d'argent, qui se forme par double décomposition, est finement réparti et maintenu en suspension.

$$KBr + AgNO^3 = AgBr + KNO^3.$$

Nous supposons, dans cette formule, que c'est du bromure de potassium que nous avons fait intervenir; en même temps que le bromure d'argent il se sera donc formé du nitrate de potasse qui s'est dissous dans l'émulsion.

De plus, si nous n'avons pas employé des quantités exactement équivalentes de bromure de potassium et d'azotate d'argent il restera également en dissolution, après la réaction, l'excès de l'un ou de l'autre. Comme, pour plusieurs raisons, il est difficile de faire réagir des quantités exactement équivalentes de bromure et d'azotate, puisque nous devrions pour cela effectuer des pesées très précises, et employer des produits absolument purs, nous avons à examiner s'il est préférable d'ajouter une quantité surabondante de nitrate d'argent ou d'employer un excès de bromure.

D'ailleurs, pour faire une étude complète des émulsions à la gélatine, nous avons à examiner successivement :

1° *Les produits que l'on emploie ;*

2° *La manière dont on doit les mélanger pour produire l'émulsion et les quantités de chacun d'eux qu'il convient d'adopter ;*

3° *Les réactions ou transformations qui se produisent dans l'émulsion lorsqu'on la chauffe ou qu'on la met en présence de diverses substances ;*

4° *Comment on élimine les produits solubles provenant de la double décomposition ;*

5° *L'étendage et le séchage de l'émulsion sur les plaques ;*

6° *L'action de la lumière sur le gélatino-bromure ;*

7° *Le développement de l'image latente.*

Propriétés des produits chimiques que l'on emploie pour préparer les émulsions. — Les *bromures de potassium* et *d'ammonium* sont les seuls usités ; le premier est absolument stable à l'air, il cristallise en petits cubes blancs ou incolores très solubles dans l'eau. Le bromure d'ammonium forme de petits cristaux qui deviennent humides à l'air ; les solutions, portées à l'ébullition, laissent dégager de l'ammoniaque ; par suite de la décomposition du sel, la liqueur devient de plus en plus acide (1) ; le bromure de potassium dans de pareilles circonstances ne subit pas la même décomposition.

La solubilité du bromure de potassium est si grande que l'emploi de ce sel ne peut, de ce chef, subir aucune restriction. Une partie de KBr se dissout à + 15° dans 1 p. 62 d'eau, une partie NH^4Br exige 1 p. 29 d'eau pour se dissoudre.

Si, dans une formule quelconque, on veut remplacer le bromure d'ammonium par celui de potassium, il faudra prendre 1 gr. 215 de ce dernier pour 1 gramme du premier.

Il faut veiller à ce que le bromure de potassium que l'on veut employer n'ait pas de réaction alcaline (pouvant tenir à ce qu'il est souillé par du carbonate de potasse), qu'il ne renferme pas du chlorure de potassium ; voir au sujet de ces altérations l'article BROMURE DE POTASSIUM, dans le second volume.

Le bromure de potassium et le bromure d'ammonium se comportent

(1) Eder a démontré que le bromure d'ammonium, en solution aqueuse, est dissocié par la chaleur en AzH^3 qui se dégage et en HBr qui reste dans la liqueur ; cette décomposition déjà sensible à 30°, est accrue à l'ébullition. Au bout d'une demi-heure à une heure d'ébullition, 100 grammes de bromure d'ammonium fournissent 4 grammes d'acide bromhydrique.

à peu près de la même façon dans la préparation des émulsions, de sorte que l'on peut employer indifféremment l'un ou l'autre. Celui de potassium a l'avantage d'être très stable à l'air, de cristalliser facilement et de pouvoir être obtenu très pur. Le bromure d'ammonium, dans les procédés par ébullition, donne des émulsions très pures, s'oppose à la formation du voile à cause de la mise en liberté de quantités croissantes d'acide bromhydrique.

Dans le procédé à l'ammonio-nitrate, Eder conseille de préférence le bromure de potassium, tandis que pour les émulsions destinées à être lavées à l'alcool, ce qui se fait très rarement aujourd'hui, et ne constitue pas un procédé que l'on puisse adopter industriellement, le bromure d'ammonium serait préférable, les sels ammoniacaux (aussi bien le bromure que le nitrate), sont plus solubles dans l'alcool que les sels correspondants de potassium.

Le *chlorure de sodium* et le *chlorure d'ammonium* peuvent, l'un et l'autre, être facilement obtenus à l'état de pureté et conviennent également à la préparation des émulsions au chlorure d'argent.

L'*iodure de potassium* est assez souvent employé en faibles quantités dans la préparation des émulsions au bromure d'argent, nous verrons l'utilité de cette addition.

Les procédés, peut-être les plus suivis, pour préparer les émulsions, consistent dans l'emploi de l'ammonio-nitrate ou du procédé Henderson; l'ammoniaque joue ici un rôle important et il est nécessaire, au moins pour le dernier cité, que sa concentration soit exactement déterminée, car celle de l'alcali volatil du commerce varie souvent du simple au double. Quand il sera question d'ammoniaque il faudra toujours, dans la suite, entendre celle dont la densité égale 0,91 à $+15^\circ$, renfermant 25 pour 100 d'ammoniaque (AzH^3).

Le nitrate d'argent est en cristaux blancs transparents, exigeant moitié de leur poids d'eau pour se dissoudre à la température ordinaire et seulement un dixième à la température de 100°. Les solutions de ce sel dans l'eau distillée se conservent longtemps à la lumière, tandis que si à cette solution on ajoute du sucre, de la gomme ou de la gélatine, on les voit devenir bientôt brunes et puis noires; en lumière diffuse, il ne se produit pas d'altération apparente avant deux ou trois jours, si la température n'est pas trop élevée, car à chaud elles brunissent très rapidement. Une gelée de gélatine, renfermant du nitrate d'argent, se conserve assez longtemps inaltérée si on la tient à l'obscurité, surtout si on l'a acidulée par quelques gouttes d'acide azotique ou citrique.

Le *nitrate d'argent ammoniacal*, que l'on appelle encore *ammonionitrate d'argent*, se prépare en ajoutant de l'ammoniaque à une solution de nitrate d'argent jusqu'à ce que le précipité brun, qui se forme tout d'abord, soit entièrement redissous et que le liquide soit parfaitement clair. La solution d'ammonio-nitrate, mise à cristalliser, donne des cristaux aiguillés incolores qui noircissent à la lumière; leur composition serait, d'après Mitscherlich $(2NH^3)AgNO^3$ (1) : d'après cette formule, une molécule de nitrate d'argent exigerait deux molécules d'ammoniaque; mais en pratique on remarque que le nitrate d'argent, suivant qu'il est en solution plus ou moins concentrée, exige des quantités variables d'ammoniaque pour arriver à obtenir un liquide clair.

Au moyen d'un artifice, on peut arriver à des solutions limpides, quoique renfermant peu d'ammoniaque. C'est, par exemple, en divisant la solution de nitrate d'argent en deux parties; l'une est traitée par l'ammoniaque jusqu'à redissolution complète du précipité, et à l'autre on ajoute du nitrate d'ammoniaque. En mélangeant les deux liquides, on obtient une solution claire ne renfermant que la moitié de l'alcali qui aurait été nécessaire si on avait traité la totalité du nitrate par la méthode ordinaire.

Les émulsions, préparées avec ce nitrate ammoniacal pauvre en alcali, sont, à cause même de cette faible proportion d'ammoniaque, exemptes de voile, mais moins sensibles.

Le *carbonate d'argent ammoniacal* peut remplacer l'ammonio-nitrate; on en prépare une solution en traitant une solution de nitrate d'argent par une autre de carbonate d'ammoniaque. Tout d'abord, il se forme un précipité jaunâtre de carbonate d'argent, qui se dissout en continuant à ajouter du carbonate d'ammoniaque; en même temps, il se dégage de l'acide carbonique; on chauffe légèrement pour arriver à chasser tout ce gaz.

Le *citrate d'argent* $(Ag^3C^6H^5O^7)$ se forme en petites quantités lorsqu'on mélange l'acide citrique avec le nitrate d'argent, et en grandes quantités lorsqu'on emploie un citrate au lieu d'acide citrique. Le citrate d'argent constitue de petits cristaux blancs, difficilement solubles dans l'eau, même bouillante, mais se dissolvant rapidement dans l'ammoniaque. C'est Obernetter qui préconisa le premier le citrate d'argent, qu'il faisait intervenir dans son procédé à froid. En 1889, Eder publia un procédé d'émulsion au citrate d'argent dissous dans l'ammoniaque. Cette solution donne des émulsions exemptes de voile, le citrate de potasse pro-

(1) Suivant Prescott, leur formation aurait lieu d'après l'équation :

$$2\,AgNO^3 + 4NH^4HO = 2\,(NH^3Ag)O + 2\,NH^4NO^3 + 3\,H^2O.$$

venant de la double décomposition agissant contre sa formation ; le produit obtenu est d'une rapidité suffisante pour la plupart des applications. Les émulsions au citrate d'argent conviennent surtout pour la production des diapositives et des papiers au bromure, application pour lesquelles elles sont entièrement recommandables.

Le *chromate d'argent* (Ag^2CrO^4). Ce sel n'a plus, pour les émulsions, qu'un intérêt historique, car, depuis Biny, qui donna un procédé d'émulsion au chromate d'argent, je ne crois pas qu'il ait été de nouveau employé.

Biny faisait dissoudre le chromate d'argent, qui se présente sous forme d'une poudre rouge-orangé, dans de l'ammoniaque, et mélangeait ce liquide avec une solution de brome dans l'alcool faible. Une émulsion ainsi préparée n'est pas sensible à la lumière ; elle ne le devient que par les lavages.

Nous avons ainsi passé en revue les composés chimiques que l'on fait réagir pour produire le bromure d'argent : ce sont les matières premières d'origine inorganique. Tout à l'heure, nous étudierons la gélatine, qui est la matière première d'origine organique. Auparavant, occupons-nous du bromure d'argent au point de vue de ses propriétés chimiques et de ses modifications.

Propriétés et variétés du bromure d'argent. — Ce corps a été principalement étudié par Stass, qui lui a reconnu six états moléculaires différents.

Il se présente, en effet, sous forme :

1° De *bromure floconneux*, qui peut-être *(a)* de couleur blanche ou *(b)* de couleur jaune ;

2° De *bromure pulvérulent* se présentant également *(a)* sous une teinte jaune et *(b)* sous une teinte blanc-perle ;

3° De *bromure granulaire blanc-jaunâtre ;*

4° De *bromure cristallin ou fondu jaune-clair intense.*

A. Le *bromure floconneux* se produit en mélangeant à froid une solution de nitrate d'argent à une autre de bromure soluble. Si la solution d'argent est en excès, le bromure d'argent forme un précipité caillebotté, de teinte sensiblement blanche, tandis qu'elle est jaune foncé si le bromure prédomine. Qu'il soit jaune ou blanc, ce bromure se précipite rapidement si les liqueurs au sein desquelles il s'est formé sont neutres, très lentement, au contraire, si elles sont acides ; mais, dans l'un et l'autre cas, les caillots s'agglomèrent en formant une masse plastique. Sous cette forme, aussi bien qu'à l'état de caillots, cette variété de bromure d'argent noircit rapidement à la lumière.

B. Le *bromure d'argent pulvérulent* se produit lorsqu'on agite vivement dans l'eau le bromure floconneux; cette transformation s'opère très vite en liqueur neutre et lentement en liqueur acide. On a fréquemment l'occasion de faire cette observation en préparant les émulsions.

En même temps que s'opère le changement de l'état floconneux à l'état pulvérulent, on note un changement de coloration : le bromure d'argent prend l'aspect d'une poudre excessivement ténue de couleur blanc jaunâtre. Cette poudre, agitée avec de l'eau, forme une pâte qui, recueillie sur une mousseline, retient énergiquement le liquide qui l'imprègne. C'est à cause de cette propriété que des plaques à la gélatine, qui paraissent sèches, retiennent fort longtemps de l'humidité, qui les fait coller l'une à l'autre.

A l'état pâteux, le bromure pulvérulent est peu modifié par la lumière, tandis qu'il brunit, au contraire, assez vite lorsqu'il a été desséché.

C. Le *bromure d'argent granulaire* se produit en projetant du bromure floconneux ou pulvérulent dans de l'eau bouillante. Si ces dernières variétés ont été délayées avec de l'eau, on les voit immédiatement se transformer, dans l'eau bouillante, en une poudre excessivement fine de bromure granulaire de couleur jaunâtre. Le bromure d'argent granulaire est la variété la plus sensible à la lumière, et il est faiblement soluble dans l'eau au-dessus de 50°. Nous aurons l'occasion de constater la présence de ces diverses variétés de bromure d'argent aux différentes phases du mûrissement d'une même émulsion.

CHAPITRE X

CHOIX ET QUALITÉS DES DIVERSES SORTES DE GÉLATINE

Gélatines dures et gélatines tendres. — La gélatine exerce une influence marquée sur les qualités des émulsions, non seulement par sa consistance, mais encore par sa nature. Le bromure d'argent ne supporte pas, en effet, une aussi longue durée de chauffage ou une digestion aussi prolongée avec l'ammoniaque, avec toutes les sortes de gélatine ; il en est, en effet, de qualité inférieure qui le décomposent et occasionnent le voile après une courte digestion. Les bonnes sortes de gélatine, celles qui permettent de faire un bon travail, se comportent, elles aussi, différemment, suivant qu'elles sont de la variété *dure* ou de la variété *tendre;* les premières se solidifient vite en donnant une gelée ferme et se ramollissent lentement dans l'eau, les secondes sont d'un caractère opposé.

La fabrique de Winterthur, en Suisse, prépara, la première, de la gélatine dure; aujourd'hui, Drescher, Henrichs, Nelson et d'autres en produisent de bonne qualité.

A côté d'avantages, les gélatines dures ont aussi leurs défauts; entre des mains inexpérimentées, elles donnent plus facilement des plaques sujettes au voile que celles préparées avec des gélatines tendres. Il suffit, pour voir disparaître ce défaut, de les employer en solutions plus diluées, ou de les mélanger avec des gélatines tendres dans les proportions de la moitié ou d'un tiers.

En choisissant une gélatine, on doit observer les points suivants :

1° Dans les procédés de maturation à chaud, sans ammoniaque, il faut adopter une gélatine qui présente une réaction neutre ou acide et non alcaline ; pour les procédés à l'ammoniaque, il est sans importance qu'elle soit neutre ou alcaline;

2° Il faut rigoureusement écarter certaines gélatines impures, renfermant des substances réductrices qui voilent les émulsions, soit que l'on opère par ébullition, soit qu'on emploie l'ammoniaque;

3° Plusieurs variétés provoquent spécialement la formation de taches ou points transparents; celles-ci sont également à écarter;

4° La gélatine ne doit pas contenir de graisse, ce qui, d'après l'opinion généralement admise, est la cause de petites dépressions dans la couche occasionnant des points brillants (1);

5° Une solution de gélatine à 4 pour 100 doit se figer à 20° et se liquéfier à 29° ou 30°. Plus haut est le point de liquéfaction et de solidification, meilleure est la gélatine, pourvu qu'elle soit entièrement et facilement soluble dans l'eau à 40° ou 50°;

6° La gélatine doit être assez consistante pour pouvoir supporter le développement, le fixage et les lavages, sans se plisser et se soulever. On a souvent proposé et on a souvent employé une légère addition d'alun ordinaire ou d'alun de chrome pour guérir ce défaut, mais un pareil traitement a pour effet de rendre, à la longue, les couches très peu perméables et difficiles à développer.

La purification, ou mieux la clarification de la gélatine au moyen de l'albumine n'a plus grand intérêt, aussi je ne fais que la signaler; il en est de même de son lavage, soit à l'eau pure, soit à l'eau ammoniacale; je ferai remarquer, toutefois, que, si dans le procédé à l'ammonio-nitrate on lave la gélatine, comme le recommandait Pléner, dans de l'eau ammoniacale au sixième, dans laquelle on la laisse séjourner deux heures, puis qu'on la lave à l'eau pure, on obtient une émulsion qui est deux fois plus sensible que si on avait omis ce traitement, mais les plaques donnent des négatifs un peu moins vigoureux et sont plus sujettes au frilling.

Modifications que subit la gélatine durant la préparation des émulsions. — Durant la préparation des émulsions, la gélatine est sensiblement modifiée soit par l'effet de la température, soit par l'effet de l'ammoniaque.

Lorsqu'on opère par ébullition, son point de solidification s'abaisse quelque peu, mais si elle n'est maintenue que 30 à 60 minutes au bain-marie bouillant, les altérations qu'elle subit n'ont aucune importance; il en est de même pour une digestion à 30 ou 60 degrés maintenue durant tout un jour. Le cas n'est plus le même lorsque la température de 100° est maintenue plusieurs heures, ou lorsque la digestion est longtemps prolongée, surtout lorsqu'elle a lieu dans une liqueur acide ou ammo-

(1) Les taches transparentes doivent rarement être attribuées aux matières graisseuses; leur cause n'est pas encore parfaitement déterminée, car des gélatines qui en sont exemptes en produisent. Il est inutile de laver une gélatine qui renfermerait des matières grasses avec de l'alcool, qui ne les dissout pas; la benzine ou l'éther auraient mieux leur raison d'être, mais leur emploi est d'une valeur douteuse.

niacale; il se forme alors une quantité de produits solubles, formés par décomposition de la gélatine qui finit par perdre la propriété de se prendre en gelée.

Cette modification peut non seulement être attribuée à la présence d'un acide ou d'un alcali dans la liqueur, mais si la digestion a lieu de 30 à 40 degrés, les germes des bactéries, que l'eau ou la gélatine pouvaient renfermer, ou que l'air ambiant apporte, entrent pour une grande part dans l'altération que l'on constate et qui peut même se transformer en une véritable putréfaction. Il est à remarquer que la rapidité avec laquelle une gélatine se décompose à la température de 30 à 40 degrés, dépend beaucoup de sa nature; celles qui, primitivement, présentent une réaction alcaline, sont sensiblement altérées au bout de trois ou quatre jours, tandis que la plupart de celles qui possèdent une réaction acide résistent beaucoup plus longtemps, ce n'est parfois qu'au bout de dix à douze jours qu'elles donnent des vapeurs ammoniacales.

Ces altérations de la gélatine sont importantes à connaître, car on comprend qu'elles agissent d'une manière fâcheuse sur la qualité des émulsions, les plaques qui en proviennent deviennent sujettes aux plissements, aux ampoules, aux soulèvements. C'est pour éviter ces insuccès que beaucoup de fabricants ont soin de ne faire entrer qu'une partie de la gélatine totale dans l'émulsion durant son mûrissement. Une émulsion renfermant de la gélatine altérée et qui, comme conséquence, se détache facilement de son support, adhérera beaucoup mieux si on la traite par l'alcool.

On a remarqué que le bromure d'argent contenu dans une émulsion renfermant de la gélatine altérée donne des négatifs faibles et voilés, mais si, après l'avoir séparé par l'essoreuse, on le mélange avec une solution de gélatine fraîche, les images deviennent vigoureuses et bien pures.

Le lavage de l'émulsion élimine aussi une grande partie des produits d'altération de la gélatine, occasionnés par un long chauffage ou par l'action de l'ammoniaque; mais, le lavage n'a, dans ce cas, une grande efficacité qu'autant que l'émulsion a été divisée en fins grumeaux au moyen d'un canevas moyennement serré; car, si les fragments sont gros, seuls les sels cristallisables sont dissous; les matières colloïdes (qui proviennent de la décomposition de la gélatine) se dialysant fort peu.

CHAPITRE XI

PROPORTION DE BROMURE SOLUBLE PAR RAPPORT A LA QUANTITÉ DE NITRATE D'ARGENT. — PROPORTIONS RELATIVES DE BROMURE D'ARGENT ET DE GÉLATINE.

Proportions de bromure soluble et de nitrate d'argent. — Si on mélange le bromure et le nitrate en présence de la gélatine, le premier doit être en excès; le nitrate d'argent libre provoquant la décomposition de l'émulsion lorsqu'on la fera chauffer. Théoriquement, des quantités équivalentes de bromure et de nitrate d'argent seraient ce qu'il y aurait de mieux; mais, comme en pratique il est impossible de remplir ces conditions, il s'ensuit qu'on doit toujours employer un excès de bromure; ces mêmes remarques peuvent s'appliquer aux émulsions au chlorure pour impression latente.

Pour l'exacte ou chimique conversion de 170 parties de nitrate d'argent en bromure, chlorure ou iodure d'argent, il faut employer :

119.10	parties	de bromure de potassium.
98.00	—	de bromure d'ammonium.
58.50	—	de chlorure de sodium.
53.50	—	de chlorure d'ammonium.
166.10	—	d'iodure de potassium.

Il est bon de se rappeler que lorsqu'on ajoute du nitrate d'argent à un mélange de bromure, d'iodure et de chlorure de potassium (ou de toute autre base), c'est l'iodure qui entre le premier en combinaison, puis le bromure et enfin le chlorure.

Puisqu'il est indispensable d'employer un excès de bromure soluble pour préparer les émulsions, on doit se demander quelles sont les proportions de nitrate et de bromure qu'il convient d'adopter? On a généralement admis que pour 5 parties de nitrate d'argent il fallait employer 4 parties de bromure de potassium (ou 3 part. 3 de bromure d'ammonium); d'autres en emploient un peu moins et se rapprochent par conséquent des quantités théoriques, tandis que celles indiquées ci-dessus laissent subsister une proportion assez forte de bromure soluble dans l'émulsion. Eder donne les raisons suivantes sur ce qu'il y a d'avantageux à employer un excès de bromure assez large :

1° Le voile survient plus difficilement, soit à la suite d'une ébullition prolongée, soit à la suite de l'action de l'ammoniaque ;

2° Le mûrissement peut être poussé plus loin par digestion ;

3° Le bromure d'argent extra-fin, qui se dissout à chaud dans le bromure de potassium, et qui se précipite, soit par le refroidissement, soit par le lavage, exerce une action très favorable sur l'émulsion ;

4° On est moins exposé à commettre des erreurs en effectuant les pesées sur des balances peu sensibles.

Mais, une émulsion qui renfermerait un trop grand excès de bromure soluble, c'est à dire 5 à 6 parties de bromure de potassium pour 5 parties de nitrate, ne donnerait que des images sans densité et voilant facilement.

Proportions de gélatine et de bromure d'argent. — Si les proportions de nitrate et de bromure soluble sont d'une importance capitale, celles relatives aux quantités de gélatine et de bromure d'argent qui doivent entrer dans un volume donné d'émulsion méritent aussi d'être prises en considération. On a cependant, pour ces dernières, une certaine latitude, car les proportions de ces composés sont loin d'être les mêmes chez tous les fabricants de plaques, et elles sont, d'une part, subordonnées à la qualité de gélatine mise en œuvre, et, de l'autre, à la sensibilité de l'émulsion préparée. Une émulsion lente peut, sans cesser de donner des négatifs assez denses, renfermer une quantité pour 100 de bromure d'argent un peu moins forte qu'une émulsion de sensibilité plus élevée. Nous n'allons, pour le moment, examiner que la dose totale de gélatine qu'on doit employer par litre d'émulsion, par exemple. Nous nous occuperons, dans le chapitre suivant, de l'influence qu'exerce la plus ou moins grande proportion de gélatine au moment du mûrissement, et pourquoi on n'a été amené à n'en faire intervenir qu'une petite quantité au moment du mélange des composants.

Lorsque l'émulsion contient beaucoup de gélatine, elle coule comme une huile épaisse, la couche se prend trop vite et devient irrégulière ; les plaques sont souvent moutonnées et remplies de taches. Ceci s'applique, du moins, quand on coule les plaques à la main ; en employant les machines à étendre actuelles, ces accidents sont moins à craindre, et l'on peut employer avec elles des émulsions si riches en gélatine qu'il n'aurait pas été possible d'en recouvrir les plaques par le procédé primitif.

Quoi qu'il en soit, la proportion de gélatine généralement admise est de 7 à 8 parties pour 100 d'émulsion, dans le cas d'une variété tendre et seulement 6 à 7 parties si on fait usage d'une gélatine dure. Si une émulsion trop riche présente des défauts, celles qui ne renferment qu'une faible dose de gélatine en présentent également : elles se coulent mal et présentent des taches rondes mates.

Il est important enfin de bien établir les proportions relatives de gélatine et de bromure d'argent, ou (ce qui revient au même en pratique) de gélatine et de nitrate d'argent.

Ces proportions, ai-je dit, varient assez considérablement, suivant les fabricants et suivant la nature des émulsions : plus le bromure est finement divisé, moins il faut de gélatine pour le tenir en suspension ; mais, comme moyenne, on peut admettre que pour 1 partie de nitrate d'argent on doit employer de 2 à 4 parties de gélatine. En ce qui me concerne, j'ai toujours adopté les proportions de 1 partie de nitrate d'argent et de 2 parties de gélatine, ayant remarqué qu'avec une quantité moindre les négatifs avaient trop de dureté pour le portrait. Il est un fait incontestable : c'est que la vigueur des négatifs croit avec la teneur en bromure d'argent par rapport à la gélatine ; si cette dernière est en excès, les plaques donnent plus doux et la pellicule est plus propre ; comme il faut adopter un moyen terme, je crois, après de nombreuses expériences, que la proportion de 2 parties de gélatine pour 1 de nitrate fournit des émulsions qui peuvent suffire à tous les cas.

CHAPITRE XII

MURISSEMENT DU GÉLATINO-BROMURE

Diverses méthodes pour obtenir le mûrissement des émulsions. — Immédiatement après le mélange des composants, les émulsions au gélatino-bromure ne sont pas très sensibles; mais, par certains moyens, cette sensibilité peut être énormément accrue, ces moyens constituant ce que l'on nomme *le mûrissement.*

Aussitôt après le mélange, les émulsions renferment un bromure d'argent qui est identique au bromure finement pulvérulent de Stass; étendues en couche mince sur un verre et examinées par transparence, leur couleur est rouge jaunâtre et d'un jaune brillant par réflexion, si elles contiennent, comme ce doit toujours être le cas, un excès de bromure soluble. Ce bromure d'argent non mûri augmente de sensibilité : 1° en le conservant longtemps à la température ordinaire dans un milieu neutre ou à peine acide; 2° très rapidement, en le chauffant dans ce même milieu; 3° plus rapidement encore, en présence de l'ammoniaque.

L'accroissement de sensibilité durant le mûrissement peut atteindre cinquante et même cent fois la sensibilité initiale.

Mûrissement à froid. — Le mûrissement à froid se produit lorsque l'émulsion est à l'état de gelée ou à l'état liquide; ce dernier état ne se maintient que si l'émulsion ne renferme qu'une quantité de gélatine assez faible, de façon qu'elle ne puisse provoquer la prise en gelée, c'est à dire de 0 gr. 40 à 0 gr. 50 pour 100. On est exposé, en préparant des émulsions aussi pauvres en gélatine, à provoquer la formation de bromure d'argent floconneux, qui, ne se répartissant jamais bien, donnerait un produit inutilisable. On a remarqué qu'en ajoutant de l'alcool (environ 8 à 10 pour 100), on évitait cet insuccès.

De telles émulsions, neutres ou à peine acides, ne mûrissent que difficilement à la température de 10 à 20°, tandis qu'elles atteignent rapidement une grande sensibilité en présence de l'ammoniaque ou de son carbonate. Cowan, Henderson et d'autres ont donné des formules d'émulsion en mettant à profit, pour leur mûrissement, cette action favorable de l'alcali volatil. Henderson fait intervenir l'ammoniaque au moment même du mélange des constituants. Burton, au contraire, ne l'ajoute qu'après coup.

En conservant à la température ordinaire une émulsion sous forme de gelée, sa sensibilité s'accroît graduellement; mais cet accroissement n'est jamais bien considérable : tout au plus arrive-t-il au double ou au triple en ce qui concerne les émulsions neutres ou à peine acides. Pour celles-ci, ce procédé n'est guère avantageux que pour amener à un plus haut degré de sensibilité des émulsions déjà bouillies et qui, par ce moyen, ont acquis une bonne rapidité.

Si la gelée renferme de l'ammoniaque, soit qu'on y ait ajouté cet alcali, soit parce que l'émulsion a été préparée à l'ammonio-nitrate, elle mûrit rapidement : en deux ou trois jours, à la température de 18 à 20°, elles ont acquis une rapidité considérable.

Même après le lavage, les émulsions gagnent en sensibilité; Audra estime qu'en quatre à cinq jours la rapidité atteint le double de ce qu'elle était aussitôt après le lavage.

A l'état sec, une émulsion n'acquiert pas, après trois mois, une sensibilité plus grande, au moins d'une façon appréciable. Jusqu'à présent, il n'est pas prouvé que les plaques sèches subissent un changement de sensibilité : elles subissent simplement une altération dans leurs qualités.

L'action d'une seconde fusion et solidification des émulsions tend à augmenter aussi leur rapidité, c'est là un moyen mis assez souvent à profit dans l'industrie, plusieurs fabricants ne les mettent en effet en œuvre qu'après avoir été refondues, et conservent la gelée jusqu'au lendemain.

Mûrissement par digestion. — Une émulsion renfermant la totalité de gélatine qui doit entrer dans sa composition, de même que la quantité d'eau normale, augmente de sensibilité quand on la maintient à la température de 30 à 40°; le sel d'argent prend la forme granulaire fine. Au bout de quelques heures, étendue en couche mince, sa couleur est vert-jaunâtre par réflexion et bleue ou rouge-violacée par transparence. Arrivée à ce point, ce qui nécessite une durée de digestion assez prolongée, elle est très sensible sans cesser d'être d'un grain très fin. En prolongeant encore le chauffage, le grain de bromure augmente de grosseur; il est alors sans doute plus rapide, mais sa nature grossière rend les plaques de peu de valeur; il n'y a donc pas intérêt à chercher à préparer des émulsions, de concentration normale, au moyen d'une digestion longtemps prolongée, car, outre la grosseur du grain du bromure qui s'accroit successivement (au bout de 5 jours, de 0 mm. 0008 qu'il possédait primitivement, il arrive à présenter un diamètre de 0 mm.003), la gélatine s'altère assez profondément.

En élevant un peu la température de la digestion, la portant à 60°, le mûrissement est plus rapide, beaucoup plus rapide puisque en 4 heures on obtient le même degré de sensibilité, qui aurait demandé 4 jours de digestion à 40 degrés.

A la température de 100 degrés, le changement moléculaire du bromure d'argent s'effectue encore plus rapidement, car, après une heure et même 40 minutes de séjour au bain-marie bouillant, la transformation du bromure d'argent en produit extra-sensible est, en général, à peu près complète puisque une telle émulsion, étendue sur un verre, présente une teinte bleue violacée par transparence; il aurait au moins fallu 7 à 8 jours de digestion à 30 degrés pour obtenir une même sensibilité. Mais, si au bout de ce temps l'émulsion préparée à basse température est d'un grain fortement accusé, celle qui a été préparée par digestion d'une heure à 100 degrés reste d'un grain excessivement fin.

Il est bon d'observer, lorsqu'on opère sur des volumes assez considérables d'émulsions, que si les vases dans lesquels on les prépare ne sont pas très bons conducteurs de la chaleur, et, malgré qu'on les maintienne au bain-marie bouillant, la température réelle des émulsions n'atteint jamais plus de 90 degrés et même parfois seulement 85 degrés. On comprend que dans ces circonstances la maturation de l'émulsion demande un temps plus long, ce n'est, en effet, qu'après une heure ou une heure et demie qu'elle atteint le degré de sensibilité auquel elle serait parvenue en 40 minutes, si elle avait été réellement portée à la température de 100 degrés.

Nous n'avons, dans les cas qui précèdent, envisagé que des émulsions de concentration normale, c'est à dire renfermant toute l'eau et la gélatine qui doivent en faire partie ; or, il n'est pas indifférent, en ce qui concerne le résultat, que la concentration de l'émulsion et sa richesse en gélatine soient plus ou moins considérables.

Une émulsion concentrée devient, à 100 degrés, deux à trois fois plus sensible qu'une autre, plus diluée, ne le fait au bout de 30 minutes à cette même température ; mais, à côté de cet avantage il se présente un inconvénient, les émulsions concentrées voilent facilement, en outre, elles laissent déposer une assez forte proportion de bromure d'argent aggloméré, à moins qu'elles ne soient très riches en gélatine (soit 10 pour 100) ; malgré cela, on ne s'affranchit pas totalement de cette séparation de bromure.

On a fréquemment l'habitude, en préparant les émulsions, de n'employer au début qu'une partie de la gélatine totale, le tiers et même moins, le reste n'étant ajouté qu'après la digestion ; par ce moyen, la gélatine perd moins ses propriétés adhésives. Burton fut le premier à recommander ce moyen (1).

Les émulsions ammoniacales et à l'ammonio-nitrate renfermant peu de gélatine donnent rapidement des produits très sensibles, mais sujets à donner le voile vert, auxquels on peut reprocher, en outre, de fournir des négatifs dont les grandes lumières manquent de gradations et qui se fixent lentement. D'ailleurs, on doit, lorsqu'on se propose de préparer des émulsions ammoniacales, bien connaître les conditions dans lesquelles il faut se tenir pour retirer de bons effets de cet alcali.

Action de l'ammoniaque sur les émulsions. — Non seulement l'ammoniaque augmente la sensibilité des émulsions, même à froid, mais elle augmente leur intensité ; c'est ce que l'on remarque en partageant une émulsion bouillie en deux parties, laissant l'une à l'état naturel et additionnant l'autre de 1 pour 100 d'ammoniaque ; cette dernière présentera, après vingt-quatre heures, une sensibilité près du double de celle qui n'a pas été rendue alcaline ; les négatifs seront, en outre, beaucoup plus vigoureux. Il est bon de ne pas dépasser les proportions de 1 pour 100, sans quoi la grosseur du grain devient trop considérable.

Le carbonate d'ammoniaque agit d'une façon analogue à celle de l'ammoniaque ; mais on risque moins, avec ce produit, d'obtenir des émulsions sujettes à fournir des négatifs heurtés tout en étant suffisamment denses. Leur sensibilité n'atteint pas, toutefois, celle qu'on aurait obtenue avec l'ammoniaque, mais elles sont moins sujettes au voile. La dose la plus convenable de carbonate d'ammoniaque que l'on doive employer

(1) M. A. Blanc, dans une communication faite au mois d'octobre 1897 à la Société française de photographie, émet l'opinion et pose en principe : 1° que *toute* la gélatine qui doit entrer dans la composition de l'émulsion soit employée à la fois pendant toute la durée de la maturation, et qu'aucune partie ne soit ajoutée après coup à l'émulsion mûrie si l'on désire obtenir un produit de haute sensibilité (25° Warnercke) ; 2° que la gélatine soit préalablement lavée à fond ; ce traitement préalable ayant pour premier effet d'augmenter la sensibilité, comme second de donner de la douceur aux clichés et de permettre l'emploi du procédé à l'ammoniaque à une basse température ; 3° pour donner des couches qui ne soient pas spongieuses, comme celles que fournissent les émulsions extra-rapides préparées d'après les formules courantes, il faut traiter l'émulsion mûrie par l'alcool, et laver ensuite pour éliminer cet alcool. On obtient par ce traitement des plaques qui restent relativement minces après les divers bains et qui ne sont guère sujettes au voile vert.

correspond à 2 ou 3 centimètres cubes d'une solution à 10 pour 100, que l'on ajoute à 100 centimètres cubes d'émulsion ayant digéré à la température de 100° et lorsqu'elle s'est refroidie jusqu'à 30 ou 40°.

Il n'est pas indifférent, au point de vue du résultat final, que l'ammoniaque soit ajoutée après le mélange des composants ou qu'elle soit présente au moment de la formation de l'émulsion. Dans ce dernier cas, le bromure d'argent acquiert plus vite une plus ' aute sensibilité. Le mûrissement est encore plus rapide lorsqu'on se sert d'ammonionitrate, fait qui fut découvert par Eder et Pizzighelli en 1880.

CHAPITRE XII

PRÉSENCE DES DIVERSES VARIÉTÉS DE BROMURE D'ARGENT AUX DIFFÉRENTES PHASES DU MURISSEMENT D'UNE ÉMULSION. — RELATIONS ENTRE LA SENSIBILITÉ DU BROMURE D'ARGENT ET SA COULEUR, AUSSI BIEN PAR RÉFLEXION QU'A LA LUMIÈRE TRANSMISE. — CAUSES DE PRODUCTION DU VOILE.

Les émulsions renferment du bromure d'argent sous divers états moléculaires. — Les émulsions à la gélatine renferment toujours du bromure d'argent à divers états de mûrissement. Cela peut s'expliquer ainsi : les premières portions de sel sensible formées le sont en présence d'un plus grand excès de bromure soluble (de potassium ou d'ammonium) que celles qui se forment en dernier lieu. Si l'on se sert d'ammonio-nitrate, les quantités d'ammoniaque varient à chaque moment durant que le mélange s'effectue ; en outre, certaines parties du bromure d'argent subissent une digestion à des températures différentes ; on conçoit, en effet, que les portions qui se trouvent en contact avec les parois du vase dans lequel on prépare les émulsions supportent une température plus élevée que celles qui se trouvent au centre. Toutes ces considérations se trouvent confirmées expérimentalement, par exemple, en séparant au moyen de l'essoreuse le bromure d'argent d'une émulsion aux diverses phases de son mûrissement.

Coloration de l'émulsion suivant son degré de maturation. — J'ai déjà dit que, durant le mûrissement, le bromure d'argent change de couleur : de blanc jaunâtre par réflexion qu'elle était primitivement, elle passe au vert olive ; par transparence, le changement de coloration est encore plus accentué ou du moins mieux appréciable. Une émulsion qui vient d'être formée, étendue en couche mince sur un verre, laisse percevoir, par transparence, une couleur rouge jaunâtre ; à mesure qu'elle gagne en sensibilité, cette teinte devient rouge violacée et enfin bleue. Ces changements constituent une indication de sa sensibilité ; car on peut dire qu'une émulsion au bromure d'argent pur acquiert une teinte d'autant plus verdâtre à la lumière réfléchie, et une teinte d'autant plus violette ou bleue à la lumière transmise, qu'elle a été plus longtemps mûrie. Il faut ajouter, toutefois, que ces teintes varient énormément suivant le mode de préparation adopté. Par exemple, une émulsion préparée à l'ammonio-nitrate d'argent, à la température de 40°, sera toujours plus bleue par transparence, serait-elle encore à l'état peu sensible, qu'une émulsion neutre simplement bouillie qui est arrivée à une sensibilité beaucoup plus élevée ; cette dernière reste toujours un peu rouge-violacé. Quoi qu'il en soit, il est certain que dans toute émulsion, des prises d'essai, examinées par transparence à divers temps de la digestion, transmettent des rayons d'autant plus bleu-violacé que le mûrissement est plus avancé ou que sa sensibilité augmente.

L'addition d'iodure ou de chlorure change énormément ces colorations, de sorte qu'il est difficile, dans ces circonstances, de les prendre comme guides de la sensibilité.

Causes de la formation du voile dans les émulsions. — Diverses causes concourent à donner lieu à la formation du voile des émulsions. Je ne parlerai pas évidemment ici de celles qui ont pour origine une action lumineuse sur l'émulsion ou les plaques préparées, un excès de pose ou un développement mal conduit ; celles qui proviennent du fait des accidents de préparation sont les seules que nous ayons à considérer. On peut les dénommer *causes chimiques*, et elles produisent ce que l'on nomme le *voile chimique*. D'ailleurs, les unes et les autres produisent un même résultat : la réduction à un degré plus ou moins élevé du bromure d'argent en sous-bromure, qui noircit au contact du révélateur. Il s'ensuit que les moyens capables de détruire le voile chimique détruisent également le voile physique. L'iode, le brome, les sels chromiques constituent les principaux agents qu'on emploie pour combattre le voile. Il est toutefois une sorte de voile physique, celui que l'on nomme *voile par pression*, que ces produits ne parviennent pas à détruire. Ce voile par pression se produit assez souvent durant la préparation des émulsions lorsqu'on emploie l'essoreuse de Pléner pour séparer le bromure d'argent et qu'on donne à la turbine une vitesse de rotation trop grande. La force centrifuge agissant avec trop de force, le bromure se dépose sur les parois de l'essoreuse en masse compacte et très dure, qui s'émulsionne d'abord fort mal dans les solutions de gélatine et ne donne, en second lieu, que des émulsions voilées.

Il est inutile de chercher à triturer le bromure d'argent à gros grains qui se dépose durant la préparation des émulsions, résultat auquel on arriverait difficilement, et, d'autre part, serait-il possible de le réémulsionner, il ne fournit que des images voilées, et ce voile n'est détruit ni par l'iode, ni par le brome, ni par les sels chromiques. Le mieux est de le séparer soigneusement par décantation ou, mieux, filtration de l'émulsion à la peau de chamois.

Le voile dichroïque a pour origine la présence d'un composé soluble d'argent.

Tous les moyens employés pour produire des émulsions très sensibles tendent en même temps à donner du voile : c'est, par exemple, dans le procédé par digestion, un chauffage trop longtemps prolongé, surtout si l'émulsion est neutre, tandis que, si elle est additionnée d'une trace d'acide chlorhydrique ou nitrique, elle peut supporter un chauffage plus prolongé sans cesser de donner des négatifs bien purs ; la quantité d'acide doit, dans tous les cas, être très faible, sans quoi le mûrissement se trouverait retardé.

Les émulsions ammoniacales voilent infailliblement si on élève leur température au-dessus de 35 à 40° et si on les maintient à ce degré durant une heure ou deux ; à 100°, leur décomposition est immédiate, tandis qu'on peut les abandonner durant huit jours à la température ordinaire, sans qu'elles accusent trace de voile, à condition que la dose d'ammoniaque ne soit pas supérieure à 1 ou 2 pour 100 ; une quantité plus forte serait, au contraire, préjudiciable, et on serait à peu près sûr de voir une émulsion en renfermant 10 pour 100 se voiler après deux heures.

Moyens employés pour combattre le voile. — On s'oppose à la formation du voile :

1° En choisissant, pour les procédés par digestion, des gélatines à réaction acide ; par ce procédé, les gélatines à réaction alcaline ne donneraient que de mauvais résultats, tandis qu'elles peuvent être adoptées dans les procédés à l'ammoniaque ;

2° En acidulant très légèrement les émulsions qu'on prépare par ébullition ;

3° Par l'emploi d'un excès de bromure soluble ;

4° Par l'addition d'un peu d'iodure de potassium ; les émulsions iodo-bromurées ne s'altérant pas aussi facilement, lorsqu'elles sont maintenues à l'ébullition, que les émulsions au bromure pur, elles supportent mieux également l'action de l'ammoniaque. Une faible quantité d'iodure suffit pour produire ce résultat, puisqu'on peut se contenter d'employer une proportion de un quarantième à un cinquantième d'iodure par rapport à la quantité de bromure.

Substances qui détruisent le voile. — S'il est très important de connaître les substances qui s'opposent au voile ou qui en retardent la formation, il est tout aussi utile de connaître celles qui le détruisent, une fois formé, car, s'il en est qui possèdent cette propriété sans nuire aux qualités générales de l'émulsion, on a, dans toutes les circonstances, avantage à les employer, ne serait-ce que pour être certain d'obtenir des plaques très pures.

L'eau bromée est, à mon avis, un produit qui réalise ces conditions, pourvu qu'elle soit de préparation récente, qu'on l'emploie en petites quantités et qu'on la fasse agir en présence d'un peu d'alcool. On ajoutera donc, à toute émulsion lavée qu'on supposera pouvoir donner un léger voile, d'abord 20 centimètres cubes d'alcool par litre, puis 5 à 6 gouttes d'eau bromée récente, et, après une demi-heure, on pourra en recouvrir les plaques. Si le voile n'était pas très accentué, si, en un mot, l'émulsion n'était pas pour cette cause inutilisable, elle fournira, après ce traitement, des négatifs clairs et brillants, sans que sa sensibilité ait été sensiblement affectée.

L'eau oxygénée agit d'une façon analogue à l'eau bromée; mais je crois que ce composé agit plus favorablement pour empêcher la formation du voile que pour le détruire une fois formé.

Le bichromate de potasse est le corps le plus souvent employé pour détruire le voile, et c'est surtout avec les émulsions légèrement acides qu'il agit favorablement. Audra recommande d'ajouter à 500 centimètres cubes d'émulsion neutre ou légèrement acide, mûrie par une ébullition de 30 minutes, en opérant, si l'on veut, en lumière diffuse, 20 centimètres cubes d'une solution de bichromate au cinquantième. Ce traitement n'abaisse que très légèrement le degré de sensibilité; mais, pour qu'il en soit ainsi, il faut éliminer tout le sel chromique par des lavages soignés.

On se contente souvent de passer les grumeaux, obtenus par la pression de l'émulsion au canevas, dans une solution de bichromate, où ils séjournent environ une heure; on continue le lavage à l'eau pure, de façon à éliminer toute trace de bichromate, ce sel ayant, même en très minime quantité, une très grande influence sur la sensibilité.

Avant de terminer ce chapitre et ce qui a trait aux causes pouvant amener la production du voile, je dois faire remarquer que toute émulsion convenablement lavée, c'est à dire privée des sels provenant de la double décomposition et aussi de l'excès de bromure soluble, se voile facilement quand on la fait chauffer, même à un degré modéré, ce qui est cependant indispensable pour la refondre et la rendre propre à être étendue sur les verres. Cela tient à ce qu'elle ne renferme plus de bromure soluble; aussi, est-ce une règle générale de laver à fond les émulsions et de leur ajouter, au moment où on les refond, une très petite quantité de bromure de potassium, soit 2 centimètres cubes d'une solution au centième par litre d'émulsion. Il est mieux d'agir ainsi que de ne pas leur faire subir un lavage complet, à la suite duquel il serait impossible de juger de la quantité de bromure qu'elles retiennent encore, et que, si cette quantité est assez forte, il s'ensuivra qu'elles fourniront des négatifs vitreux, tandis que la faible proportion mentionnée plus haut n'aura pour résultat que de prévenir la formation du voile et de laisser apparaître l'image par degrés, d'abord les grandes lumières, les ombres ensuite.

Mentionnons enfin que les émulsions au bromure d'argent, renfermant un peu d'iodure d'argent (de 1 à 5 pour 100 d'iodure d'argent relativement au poids total de bromure d'argent), donnent en général des négatifs plus purs que les émulsions au bromure seul, elles sont moins sujettes au halo, définissent mieux les fins détails; avec elles, les ciels sont mieux rendus et elles présentent peut-être une plus grande latitude dans la pose. Mais il ne faut pas dépasser, au moins de beaucoup, la dose de 5 pour 100, car, avec une plus forte proportion d'iodure, les négatifs manquent de vigueur, les plaques se développent et se fixent avec une extrême lenteur en fournissant des ombres vitreuses. Beaucoup d'excellentes plaques du commerce, auxquelles on ne peut reprocher, ni le manque de gradations, ni le manque de brillant, sont cependant recouvertes d'une émulsion au bromure d'argent pur; d'autres, qui ne leur sont point inférieures, supportent une émulsion à l'iodo-bromure; l'addition d'iodure n'est donc pas indispensable pour obtenir d'excellentes émulsions, on peut simplement dire qu'elle augmente les chances de succès pour les amateurs qui n'ont pas une grande expérience de la préparation de ces produits délicats.

Je ne donnerai point, dans ce premier volume, principalement consacré à l'étude théorique des produits et des manipulations, les formules de quelques émulsions; on trouvera ces renseignements à l'article qui leur sera consacré dans la deuxième partie. A cette même place on trouvera, à titre d'exemple, une ou deux formules pour chacune des principales méthodes adoptées pour leur préparation.

CHAPITRE XIV

LAVAGE DES ÉMULSIONS

Utilité du lavage des émulsions. — L'émulsion mûrie et complètement figée doit être soumise au lavage afin d'enlever l'excès de bromure et les nitrates provenant de la double décomposition, sans quoi ces sels cristalliseraient durant le séchage ou rendraient l'émulsion moins sensible, ou susceptible de donner dur et vitreux.

Méthodes employées pour le lavage. — Pour que le lavage se fasse vite et bien, il faut que l'émulsion soit divisée en menus fragments. Pour cela, on peut, ou la presser sous l'eau, dans un canevas à maille peu serrées, ou la couper en bandes minces et étroites que l'on subdivise à leur tour; si cette dernière façon d'opérer est peut-être plus convenable pour une opération en grand, la division au canevas constitue le procédé que doit adopter celui qui n'opère que sur de petites quantités.

Les précautions à prendre, pour faire cette opération, se résument en ceci : que le canevas ne soit pas trop fin (l'ouverture des mailles doit être de 3 à 4 millimètres), que l'émulsion soit bien figée avant d'en effectuer la division; c'est dans le but d'éviter, d'une part, que des grumeaux trop petits ne retiennent mécaniquement une trop grande quantité d'eau, et, de l'autre, parce qu'une émulsion qui ne s'est pas totalement raffermie, lorsqu'elle est divisée sous l'eau, absorbe une grande quantité de ce liquide. L'été, il est souvent nécessaire, pour donner assez de consistance à la gelée, de placer la cuvette ou le vase qui la renferme dans la glace et de l'y laisser séjourner une demi-heure.

Le lavage peut se faire de diverses façons, mais la méthode la plus simple pour l'amateur consiste à placer les grumeaux dans un vase en grès d'assez grande capacité, que l'on remplit d'eau; on agite avec une spatule, et, au bout d'un quart d'heure, on décante le liquide surnageant qu'on remplace par une égale quantité, on poursuit l'opération de la même façon durant cinq à six heures.

Dans l'industrie, on a recours à des appareils spéciaux pour effectuer ce lavage; dans tous ceux-ci ce que l'on cherche à réaliser, et ce qui doit être réalisé, pour que le lavage se fasse dans de bonnes conditions, c'est que l'eau qui baigne les fragments d'émulsion, aussi bien pour ceux qui se trouvent au centre de la masse, que pour ceux qui se trouvent à la périphérie, soit soumise à un renouvellement constant, sans quoi, le lavage, quelque prolongé qu'il fût, pourrait être très incomplet au centre.

On s'assurera que le lavage est pratiquement complet, en prélevant quelques fragments sur la masse des grumeaux bien mélangés, les faisant fondre et leur ajoutant assez d'eau distillée pour éviter la reprise en gelée; on additionne alors le liquide de quelques gouttes d'une solution de chromate jaune de potasse. On doit voir se produire une coloration rouge-brique immédiate, lorsqu'on ajoutera au mélange quelques gouttes d'une autre solution de nitrate d'argent; si la coloration ne se manifeste qu'après addition d'une certaine quantité de sel d'argent, cela indique que l'émulsion renferme encore du bromure soluble. En effet, le chromate d'argent ne se forme qu'après combinaison du bromure avec l'azotate; plus il faudra ajouter de ce dernier pour voir apparaître la coloration rouge, plus l'émulsion renferme encore du bromure, c'est à dire que son lavage est loin d'être complet.

En se servant d'une solution d'argent titrée et en mesurant le volume d'émulsion fondue que l'on met en expérience, on peut exactement déterminer la teneur de celle-ci en bromure soluble. Sans pousser l'essai aussi loin, on peut se contenter de l'approximation acquise, en se servant d'une solution de nitrate d'argent à 1 pour 100 et en opérant sur 10 centimètres cubes d'émulsion; la coloration doit se manifester dès l'addition de deux gouttes de la solution d'argent.

Lorsqu'on reconnaît que l'émulsion est suffisamment lavée, on la fait fondre de nouveau et on lui ajoute la quantité de gélatine nécessaire pour la parfaire, si, comme c'est presque toujours le cas, on n'a pas employé la totalité de celle-ci, soit au moment du mûrissement, soit, lorsque la rapidité étant atteinte, on va la retirer du bain-marie pour la mettre à figer.

Je ne parlerai pas ici de l'étendage de l'émulsion, soit sur verre, soit sur papier, soit sur celluloïd, c'est une question pratique sur laquelle je dirai quelques mots dans le second volume, mais je dois ici présenter certaines observations au sujet de quelques opérations préliminaires.

Une émulsion qui vient d'être lavée retient mécaniquement beaucoup d'eau, dont il faut la débarrasser avant la fusion; sans quoi elle se trouverait trop diluée, et les images qu'elle fournirait manqueraient de corps.

Cette eau peut être enlevée, si on opère en petit, en récoltant les grumeaux sur une mousseline, dans laquelle on l'exprime légèrement ; puis celle-ci est étendue sur plusieurs doubles de papier buvard, que l'on change deux ou trois fois dans l'espace de quelques heures. Après cela, on peut la fondre et lui ajouter la petite quantité de bromure soluble qui s'opposera à la formation du voile sous l'influence de l'élévation de température que cette fusion nécessite. On doit avoir soin, toutefois, que la température ne s'élève pas au-dessus de 50°, et encore ne faut-il pas que cette dernière soit maintenue trop longtemps ; il n'est pas rare, en effet, qu'une émulsion lavée et donnant bien pur accuse un léger voile si on la maintient plusieurs heures à 45 ou 50°.

Filtration des émulsions. — On ne peut couler l'émulsion fondue sur les verres sans lui faire subir une filtration destinée à séparer les impuretés que l'on rencontre dans tous les échantillons de gélatine ; on sépare en même temps le bromure d'argent grossier, dont il se produit toujours une certaine quantité durant le mûrissement.

La filtration à la peau de chamois est la plus parfaite, mais elle est longue et demande à être effectuée sous une certaine pression ; elle est cependant à recommander pour les émulsions très rapides, de même pour celles préparées en réémulsionnant le bromure d'argent séparé par l'essoreuse, tandis que la filtration à la flanelle peut convenir et suffire pour les émulsions lentes qui renferment peu ou point de bromure d'argent grossier. Des appareils à filtrer sous pression au moyen de la peau de chamois ont été inventés par Braun et Henderson ; les grands modèles peuvent fournir jusqu'à 2 litres d'émulsion par minute. Dans de telles conditions, ce mode de filtrage peut parfaitement être adopté par l'industrie.

Les émulsions, au sortir du filtre, renferment la plupart du temps un grand nombre de bulles d'air qui remontent lentement à la surface de la masse visqueuse ; elles seraient la cause de nombreux points transparents, si on les étendait ainsi ; on s'en débarrasse aisément au moyen d'une filtration au coton cardé purifié (coton hydrophile).

Le mieux est de mettre en œuvre l'émulsion filtrée, car celles qui sont refondues plusieurs fois perdent de leurs qualités, bien que devenant légèrement plus sensibles.

La quantité d'émulsion nécessaire pour recouvrir les plaques varie suivant leur nature : en moyenne, et pour les formules courantes, 9 à 10 centimètres cubes sont suffisantes pour un 13×18.

Si l'étendage des plaques peut être fait à une lumière rouge faible, leur séchage doit se faire dans la plus complète obscurité, à l'abri des poussières, à une température moyenne de 18 à 20° et autant que possible sous un état hygrométrique constant.

Un point essentiel, c'est que le séchage s'effectue dans un espace de temps aussi court que possible, 5 à 6 heures au maximum.

Comme la température, avons-nous dit, ne peut dépasser 20°, il faut, pour que ces conditions puissent être remplies, que l'air se renouvelle constamment et d'une façon régulière dans toutes les parties du séchoir. Enfin, un autre point important, c'est qu'il n'y ait point d'arrêts dans le séchage, chacun de ceux-ci occasionnerait une ligne de démarcation plus ou moins irrégulière parfaitement visible sur les négatifs. Si, à dessein, on interrompt le séchage pendant un temps assez long, pour le laisser se poursuivre ensuite, il arrivera presque toujours que les parties de la plaque qui étaient déjà sèches au moment de l'arrêt donnent des images exemptes de voile tandis qu'il est nettement visible sur les parties qui ont séché en dernier lieu.

CHAPITRE XV

ACTION LATENTE DE LA LUMIÈRE SUR LES COMPOSÉS HALOGÈNES DE L'ARGENT

Impression latente. — Une préparation photographique, telle que celles dont nous avons passé successivement le mode de préparation en revue, exposée pendant un temps très court à la lumière, n'accuse aucun changement ni aucune altération visible; cependant, une modification du sel d'argent s'est réellement produite, car, mise, à partir de ce moment, en présence de certains réactifs, que l'on nomme *développateurs*, elle noircira dans toutes les parties que la lumière aura frappées, tandis qu'elle conservera sa blancheur dans celles que nous aurons à dessein privées de son atteinte.

Cette modification invisible est ce que l'on nomme *l'impression latente;* elle se manifeste, en présence des révélateurs physiques, par la faculté qu'ont acquis les molécules des sels haloïdes d'argent, sous l'influence de cette légère impression, d'attirer à elles les molécules métalliques, ou, en présence des révélateurs chimiques, de se décomposer et de se réduire à l'état métallique en mettant de l'iode, du brome ou du chlore en liberté. Cette attraction moléculaire, d'un côté, ou cette réduction, de l'autre, donnent naissance à une image reproduisant les gradations lumineuses du modèle, car, tant que la durée de l'action lumineuse ne dépasse pas une certaine limite, ces propriétés des sels haloïdes d'argent se manifestent d'une façon d'autant plus énergique que l'impression lumineuse a été plus importante; il s'ensuit donc qu'aux parties les plus vivement éclairées du modèle correspondra un noircissement intense qui sera, au contraire, nul ou très léger dans les parties correspondant aux parties sombres.

Solarisation. — Mais, chose remarquable, si l'action de la lumière a été notablement prolongée, durée qui est variable avec la sensibilité et la nature de la couche photographique, l'impression latente, au lieu de s'accroître, devient plus faible : à partir de la limite où l'action des révélateurs est maxima, toute action subséquente de la lumière ne produit plus d'impression latente; elle produit *la solarisation*, qui se manifeste par une action moindre des révélateurs, par un noircissement moins intense des parties pour lesquelles la solarisation est atteinte. C'est par suite de la solarisation qu'une pose trop prolongée donne des clichés gris et de plus en plus uniformes; on comprend, en effet, que si, pour une certaine durée de pose, les parties claires sont solarisées, les parties sombres ne le sont pas encore, et toute prolongation d'exposition augmente leur faculté de noircir avec plus d'intensité, tandis que les premières restent stationnaires. Une égalité d'impression tend donc à s'étendre sur toute la surface de la plaque; il ne peut en résulter qu'une image manquant de relief, dans laquelle les valeurs lumineuses du modèle ne sont plus représentées à leur valeur. Le point de solarisation atteint, une nouvelle action de la lumière semble détruire l'impression première et produire *un renversement*, ou, en d'autres termes, au lieu de produire, comme primitivement, une image négative sous l'influence des révélateurs, elle donnera maintenant une image positive, c'est à dire dans laquelle les parties qui ont été le plus fortement impressionnées seront moins affectées par ces réactifs que les parties ayant reçu une moindre action. Enfin, par une exposition plus prolongée encore, la surface sensible manifestera un changement d'aspect; elle sera profondément modifiée dans sa composition.

Théorie de l'impression latente. — Pour expliquer l'action de la lumière sur le sel sensible ou plutôt l'impression latente, deux théories sont mises en avant: les partisans de l'une veulent que la modification subie *soit d'ordre chimique*, les partisans de l'autre veulent que ce *soit un phénomène d'ordre physique*. De là, les noms de *théorie chimique* et de *théorie dynamique* de l'impression latente.

Théorie chimique. — La plaque sensible, exposée un temps très court à la lumière, n'a subi aucune modification apparente, cependant cette modification du sel sensible n'en existe pas moins; avant l'exposition, les révélateurs ne l'affectaient pas, tandis qu'il en est tout autrement après qu'elle a eu lieu. On ne peut admettre qu'à la suite de cette courte impression le bromure, l'iodure ou le chlorure d'argent aient été réduits à l'état métallique, car en traitant une plaque exposée par l'acide nitrique, on devrait dissoudre cet argent métallique et les révélateurs resteraient alors sans effet ; or, l'expérience prouve qu'une plaque au bromure d'argent exposée, traitée par l'acide nitrique, se laisse développer faiblement, il est vrai, mais enfin assez pour prouver que le résultat de l'impression latente n'est pas une réduction complète des sels haloïdes d'argent, telle que celle représentée par l'équation :

$$AgBr = Br + Ag.$$

De ce que le bromure d'argent (et ceci s'applique au chlorure et à l'iodure) insolé n'est pas du bromure d'argent à l'état naturel, — l'action d'un révélateur nous le prouve, — qu'il n'est pas non plus réduit d'une façon plus ou moins complète à l'état métallique, puisque l'acide nitrique en dissolvant le métal, et le brome en se volatilisant ou se dissolvant dans cet acide ou dans les eaux du lavage, nous donneraient une plaque un peu plus pauvre en sel sensible mais non développable, il a été admis que l'action de la lumière avait pour résultat, non de dissocier complètement le bromure d'argent, mais de le ramener à l'état de sous-sel, *de sous-bromure* Ag^2Br, d'après l'équation :

$$2AgBr = Ag^2Br + Br.$$

Toutefois, cette réduction exige une certaine énergie que nous pouvons désigner par E, et que la lumière seule est incapable de développer ; pour qu'elle arrive à ce résultat, il faut que E soit légèrement diminué. Nous trouverons cet adjuvant dans l'affinité que possède pour le brome la substance dans laquelle le sel sensible a été incorporé ; c'est là le vrai rôle de ces substances que nous avons nommées substances sensibilisatrices ou simplement sensibilisateurs. La puissance absorbante du sensibilisateur diminue d'autant la quantité d'énergie nécessaire pour provoquer la réduction du bromure d'argent à l'état de sous-bromure, et, plus cette puissance absorbante est grande, moins sera considérable la somme totale d'énergie que la lumière devra fournir pour produire une impression latente.

Voilà pourquoi le choix des sensibilisateurs est loin d'être indifférent.

Rôle des sensibilisateurs. — Plusieurs expériences servent à prouver que la présence d'un sensibilisateur est indispensable et par conséquent nous prouvent aussi que la lumière seule est incapable de produire une impression latente. En voici une qui est assez probante : Recouvrons d'abord une plaque de verre d'une couche mince d'argent métallique, en opérant de la même façon que celle usitée pour produire les miroirs, traitons-la ensuite comme si nous voulions produire une plaque daguerrienne, mais en la laissant peu de temps exposée aux vapeurs d'iode pour n'avoir qu'une partie de l'argent transformé en iodure d'argent. Une telle plaque sera susceptible de recevoir une impression latente, car l'iode de l'iodure d'argent ramené à l'état de sous-iodure Ag^2I, se trouvera en présence d'un corps susceptible de l'absorber ; ce sera l'argent métallique non transformé qui jouera le rôle de cet absorbant, qui servira, en un mot, de sensibilisateur. La plaque, après exposition, fournira une image en la soumettant aux vapeurs mercurielles.

Mais, si nous prenons une seconde plaque de verre argentée et que nous la soumettions assez de temps aux vapeurs d'iode pour que la totalité de l'argent soit transformé en iodure, nous la priverons, par cela même, du corps absorbant de l'iode mis en liberté, elle ne renfermera plus, par conséquent, de sensibilisateur, aussi ne pourra-t-elle recevoir d'impression latente. Après exposition, soumise aux vapeurs de mercure, elle ne fournira pas trace d'image.

Meldola ayant étendu du bromure d'argent pur (privé de toute matière organique) sur une plaque de verre, ne put obtenir une image.

Une plaque au collodion humide, parfaitement lavée, ne donne pas trace d'image, ou, si parfois on la voit se développer très faiblement, cela tient à la présence de quelque impureté que renfermait le coton-poudre, et que les lavages n'ont pu enlever, ou, encore, à ce qu'elle retient énergiquement quelque trace d'azotate.

Mais, si cette plaque, que l'on peut dire insensible, est recouverte d'une matière organique capable d'absorber l'iode ou le brome, elle retrouve sa sensibilité, et cette sensibilité varie d'une façon très appréciable, suivant la faculté plus ou moins prononcée que possède le sensibilisateur d'absorber le brome et l'iode.

Discussion de la théorie chimique et de la théorie dynamique. — Dans la théorie chimique on admet donc que les sels haloïdes d'argent passent à l'état de sous-sels. Cette hypothèse est combattue par les partisans de la théorie dynamique, qui ne veulent point admettre la formation d'un sous-sel d'argent de la formule Ag^2Br ou Ag^3Br, puisque ces sous-sels d'argent n'ont jamais été isolés et qu'ils n'existeraient donc que dans la plaque photographique.

A cela on peut répondre par les arguments suivants :

1° Carey-Lea a pu préparer du sous-bromure d'argent, et, en incorporant au bromure d'argent préparé dans l'obscurité, des quantités variables de ce sous-bromure, reproduire identiquemment les phénomènes que détermine la lumière sur le bromure d'argent (1);

2° Il n'est pas admis par tous que Carey-Lea ait réellement préparé un sous-bromure d'argent, ce pouvait n'être qu'un bromure déjà modifié et apte à noircir sous l'influence des révélateurs, comme noircit du bromure d'argent sur lequel on a effectué une pression énergique. Les partisans de la théorie dynamique disent qu'ils n'ont jamais pu obtenir un bromure tel que l'analyse élémentaire puisse lui faire attribuer la composition Ag^2Br, ou Ag^4Br; mais, en admettant qu'il en soit ainsi, on peut répondre que la préparation qu'ils ont tenté de faire dans le laboratoire, et ce qui se passe dans la plaque photographique, ne sont pas dans les mêmes conditions. Dans le laboratoire, on fait intervenir des réactifs purs; dans la plaque les molécules de sel sensible sont englobées dans le sensibilisateur dont le rôle est loin d'être négligeable, nous l'avons vu; nous savons, d'autre part, que la formation des sous-sels d'argent ne peut avoir lieu sans la présence d'un sensibilisateur, nous avons même donné une explication de ce phénomène, sur lequel je me permets de revenir : il peut se faire, comme j'ai eu l'occasion de le dire, ou que la lumière ne développe pas l'énergie nécessaire pour amener le bromure à l'état de sous-bromure, l'affinité du sensibilisateur pour le brome n'étant point là pour réduire la valeur de cette énergie; ou bien la lumière seule suffit à opérer cette réduction, mais le brome mis en liberté se recombine presque immédiatement après l'insolation avec le sous-bromure qui revient aussitôt à l'état normal, tandis qu'il n'en est plus ainsi si ce brome, mis en liberté, est absorbé et énergiquement retenu par le sensibilisateur.

Cependant, comme l'impression latente s'affaiblit à la longue, plus rapidement avec certains sensibilisateurs qu'avec d'autres, il est probable que peu à peu ceux-ci abandonnent le brome absorbé qui se recombine avec le sous-bromure pour le ramener à l'état normal.

D'un autre côté, le brome, l'iode, les bromures, les iodures peuvent détruire l'image latente, et cela, est-il à supposer, parce que ces substances remettent le sous-bromure à l'état de bromure normal;

3° On peut retrouver dans le sensibilisateur l'halogène dégagé par l'action de la lumière, ou même se convaincre que ce dégagement a réellement lieu.

Renouvelons, en effet, l'expérience de Poitevin, qui consiste à préparer

(1) Carey-Lea, *Bulletin de la Société belge de Photographie*, 1887.

une plaque au collodion humide et à la laver au sortir du bain d'argent; on applique alors une feuille d'argent sur une partie seulement de sa surface et on l'expose à la chambre noire par le dos; après la pose, on enlève la feuille d'argent et on développe. L'image se forme dans les seules parties recouvertes par la feuille d'argent; l'halogène mis en liberté a rencontré là un absorbant, le sous-sel a pu se former et persister; dans les parties non recouvertes, il n'en a pas été de même. Aussi, le révélateur reste-t-il sans effet. On a enfin la preuve que sur la feuille d'argent il s'est formé un sel sensible par absorption de l'halogène, puisque, en la traitant par un révélateur, une image apparait. C'est là, ce me semble, une expérience probante au plus haut degré. Ayant préparé une émulsion peu sensible, très riche en bromure d'argent relativement à la quantité de gélatine, dont je n'avais employé que la quantité nécessaire pour assurer l'adhérence au verre et en exposant une plaque recouverte d'une telle émulsion à la lumière durant une ou deux secondes, on percevait nettement l'odeur du brome. Ayant augmenté la dose de gélatine et exposé le même temps une nouvelle plaque recouverte de l'émulsion ainsi modifiée, l'odeur de brome ne fut plus perceptible.

Je pourrais donner encore de nombreux exemples qui corroborent cette hypothèse, que la lumière, en produisant l'impression latente, a pour effet de transformer le sel sensible normal en un sous-sel susceptible d'être affecté par les divers révélateurs, c'est-à-dire de servir de centre d'attraction pour les molécules métalliques, si on fait agir un révélateur physique, ou d'être réduit à l'état métallique par les révélateurs chimiques (1); mais je crois ces citations inutiles, et je terminerai cet exposé de la théorie chimique de l'impression latente en mentionnant les principales objections que l'on oppose à cette hypothèse.

Il est difficile d'admettre, dit-on, un dégagement de brome, dont la quantité mise en liberté est tellement minime qu'elle échappe à tous les moyens d'analyse, ou bien il faut en conclure que, parmi les molécules de composé sensible, un fort petit nombre sont affectés, tandis qu'un grand nombre sont frappées par la lumière, et alors on ne s'explique pas comment, au développement, la décomposition peut se produire sur toutes ces dernières.

(1) Il faut cependant remarquer que les molécules d'argent métallique peuvent, dans le développement physique, servir comme les sels insolés de centre d'attraction aux molécules d'argent naissant, car on ne s'explique pas autrement le renforcement physique que l'on fait subir aux négatifs après fixage. D'autre part, si on recouvre une plaque au collodion non insolé de poudre fine d'argent, les révélateurs physiques augmentent l'opacité de la couche et la grosseur de chaque grain d'argent; il se fait, en somme, un dépôt d'argent sur ces noyaux comme il s'en forme sur les sels insolés.

Or, nous avons vu que plusieurs des expériences précédemment citées démontrent qu'un dégagement de brome ou d'iode a réellement lieu, et rien ne prouve qu'il ne soit pas d'autant plus important que l'action de la lumière est plus prolongée, c'est à dire que, pour une très courte exposition, les molécules de la surface soient seules atteintes, et que, pour une pose plus longue, la réduction ne se fasse pour les molécules de plus en plus profondément situées dans la couche. En effet, une plaque à la gélatine très peu posée ne se développe qu'à la surface, et, sur une autre, plus longuement exposée, la réduction se fait dans toute l'épaisseur de la pellicule.

Théorie des photo-sels. — Carey-Lea donne une autre explication du mode d'action de la lumière qui peut satisfaire ceux qui n'admettent pas un dégagement de brome assez important pour faire supposer que toutes les molécules affectées soient amenées à l'état de sous-bromure. Pour ce chimiste, un certain nombre de molécules seulement sont réduites à l'état de sous-sel, et celles-ci s'unissent, en proportions variables, avec le sel non altéré, pour former ce qu'il nomme des *photo-sels*. Ce qui donne un certain poids à cette théorie, c'est que les photo-sels, que l'on peut produire sans le concours de la lumière, se comportent absolument comme ceux que la lumière a formés.

On peut former des photo-sels en réduisant partiellement les haloïdes d'argent par le sucre de lait, le sulfate ferreux, l'hypophosphite de soude, etc. Or, prenant le photo-sel formé avec l'hypophosphite de soude, celui-ci noircit sous l'influence des révélateurs, comme le fait le sel insolé; les photo-sels, traités par l'acide azotique peuvent encore être réduits par les révélateurs chimiques; il en est de même des sels insolés.

Si, par une longue exposition à la lumière, on peut obtenir le renversement de l'image, on peut obtenir ce même effet en traitant une plaque normalement posée par l'hypophosphite de soude, et réciproquement détruire l'action de l'hypophosphite par une action de la lumière.

Enfin, dans toutes les circonstances, on peut substituer à l'action de la lumière celle des réactifs qui donnent des photo-sels, et inversement, ce qui fait supposer, avec assez de raison, que dans l'impression latente il y a réellement formation de combinaisons de sous-sels d'argent avec les molécules de sel non altéré, et que ces combinaisons se font en proportions variables, suivant la durée de l'action lumineuse, d'où faculté plus ou moins grande d'être affectées par les révélateurs.

Depuis que j'écrivais, en 1901, ce que l'on vient de lire il a été fait de nombreuses expériences pour arriver à connaître la vraie nature de l'image latente. Sans doute, il serait trop long de les énumérer toutes d'autant plus qu'à mon avis elles sont loin d'avoir élucidé entièrement cette question. Je les ai analysées de mon mieux dans l'*Annuaire général de photographie* au fur et à mesure de leur publication.

Il semble résulter de toutes ces recherches que le phénomène n'est pas aussi simple que celui où l'on suppose qu'à la suite de l'exposition le bromure d'argent est transformé partiellement en sous-bromure réductible par les révélateurs. Il se formerait plutôt une combinaison de bromure et de sous-bromure.

D'après le Dr Homolka l'image latente ne serait pas homogène et consisterait en un mélange en proportions variables de per-bromure $AgBr^2$ et de sous-bromure Ag^2Br.

Théorie dynamique. — Pour les partisans de la théorie dynamique, les sels d'argent ne sont pas décomposés par la lumière ; le bromure, par exemple, n'est ni réduit en ses éléments, ni amené à l'état de sous-bromure, ni, en un mot, chimiquement modifié : il est simplement modifié dans son état moléculaire, qui devient ainsi plus instable, ce qui rend ce composé susceptible, à la suite de l'insolation, d'être réduit par les révélateurs. Plus l'action lumineuse est considérable, plus grand est le nombre de molécules ainsi affectées, et, par conséquent, plus l'action du révélateur est importante.

On explique alors le rôle du sensibilisateur d'une autre façon ; on ne suppose plus qu'il absorbe l'halogène, puisqu'on n'admet pas qu'il en soit mis en liberté au moment de l'exposition ; il n'est nécessaire que pour le développement de l'image latente ; c'est à ce moment seulement que son rôle d'absorbant entrerait en jeu. Supposons, en effet, d'après cette théorie, qu'un révélateur chimique réduise du bromure d'argent insolé ; si le brome mis à ce moment en liberté ne se trouve pas en présence d'un corps qui l'absorbe, il se reporte sur l'argent pour reformer du bromure d'argent, et ainsi le développement ne peut avoir lieu puisqu'il se produit deux réactions inverses qui s'annulent.

Si, dans la théorie chimique, on explique l'amoindrissement de l'impression au bout d'un temps plus ou moins long en disant que le sensibilisateur cède peu à peu l'halogène absorbée au sous-sel pour le ramener à l'état normal, on dit, en théorie dynamique, que l'ébranlement moléculaire tend à s'amoindrir à la longue.

On explique l'augmentation de densité que donne un révélateur pour une augmentation d'impression, en admettant qu'il faut une certaine somme de lumière pour produire la modification physique qui rend les haloïdes susceptibles d'être affectés par les révélateurs, et par conséquent une impression prolongée modifie un plus grand nombre de molécules qu'une impression plus réduite.

On a fait remarquer, à l'appui de la théorie dynamique, que si l'image latente et l'image visible étaient dues au même phénomène, c'est à dire à une réduction comme on l'admet en théorie chimique, il devrait s'ensuivre que le bromure, le plus sensible des haloïdes d'argent, devrait être celui qui noircirait le plus vite, plus vite, par exemple, que le chlorure, tandis que c'est le contraire ; de plus, dans le noircissement direct, il devrait s'observer un phénomène analogue à celui de la solarisation, c'est à dire que le chlorure, par exemple, arrivé à une coloration donnée, au lieu de continuer à noircir, devrait se décolorer. MM. Auguste et Louis Lumière ont montré, pour répondre à cette critique, que le noircissement direct ne commence à se manifester que lorsque l'impression latente, par suite d'une longue exposition à la lumière, est devenue à peu près nulle. De plus, ce noircissement direct, qui au début parait proportionnel au pouvoir actinique de la source lumineuse, et, pour une même source, proportionnel à la durée d'exposition, n'augmente bientôt plus que de petites quantités et finalement reste stationnaire. Cette limite du noircissement direct, de même que le maximum que l'on observe dans l'action du révélateur sur l'image latente, varie avec la nature de la substance sensible, avec la méthode selon laquelle il a été préparé ; dans tous les cas, l'intensité du noircissement direct est d'autant plus faible que le sel sensible peut recevoir une impression latente en un temps plus court. C'est pour cette raison que le gélatino-bromure, très sensible, ne fournit par noircissement direct qu'une image faible, tandis que le chlorure en fournit une très intense.

L'impression latente est-elle instantanée ? On peut se demander si l'impression latente est instantanée, dans le vrai sens du mot, ou si elle exige une certaine durée de l'action lumineuse ; si, en un mot, à la suite d'une exposition infiniment courte, le bromure d'argent est sensiblement réduit à l'état de sous-bromure ou modifié dans sa constitution moléculaire, suivant que l'on adopte l'une ou l'autre théorie. S'il en est ainsi, la sensibilité des préparations photographiques n'a pas de limite, et ce qui, dans l'état actuel, empêcherait de pouvoir obtenir une image avec des poses aussi réduites proviendrait de ce que nous ne possédons pas de révélateurs assez puissants. Voici une expérience, faite par MM. Lumière, qui semble démontrer qu'une action infiniment courte de la lumière produit déjà une modification du bromure d'argent, mais ne devient sensible, au moyen des révélateurs actuels, que si elle est reproduite un grand nombre de fois. Pour réaliser cette expérience, MM. Lumière placent une plaque au gélatino-bromure derrière un disque muni d'une ouverture en forme de secteur, animé d'un rapide mouvement de rotation, de telle sorte que le temps durant lequel la lumière atteint la plaque n'est que de deux dix-millièmes de seconde à chaque révolution. Si, durant une seule de ces courtes expositions, l'action est nulle, il est admissible qu'elle devra être également nulle après un nombre quelconque; or, MM. Lumière ont constaté qu'après 24.000 révolutions du disque, qui correspondent à une durée de pose totale de 6 secondes, le révélateur produisait une action aussi marquée que sur une autre plaque ayant reçu cette même pose de 6 secondes en une seule fois. Ils avaient eu soin de se servir d'une source de lumière assez peu intense pour que cette dernière ne donnât lieu, après ces 6 secondes de pose, qu'à une réduction à peine perceptible. D'après cela, il semble résulter que les surfaces sensibles sont impressionnées par une lumière au moins 24.000 fois moins intense que celle qui commence à donner une image visible et par conséquent, en concluent MM. Lumière, ce n'est pas tant l'augmentation de sensibilité qu'il y aurait à rechercher dans l'avenir, mais bien la découverte d'agents développateurs plus énergiques.

M. le capitaine Abney, ayant répété cette même expérience, est arrivé à un résultat différent, car il a constaté qu'une pose correspondant à 1 seconde 176, exécutée en 39.200 expositions successives, ne produisait pas plus d'effet qu'une pose de 0 seconde 6, exécutée en une seule fois. Il en résulterait donc que la sensibilité du gélatino-bromure, puique c'est avec ce composé qu'Abney avait expérimenté, a une limite et qu'une pose très courte ne suffit point pour le modifier, mais qu'il en faut additionner plusieurs pour l'amener à l'état. à partir duquel il devient développable. En effet, si les 39.200 expositions dont il vient d'être question, représentent une durée de pose totale de 1 seconde 176, le gélatino-bromure qui leur a été soumis n'accuse pas un noircissement plus intense que celui que l'on obtient avec une exposition unique de 0 seconde 6 ; il faut donc plusieurs de ces expositions très réduites et successives pour déterminer la modification du bromure d'argent, sa sensibilité a, par conséquent, une limite ou, ce qui revient au même, il faut une certaine somme de lumière pour provoquer une impression latente.

De la solarisation. — J'ai parlé précédemment, mais d'une façon très brève, de ce que l'on entend par *solarisation ;* nous savons que l'on entend par cette expression la propriété que prend une plaque photographique, après une exposition dépassant largement celle nécessaire pour fournir un négatif, d'avoir perdu par places ou en totalité la faculté d'être développée. Au début, nous le savons encore, une plaque sensible possède la propriété de noircir d'autant plus dans le révélateur que son exposition a été plus longue. Moins une préparation photographique est sensible, plus longtemps on peut l'exposer sans la solariser ; pour obtenir une solarisation plus ou moins complète, la pose doit être de plusieurs centaines à plusieurs milliers de fois celle qui est nécessaire pour produire un négatif.

La sensibilité seule n'intervient pas pour que la solarisation se produise plus ou moins rapidement, car s'il est parfaitement démontré par l'expérience que les plaques au collodion, peu sensibles comparativement à celles au gélatino-bromure, se solarisent bien moins rapidement que celles-ci, on constate, aussi, que de deux émulsions de même sensibilité, l'une au bromure pur et l'autre à l'iodo-bromure, c'est celle à l'iodo-bromure qui demande une plus longue exposition pour perdre sa faculté de noircir dans le révélateur. Plus le révélateur est énergique et plus longue est son action, plus la plaque est sujette à se solariser. Dans beaucoup de cas, la cause pour laquelle une plaque se solarise ou ne se solarise pas dépend du révélateur.

Une plaque qui a été primitivement exposée à la lumière (une très courte exposition suffit) est plus sujette à la solarisation ; il ne lui faut, parfois, pour arriver à ce point, qu'une très courte seconde exposition ; j'ai pu constater qu'une plaque pré-exposée montrait des signes bien évidents de solarisation après 10 secondes d'action de la lumière émanant d'une lampe.

Renversement de l'image. — Si, une fois le point de solarisation obtenu, l'action de la lumière se poursuit, il arrive que les parties les plus exposées résistent plus que les autres à l'action des révélateurs, et on obtient ce résultat que les portions correspondant aux parties claires du modèle restent blanches ou à peu près, tandis que celles correspondant aux parties sombres noircissent, on obtient, en somme, *un renversement de l'image*. C'est par suite de ce phénomène qu'en exposant une plaque au gélatino-bromure de sensibilité ordinaire sous un négatif, durant quatre à cinq minutes en lumière diffuse, on obtient, non une image positive, mais un second négatif. En prolongeant la durée d'exposition, la plaque se voile de nouveau et il survient une seconde solarisation, le révélateur ne fait plus, en effet, apparaître d'image.

Jannsen observa, en photographiant le soleil sur des plaques à la gélatine, une réversion de l'image lorsque, au lieu de l'exposition correcte, égale environ a 1/20000 de seconde, il en donnait une atteignant une demi à une seconde. Il remarqua qu'en poussant plus loin l'exposition la portion solarisée redevenait de nouveau sensible, et qu'après une exposition atteignant un million de fois l'exposition normale on pouvait développer un négatif de la seconde série ; une plus longue exposition, à son tour, détruit cette image négative.

Bolas observa qu'on obtenait plus facilement des positives directes ou des contretypes si la plaque au bromure était imprégnée de substances oxydantes telles que le bichromate de potasse, le permanganate de potasse, l'eau bromée, tandis que les réducteurs tels que le sulfite de soude, l'acide pyrogallique retardent la solarisation. En effet, si une plaque au bromure est baignée dans une solution de bichromate et qu'on la fasse sécher, pour l'exposer ensuite sous un négatif, au développement on obtient un second négatif vigoureux et bien détaillé. Une exposition trop courte donne par ce procédé une image molle qui se développe vite, tandis qu'une exposition prolongée donne une image heurtée, longue à se développer. On peut donc, grâce à cela, modifier le caractère du second négatif et compenser les défauts que présenterait le premier. Il est facile de donner l'explication de ce qui se passe dans cette opération : Tout d'abord, d'après les recherches d'Eder et de Pizzighelli, la solarisation n'intervient qu'à titre secondaire dans ce procédé, la cause principale devant être attribuée à ce que la gélatine bichromatée devient partiellement insoluble à la lumière, et cette insolubilisation étant plus complète vis à vis des parties claires du négatif que dans les parties correspondant à ses opacités, le révélateur peut agir d'autant mieux que la gélatine est restée plus perméable, par conséquent ce sont les parties non insolubilisées qui noircissent le plus fortement. On remarque, en effet, dans un contretype obtenu d'après la méthode de Bolas, un relief plus ou moins accusé et que le révélateur est comme repoussé par les parties qui restent claires. C'est encore ce qui se passe dans la méthode du capitaine Biny.

CHAPITRE XVI

INFLUENCE DE LA TEMPÉRATURE SUR LE GÉLATINO-BROMURE SUR LA FORMATION, LE DÉVELOPPEMENT ET LA DESTRUCTION DE L'IMAGE LATENTE.

Une variation de température de 5 à 25 degrés n'a pas d'action appréciable sur la manière d'être photo-chimique d'une plaque sèche, elle a, au contraire, une faible action sur la formation de l'image latente, si après l'exposition et durant le développement on lui conserve la même température. Si le révélateur est réchauffé il agit plus énergiquement, et, par suite, la pose peut être plus courte ; des variations assez peu importantes dans la température du révélateur ont un effet marqué sur la façon dont l'image se développe ; chacun sait, en effet, qu'en hiver, ces réactifs agissent moins vite et donnent des négatifs moins vigoureux, et qu'il suffit de réchauffer les bains pour que le travail reprenne ses conditions normales. Certains révélateurs sont plus sensibles que d'autres à l'abaissement de température, parmi ceux-ci, on peut citer l'oxalate ferreux ; Eder a trouvé que deux plaques, recouvertes de la même émulsion, essayées au sensitomètre Warnercke, donnaient, l'une seulement 3° si le révélateur à l'oxalate agissait à une température de + 5° et qu'on le laissât agir une minute, tandis que, dans le même temps, elle accusait 13° W. si la température du révélateur était de + 26° c. En prolongeant le développement les différences sont moins importantes quoique encore très marquées, puisque, après 2 minutes, la plaque arrivait à marquer 9° W. avec le révélateur froid, et 15° W. avec le révélateur à 26°. Le révélateur pyrogallique est bien moins sensible à l'abaissement de température puisque pour un bain froid (à + 3°) la plaque accuse 14° W. après 3 minutes d'action et seulement 15° W. pour un révélateur ayant une température de 26° c. agissant durant le même temps que le précédent. La différence d'action du révélateur pyrogallique froid ou possédant une température moyenne, n'est sensible qu'au début, car, en prolongeant le développement, on arrive, avec le premier, à des résultats à peu près identiques qu'avec le second.

Si on chauffe au moyen d'un fer certaines parties d'une plaque au gélatino-bromure la couche devient plus jaune, mais cette coloration disparaît lorsqu'elle a repris la température ambiante. Si une telle plaque est exposée avant qu'elle se soit totalement refroidie, les places chauffées noircissent avec plus d'intensité dans le révélateur, mais, si la température s'était égalisée avant la pose, on ne constate plus aucune différence. Il en est de même si, avant de révéler une plaque posée, on chauffe certaines de ses parties, et qu'on la plonge, avant refroidissement, dans le bain ; sur ces portions l'image vient plus intense en silhouettant la forme de l'objet qui a servi à les chauffer. Il suffit de poser les doigts sur la couche pour qu'on voie aux points touchés, par suractivité de développement, se dessiner leurs empreintes.

Je n'ai parlé ici que des variations de température qui se réalisent à chaque instant, c'est à dire qui se rencontrent dans les circonstances ordinaires des manipulations. Si nous considérons des variations étendues, soit au-dessus de 100°, soit notablement au-dessous de zéro, nous allons constater qu'une plaque chauffée à + 130° se voile au développement. Schumann ayant, d'un autre côté, laissé séjourner une plaque dans une étuve à eau bouillante durant une heure, et l'ayant exposée après refroidissement, constata qu'elle était devenue plus rapide et qu'elle donnait une image plus intense.

MM. Lumière ayant soumis une plaque à la température de — 191°, obtenue au moyen de l'air liquide, ont constaté qu'à cette basse température les phénomènes chimiques provoqués par les rayons lumineux paraissent supprimés d'une façon générale, ceci pour l'image latente. Le noircissement direct ne se produit plus à — 200°. Si on laisse la plaque reprendre la température normale, la sensibilité reparaît sans modification apparente ; de même, les préparations qui donnent une image par noircissement direct recouvrent les propriétés que la basse température avait suspendues.

CHAPITRE XVII

DÉVELOPPEMENT DE L'IMAGE LATENTE

Dans ce chapitre, nous ne nous occuperons que du côté théorique du développement, je ne parlerai donc pas d'un révélateur plutôt que d'un autre, je ne donnerai pas les formules des réactifs, pas plus que nous n'étudierons les substances qui servent à les préparer ; tous ces détails trouveront leur place dans le second volume, où chaque substance sera décrite suivant son ordre alphabétique. C'est donc là que le lecteur devra se reporter pour compléter ce chapitre.

Révélateurs physiques et révélateurs chimiques. — L'iodure, le chlorure et le bromure d'argent se comportent d'une façon bien différente vis à vis des révélateurs que l'on nomme *physiques* et des révélateurs que l'on nomme *chimiques* (ou, comme on les qualifie encore, mais à tort, de *révélateurs alcalins*). Les premiers, pour citer les plus employés, sont les vapeurs de mercure (procédé du daguerréotype), le sulfate de fer, l'acide pyrogallique en solutions acides additionnées de nitrate d'argent. Parmi les seconds, qui sont aujourd'hui fort nombreux, nous trouvons l'oxalate ferreux, l'acide pyrogallique, l'hydroquinone, l'iconogène, le para-amido-phénol, l'amidol, etc.

Dans le procédé au collodion humide, l'iodure d'argent pur et l'iodo-bromure d'argent sont plus sensibles que le bromure et le chlorure d'argent ; ces deux derniers augmentent le brillant des négatifs.

Dans le procédé aux émulsions (soit au collodion, soit à la gélatine), le bromure d'argent, ou un mélange de ce sel avec d'autres haloïdes, dans lequel le bromure prédomine de beaucoup, est le principal producteur de l'image ; l'iodure d'argent, dans ces procédés, est le composé le moins sensible ; le chlorure d'argent tient une place intermédiaire. De plus, les révélateurs qui conviennent au bromure ne peuvent s'appliquer au chlorure, ou ne fourniraient, avec ce dernier composé, que des images voilées ; inversement, un révélateur convenable pour le chlorure ne convient guère au bromure : il ne donnerait que des images sans densité.

L'action des révélateurs consiste en ce que, en agissant sur une plaque sensible qui a reçu une impression latente, il dépose des molécules métalliques sur les portions de l'halogène modifiées par la lumière, s'il s'agit d'un révélateur physique, ou bien il décompose les molécules de cet halogène, les réduit à l'état métallique, s'il s'agit d'un révélateur chimique.

1° *Révélateurs physiques.* — Examinons le cas d'un révélateur physique. Sous l'influence de la lumière, nous le savons, les molécules d'iodure d'argent (je prends ce composé, puisque c'est lui qui forme la base, la plupart du temps, des préparations que l'on traite par ces sortes de révélateurs) acquièrent la propriété d'exercer une attraction sur des molécules métalliques voisines, de servir de noyau, autour duquel elles viennent peu à peu se grouper pour constituer ainsi l'image que nous voyons d'abord se dessiner et ensuite gagner en intensité.

Si nous admettons que l'iodure d'argent influencé par la lumière est passé à l'état de sous-iodure Ag^2I, c'est à dire d'un composé non saturé, on comprend qu'il exerce une attraction moléculaire que l'iodure normal AgI, dont les affinités sont satisfaites, ne saurait posséder.

Mais comment alors s'expliquer l'accroissement d'intensité une fois que le noyau de sous-iodure a été recouvert totalement d'argent métallique ? Comment s'expliquer également cette sorte de second développement que l'on peut faire subir à la plaque une fois qu'on a dissous la totalité de l'iodure par l'hyposulfite ?... Par ce fait que l'argent déposé en premier lieu sur le sous-iodure entretient, par un phénomène électro-chimique, l'apport progressif de nouvelles molécules de ce métal. Cette propriété de l'argent métallique est mise en évidence en traçant quelques traits sur un verre dépoli au moyen d'une lame d'argent. Ces traits, à peine visibles, se renforcent lorsqu'on recouvre le verre d'un révélateur additionné de nitrate d'argent.

La production d'un courant électrique nous est démontrée par l'expérience de Lermantoff. Une cuve en verre à deux compartiments, dont la cloison séparatrice est poreuse, renferme, dans l'un, une dissolution de sulfate ferreux, et dans l'autre une solution de nitrate d'argent. Lorsqu'on plonge dans chacun de ces compartiments les extrémités d'une lame d'argent repliée en fer à cheval, on constate que la partie plongeant dans le sulfate est attaquée, qu'un courant se produit et que, sur la partie plongeant dans le nitrate, de l'argent métallique se dépose.

2° *Révélateurs chimiques.* — Le bromure d'argent sera pris pour ceux-ci à titre d'exemple, puisque c'est ce composé qui forme la base principale des préparations auxquelles on applique les révélateurs chimiques (1). Nous avons admis que ce composé, à la suite de l'impression latente, est passé à l'état de sous-bromure. Nous n'avons pas à nous occuper du brome mis en liberté au moment de cette transformation, puisque nous savons que cet élément est absorbé par le sensibilisateur (la gélatine peut absorber jusqu'à 30 pour 100 de son poids de brome, d'après les expériences de Knop), qui devient un peu moins soluble à la suite de cette absorption. Est-ce là une simple absorption qui permettrait au brome de se reporter à la longue sur le sous-bromure en détruisant l'impression latente ? La rétrocession de cette impression semblerait l'indiquer ou du moins montrer que le brome et la gélatine n'ont point contracté de combinaison stable (2).

C'est donc le sous-bromure d'argent seul que nous avons à envisager ; le révélateur le décompose, le réduit à l'état d'argent métallique, et le brome, devenu libre, se combine avec le révélateur.

Révélateur à l'oxalate ferreux. — Examinons les diverses réactions secondaires qui se produisent avec l'oxalate ferreux, qui a été pendant longtemps le seul employé pour les plaques sèches à la gélatine.

L'oxalate ferreux, étant un composé très oxydable, décompose l'eau pour s'emparer de son oxygène et laisse l'hydrogène en liberté.

$$6\,(C^2O^4Fe) + 3H^2O = 2\,[(C^2O^4)^3Fe^2] + Fe^2O^3 + 6H.$$

Cet hydrogène se porte sur le sous-bromure d'argent, le réduit et forme de l'acide bromhydrique :

$$Ag^2Br + H = 2Ag + HBr.$$

Enfin, l'acide bromhydrique forme avec l'oxyde ferrique du bromure ferrique et de l'eau :

$$6HBr + Fe^2O^3 = Fe^2Br^6 + 3H^2O.$$

(1) Si cette phrase est vraie en ce qui concerne les préparations destinées à la production des négatifs, elle cesse de l'être pour celles qui sont destinées à la production d'images positives, car, on le sait, les émulsions au chlorure sont d'un usage fréquent, surtout lorsqu'il s'agit d'obtenir des diapositives.

(2) Il est donc peu probable que le brome forme des produits de substitution bromés avec la gélatine, en déplaçant dans cette matière un atome d'hydrogène pour former de l'acide bromhydrique, ou bien déplacer deux groupes oxhydriles en donnant naissance à de l'eau oxygénée.

Le résultat final de ces réactions est qu'il s'est formé une image composée d'argent métallique occupant la place des molécules de sous-bromure d'argent, de l'oxalate ferrique et du bromure ferrique.

Pour certains chimistes, l'excès d'oxalate de potasse entrant dans la composition du révélateur concourrait, lui aussi, au développement de l'image latente en décomposant le bromure d'argent, ce qui donnerait lieu à la formation d'oxalate ferrique et de bromure de potassium :

$$2Ag^2Br + 2C^2O^4Fe + C^2O^4K^2 = 2KBr + (C^2O^4)^3 Fe^2 + 4Ag.$$

Le brome provenant de la réduction du bromure d'argent se retrouve donc dans le révélateur, soit sous forme de bromure ferrique, soit sous forme de bromure de potassium, et l'oxalate ferreux s'est en partie suroxydé. Il n'est donc pas étonnant que ce révélateur, comme on le constate en pratique, perde rapidement de son énergie et donne des images de plus en plus dures.

Développateurs de la série aromatique. — Le mode d'action des développateurs, tels que l'acide pyrogallique, dont nous allons nous occuper maintenant, est exactement semblable quant au fond, puisque le sous-bromure est réduit à l'état métallique ; les formes des réactions seules varient. Ils réduisent, en effet, le sel d'argent en décomposant l'eau, comme le fait l'oxalate ferreux, et, comme avec ce dernier, c'est l'hydrogène naissant qui opère la réduction, tandis que l'oxygène oxyde le réducteur. Cette réduction peut s'opérer en liqueurs neutres, ou même franchement acides, lorsqu'il s'agit de véritables sels d'argent, comme le nitrate, le sulfate, tandis que les sels halogènes ne sont réduits, par la plupart des réducteurs de la série aromatique, que lorsque leurs solutions sont rendues alcalines par la potasse, la soude, l'ammoniaque, la lithine ou leurs carbonates (1). L'acide pyrogallique semble faire exception à cette règle, car Abney a pu développer une plaque en se servant d'une solution mixte d'acide pyrogallique et de sulfite, acidulée par l'acide chlorhydrique ; on sait que l'acide pyrogallique, de même que l'amidol, développe aisément une image en solution neutre additionnée de sulfite. La substance alcaline, lorsqu'elle est nécessaire, semble jouer un double rôle : en premier

(1) Les acétones et les aldéhydes peuvent, par un mécanisme que nous expliquerons à l'article qui sera consacré à ces produits dans le deuxième volume, remplacer les alcalis caustiques ou carbonatés dans la préparation de la plupart des révélateurs de la série aromatique.

lieu, le brome mis en liberté se combine avec elle pour former un bromure, et en second lieu, comme l'oxydation du réducteur donne lieu à des produits de couleur brune de composition mal définie et, en outre, à la formation d'acides oxalique, carbonique et acétique, ceux-ci sont saturés par les substances alcalines. D'ailleurs, les produits d'oxydation varient avec la nature du réducteur : ceux de l'hydroquinone sont principalement composés de quinone incolore; aussi, le révélateur à l'hydroquinone

$$2\,(C^6H^6O^2) + 2O = 2\,(C^6H^4O^2) + 2H^2O$$

noircit-il moins rapidement que le révélateur pyrogallique, et on n'obtient pas avec ce révélateur de coloration aussi rapide de la gélatine comme il s'en produit avec le pyrogallol. Les produits d'oxydation du paramidophénol, quoique très colorés, ne teignent pas non plus la gélatine : la raison en est que, ces produits étant insolubles dans l'eau, un révélateur au paramidophénol doit se clarifier par le repos.

Les réducteurs de la série aromatique, surtout lorsqu'ils sont en solution alcaline, ne s'oxydent pas seulement par le fait de la réduction du bromure d'argent : ils absorbent encore avec activité l'oxygène de l'air. Or, cette oxydation est préjudiciable, d'une part, parce que l'énergie du réactif s'amoindrit très rapidement, et, de l'autre, parce qu'il se colore et communique, par suite, une teinte plus ou moins jaune aux clichés. C'est pourquoi on les additionne d'une substance plus facilement oxydable que le réducteur, l'oxygène absorbé se portant alors de préférence sur cette substance préservatrice. Le sulfite neutre de soude est la plus employée de ces substances; son rôle se résume à ceci, à l'exception près que je vais signaler : sous l'influence de l'oxygène, le sulfite passe à l'état de sulfate (1), et, tant que cette transformation n'est pas totalement opérée, le réducteur est sinon totalement, du moins suffisamment protégé contre l'oxydation.

Le cas que je mentionnais tout à l'heure, dans lequel le sulfite de soude, outre son rôle préservateur, en joue un autre tout différent, est celui où il contribue au développement de l'image. L'acide pyrogallique

(1) Les métabisulfite et bisulfite de soude, que l'on substitue quelquefois au sulfite neutre, surtout en Angleterre, ne présentent pas grand avantage; ces sels, en présence des alcalins, se transformant en sulfite neutre. Leur emploi est toutefois avantageux, si on prépare des solutions séparées renfermant, l'une le carbonate, l'autre le réducteur et le métabisulfite; ce dernier conserve son état tant que le mélange n'est pas opéré, et comme il dégage de l'acide sulfureux, plus avide d'oxygène que le sulfite, il préserve mieux le réducteur.

dissous dans une solution de sulfite bien pur, c'est à dire exempt de carbonate de soude, peut parfaitement servir à développer une image ; ce résultat se produit parce que le pyrogallol se combine au sulfite pour former un sulfite de pyrogallol, combinaison très oxydable et douée de propriétés réductrices sur le sous-bromure d'argent. C'est à la suite de combinaisons analogues que se comporterait l'amidol ; ce serait enfin, grâce à une combinaison du sulfite à l'acétone ou aux aldéhydes, que ces substances joueraient le rôle d'accélérateurs. Un trop grand excès de sulfite offre des inconvénients dont beaucoup d'auteurs de formules ne se sont guère préoccupés : il retarde le développement et affaiblit la densité de l'image, et cela parce qu'il dissout de notables quantités de bromure d'argent.

Accélérateurs et retardateurs. — Dans tout ce qui précède, nous avons supposé que l'impression latente avait été correcte et qu'il n'y avait pas lieu de faire intervenir certains agents, soit pour diminuer l'effet d'un excès d'impression, soit pour augmenter en quelque sorte l'activité de la révélation sur les parties insuffisamment impressionnées. Aux premiers, on donne le nom *de retardateurs*, aux seconds le nom *d'accélérateurs*.

Examinons, en premier lieu, le cas d'une glace surexposée : pour remédier à l'excès de pose, on ajoute au révélateur un bromure ou un iodure alcalin, ou du bromure ferrique ou du bromure cuivrique. Les premiers agissent en formant, avec le sel d'argent insolé, des bromures doubles ou des iodo-bromures sur lesquels le révélateur n'a pas ou n'a qu'une action très faible ; sous ce rapport, les iodures alcalins constituent de meilleurs retardateurs que les bromures.

Plus la quantité de bromure ou d'iodure alcalin ajoutée est considérable, plus la quantité de sous-bromure d'argent entré en combinaison avec ces sels l'est également, c'est à dire que l'on détruit ainsi une partie plus ou moins importante de l'impression latente.

On se sert rarement du bromure cuivrique comme retardateur, mais le bromure ferrique existe dans un révélateur à l'oxalate qui vient de servir ; ce qui, joint à l'oxydation de l'oxalate ferreux, est une deuxième cause pour laquelle ce révélateur donne déjà sur une seconde plaque un négatif plus dur que sur la première qu'il a servi à traiter. Le mode d'action des bromures ferrique et cuivrique consiste en ce qu'ils ramènent à l'état de bromure d'argent une partie de l'argent métallique réduit par le révélateur.

$$2CuBr^2 + 2Ag = 2AgBr + Cu^2Br^2.$$

C'est la même action qui se produit lorsque, après fixage, on blanchit un négatif par le bromure cuivrique, soit pour le réduire, soit pour le renforcer, en procédant aux opérations subséquentes dont nous aurons à parler plus tard. Les acétates, les citrates et tartrates alcalins agissent aussi comme retardateurs.

Si nous considérons une plaque sous-exposée, pour remédier, jusqu'à un certain point, au manque d'impression et améliorer le cliché, on ajoute au révélateur à l'oxalate ferreux des traces d'hyposulfite de soude (1). Sous l'influence de ce sel, on ne peut pas dire qu'une réduction ait réellement lieu dans les parties de la plaque dont l'impression latente n'avait pas été suffisante, qu'il compense, dans la propre expression du mot, la sous-exposition, car son action se borne à faire apparaître, presque simultanément, les grandes lumières et les demi-teintes qui ne se seraient développées, sans cela, que longtemps après les premières et alors que celle-ci auraient déjà acquis l'intensité convenable.

Le négatif vient de la sorte plus doux, donnant des détails dans les grands noirs comme dans les ombres légères.

On n'est pas parfaitement fixé sur le rôle chimique que joue l'hyposulfite ; les uns fondent son pouvoir accélérateur sur ce qu'il dissout un peu de bromure d'argent, ce qui favorise les réactions ; je crois qu'on doit, de préférence, admettre l'explication que donne M. de la Baume Pluvinel ; d'après cet auteur, l'hyposulfite agit sur le bromure ferrique qui se forme dans le révélateur pour le transformer en bromure ferreux. bromure de sodium et hyposulfite de peroxyde de sodium

$$2S^2O^3Na^2 + Fe^2Br^6 = 2FeBr^2 + 2NaBr + S^4O^6Na^2.$$

Le bromure ferreux réagit à son tour sur une autre partie de l'hyposulfite de soude pour former du bromure de sodium et de l'hyposulfite de fer :

$$2S^2O^3Na^2 + FeBr^2 = S^2O^3Fe + 2NaBr.$$

(1) L'hyposulfite de soude à doses minimes, qui agit avec l'oxalate et quelques autres réducteurs comme agent accélérateur, peut, avec certains autres, le métol, par exemple agir, au contraire, comme retardateur. L'iode, à très faibles doses, agit comme accélérateur vis à vis de l'hydroquinone et de l'iconogène : il en est de même du borax, qui se comporte de la même façon avec l'iconogène, tandis qu'il a une action retardatrice pour l'acide pyrogallique, la pyrocatéchine et l'oxalate ferreux.

Quant à l'oxalate ferrique, il se transforme, en présence de l'hyposulfite de soude, en oxalate ferreux, oxalate de peroxyde de sodium et tétrathionate de soude.

$$2\,(S^2O^3Na^2) + (C^2O^4)^3Fe^2 = 2\,(C^2O^4Fe) + C^2O^4Na^2 + S^4O^6Na^2.$$

Ainsi se trouvent détruits les deux composés: bromure ferrique et oxalate ferrique qui constituent de puissants retardateurs, tandis qu'il se forme deux réducteurs, de l'oxalate ferreux et de l'hyposulfite de fer. C'est à la formation de ce dernier que l'hyposulfite de soude doit, en majeure partie, sa faculté accélératrice, car il constitue un réducteur très énergique.

Dans les révélateurs, dont l'agent actif est un composé de la série aromatique, la substance alcaline qu'on leur ajoute reçoit souvent le nom d'accélérateur, quoique la façon d'agir de ces produits soit toute différente de celle de l'hyposulfite ajouté au bain d'oxalate. En effet, beaucoup de réducteurs, additionnés de sulfite, restent sans effet sur le bromure d'argent insolé, si on ne fait point, en même temps, intervenir un alcali ; pour ceux-ci, les substances alcalines sont donc indispensables pour leur voir acquérir la propriété de faire apparaitre l'image ; pour d'autres, l'acide pyrogallique, par exemple, on pourrait les employer sans alcalis, mais ces derniers accélèrent beaucoup le développement et rendent le révélateur plus énergique. Nous allons voir, d'ailleurs, tout à l'heure, en analysant les travaux de MM. Lumière et Seyewetz sur les révélateurs de la série aromatique, les raisons d'ordre chimique qui font qu'une substance possède le pouvoir développateur en solution neutre ou en solution alcaline.

Rôle des substances alcalines. — Contentons-nous de dire pour le moment que lorsqu'il s'agit d'un révélateur alcalin, les substances alcalines reçoivent le nom d'accélérateurs, parce que, sous leur influence, l'image apparaît d'autant plus vite qu'on les fait intervenir en quantités plus considérables, dans de justes limites bien entendu, et l'on explique ce fait en admettant que lorsqu'on met en présence du sous-bromure d'argent une substance alcaline, avec lequelle le brome, qui tend à se dégager, puisse former un bromure alcalin, la réduction sera facilitée et parachevée si ce brome trouve une quantité suffisante d'alcali, tandis qu'elle ne sera que partielle si le brome ne peut entrer en combinaison.

Les alcalis caustiques ayant plus d'affinité pour le brome que les alcalis carbonatés, on s'explique pourquoi, à équivalents égaux, les premiers agissent avec plus d'énergie que les seconds.

Il importe encore de savoir que si le révélateur renferme une très petite dose de réducteur et qu'on le fasse agir ainsi sur la plaque, on n'obtient qu'une image faible qui se renforce très rapidement lorsqu'on additionne le liquide d'une plus forte dose de réducteur. Ceci provient de ce que le bromure d'argent, réduit en premier lieu, se dédouble non en argent métallique et en brome, mais en oxyde d'argent qui est beaucoup plus transparent que l'argent métallique. Sous l'influence d'une plus forte dose de réducteur cet oxyde d'argent passe presque immédiatement à l'état d'argent métallique qui couvre mieux et le cliché se renforce.

Propagation de la réduction. — Comment se fait-il que le développement se poursuive en profondeur et intéresse des molécules de bromure d'argent qui n'ont point été atteintes par la lumière ? Ce fait est, en effet, indéniable, puisque, si l'on recouvre une plaque d'une couche d'émulsion trois à quatre fois plus épaisse qu'il n'est nécessaire, de façon à la rendre totalement opaque et capable d'absorber dans ses couches superficielles tous les rayons actifs, on n'en remarque pas moins, après une exposition normale, bien que l'impression latente n'ait pu se produire dans les couches profondes, que la réduction s'étend dans toute l'épaisseur de la couche. C'est évidemment parce que l'argent, réduit à la surface de la couche par action photo-chimique, a ensuite amené la réduction des couches profondes par action électrolytique. Eder, pour prouver le bien fondé de cette manière de voir, plaça une feuille d'argent sur une plaque au gélatino-bromure et soumit cet ensemble à l'action d'un révélateur à l'oxalate ferreux ; le bromure d'argent fut réduit aux points de contact, et cela sans qu'il y ait eu action préalable de la lumière.

Abney a réalisé une autre expérience aussi concluante : prenant un négatif, il le recouvre d'émulsion, et, sans exposer à la lumière, il soumet cette plaque à l'action d'un révélateur chimique. Une nouvelle image correspondant et venant renforcer la première se produit. L'action électro-chimique joue donc un rôle important dans le développement de l'image latente, et nous pouvons donc en déduire, en ce qui concerne les émulsions au bromure d'argent et principalement celles à la gélatine, les conclusions suivantes :

1° La possibilité, au moyen d'un développement prolongé, d'opérer une réduction non seulement en profondeur, mais encore de part et d'autre des points influencés par la lumière. S'il en est ainsi, il en résultera que des lignes noires sur fond blanc se trouvent de la sorte rétrécies (sur le négatif).

2° Une plaque sous-exposée, qui demande, par conséquent, un séjour prolongé dans le révélateur à partir du moment où les grandes lumières apparaissent jusqu'à ce que les ombres se dessinent, devient trop dense dans les parties d'abord développées. Ce fait n'est que trop connu par tous ceux qui pratiquent les poses instantanées par lumière insuffisante ou lorsque l'éclairage est trop violent ; il ne se produit pas également avec toutes les émulsions. Le mélange d'un sel difficile à réduire, tel que l'iodure d'argent et le bromure d'argent non mûri, s'oppose à la réduction électrolytique et concourt ainsi à la douceur de l'image, tandis que l'addition d'un sel facilement réductible, tel que le chlorure ou la digestion de l'émulsion avec l'ammoniaque la favorise.

Quels sont les réducteurs que l'on peut employer comme révélateurs. — Après avoir analysé la façon dont agissent les révélateurs et les substances dont on les additionne pour corriger l'excès ou le manque de pose, étudions les substances qui peuvent servir de développateurs. Nous savons que ces réactifs décomposent le bromure d'argent en brome et en argent ; que cette séparation a lieu parce que, dans les révélateurs il se trouve un composé ayant de l'affinité pour le brome. Cette propriété est donc indispensable à tout révélateur, mais il peut ne la posséder que d'une façon indirecte. Voici pourquoi : l'hydrogène est une substance possédant à un très haut degré de l'affinité pour le brome. Or, la décomposition de l'eau fournit de l'hydrogène, et toute substance oxydante tend à décomposer l'eau pour s'emparer de son oxygène et à mettre de l'hydrogène en liberté. Il s'ensuit que les révélateurs pourraient être constitués par toute substance facilement oxydable qui, par l'intermédiaire de l'eau, décompose le bromure d'argent. Il ne faut pas en conclure cependant que, d'une part, tous les corps oxydables soient des développateurs ; les sulfites, l'acide sulfureux, les phosphites, l'acide phosphoreux, etc., ne sont pas, en effet, des révélateurs, et, d'autre part, il existe des composés oxydables qui, tout en possédant la faculté révélatrice, ne peuvent recevoir d'application pratique parce qu'ils rentrent dans la classe des composés dont les produits d'oxydation ont une action destructive marquée sur l'image latente, ou tendent à dissoudre l'argent réduit. On comprend que lorsqu'il en est ainsi, à mesure que l'image se formerait, elle disparaîtrait de nouveau. C'est ce qui arrive avec le chlorure cuivreux, qui développe tout d'abord l'image latente en se transformant en chlorure cuivrique ; ce dernier non seulement détruit l'action lumineuse, mais, en outre, il dissout l'argent en se transformant en chlorure cuivreux et en formant du chlorure d'argent.

Il ne faut point que la substance soit tellement oxydable qu'elle décompose, à elle seule, effectivement l'eau ; l'hydrogène se dégagerait alors de la solution sans agir sur le bromure d'argent. Il faut simplement qu'elle soit assez oxydable pour que l'affinité de l'hydrogène pour le brome, jointe à l'affinité du réducteur pour l'oxygène, amène cette décomposition de l'eau et par suite celle du bromure d'argent.

Si la substance possédant des propriétés réductrices est très peu soluble dans l'eau, on ne pourra préparer avec elle que des révélateurs peu énergiques et dont l'action sera vite épuisée ; c'est là une considération pratique qui fait éliminer beaucoup de réducteurs pour cette application. Il en est de même si leurs solutions ou leurs produits d'oxydation sont solubles et fortement colorés car ils communiquent une teinte à la gélatine qui devient nuisible si elle est trop accentuée.

Comme développateurs (1) on emploie des sels minéraux en solution neutre ou acide, tel est l'oxalate ferreux, qui est à peu près le seul de cette classe qui ait été employé, et des développateurs organiques dont la substance active est un composé appartenant à la série *aromatique ;* ceux-ci n'agissent, à quelques exceptions près, qu'en solution alcaline.

(1) Je n'entends parler ici que des révélateurs chimiques.

CHAPITRE XVIII

RÉVÉLATEURS ORGANIQUES

Notions générales sur les composés aromatiques. — Je vais, dans ce chapitre, résumer les beaux travaux de MM. Lumière sur les développateurs organiques, et, avant d'entrer en matière, je prierai le lecteur de relire avec beaucoup de soin les pages de cet ouvrage où j'ai résumé les notions générales de Chimie, et spécialement ce qui concerne la notation atomique, les formules dites développées, connaissances qui sont indispensables pour se rendre compte de ce qui va suivre.

Dans cette partie de l'ouvrage je disais, en parlant du carbone, que c'était un élément tétratomique, que, par conséquent, dans les composés suivants :

$$\begin{array}{c} H \\ | \\ H-C-H, \\ | \\ H \end{array} \qquad \begin{array}{c} H \\ | \\ H-C=O, \\ \\ \\ \end{array} \qquad \begin{array}{c} \\ \\ H-C\equiv Az. \\ \\ \\ \end{array}$$

ses valences étaient saturées. Le carbone peut, non seulement se combiner avec des éléments dissemblables, il peut aussi se combiner à lui-même et, si deux atomes de ce corps, par exemple, se combinent, ils échangent mutuellement une atomicité, les trois autres afférentes à chacun d'eux gardent leur valence, de sorte que cette combinaison de deux atomes de carbone est hexatomique, ce que nous fait facilement saisir la formule développée :

$$\begin{array}{c} |\quad | \\ -C-C- \\ |\quad | \end{array}$$

Si trois ou plus grand nombre d'atomes de carbone se sont ainsi combinés, il est facile d'établir, toujours au moyen des formules développées, quelle est la valence du groupement : ainsi, quatre atomes de carbones combinés $-\overset{|}{\underset{|}{C}}-\overset{|}{\underset{|}{C}}-\overset{|}{\underset{|}{C}}-\overset{|}{\underset{|}{C}}-$ ont une valence égale à 10. Si toutes ces valences sont satisfaites par autant d'atomes d'hydrogène, on a ce que l'on nomme des carbures saturés : CH^4, C^4H^{10} sont donc des carbures saturés. Si, à partir de CH^4, nous écrivons les formules brutes des carbures saturés, nous verrons qu'ils ne diffèrent entre eux que de la quantité constante CH^2. Tous ces carbures ont des fonctions chimiques semblables, on les désigne sous le nom de *corps homologues*.

Carbures aromatiques. — Il existe d'autres carbures d'hydrogène qui, quoique non saturés, c'est à dire dans lesquels toutes les valences ne sont point satisfaites par un atome d'hydrogène, ne s'en comportent pas moins comme les carbures saturés dont je viens de parler ; ils ne peuvent plus absorber par addition de nouveaux atomes d'hydrogène ou de tout autre élément monovalent. Ces carbures non saturés ont pour nous, photographes, un intérêt tout spécial, on les nomme *carbures aromatiques*; ils dérivent tous de la benzine C^6H^6.

Pour expliquer cette anomalie des carbures aromatiques de se comporter comme des composés saturés, Kékulé a imaginé de représenter la benzine par une figure hexagonale ou chaîne fermée. Les atomes de carbone étant reliés entre eux et aux éléments d'hydrogène de la façon suivante, dans laquelle les traits doubles indiquent deux valences satisfaites et les traits simples une seule

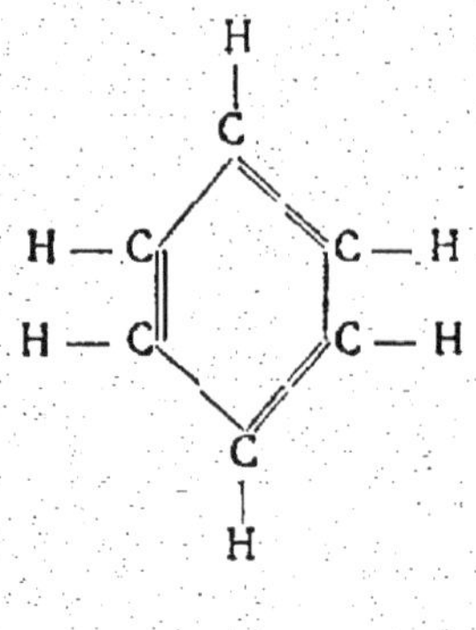

H
|
C
H — C   C — H
H — C   C — H
C
|
H

on voit ainsi comment on s'explique que les tétravalences de chaque atome de carbone soient satisfaites et que la benzine se comporte comme un carbure saturé. Nous savons qu'à chaque atome d'hydrogène on peut substituer un autre élément monovalent ou un groupement monovalent. Ces carbures dans lesquels cette substitution s'est opérée sont des homologues de la benzine, et les groupements monoatomiques, qui ont remplacé les atomes d'hydrogène, forment comme ceux-ci les *chaînes latérales*. Ce sont souvent des radicaux monovalents qui viennent, dans ces chaînes latérales, remplacer un atome d'hydrogène ; c'est ainsi que sont formés les *phénols* qui représentent de la benzine dans laquelle un ou plusieurs des atomes d'hydrogène, liés au carbone formant l'hexagone, ont été remplacés par le radical oxydryle OH.

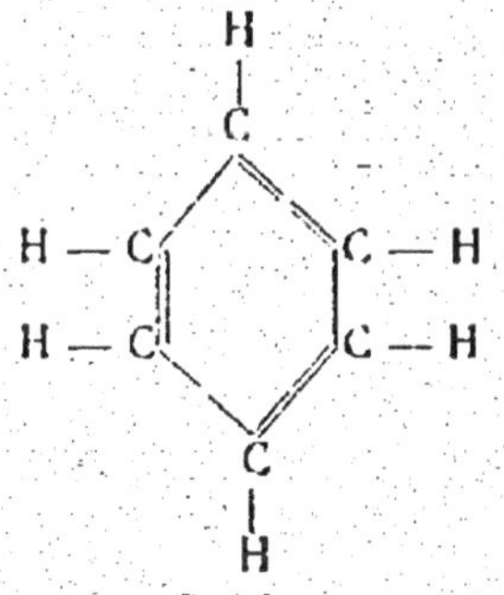

Benzine.

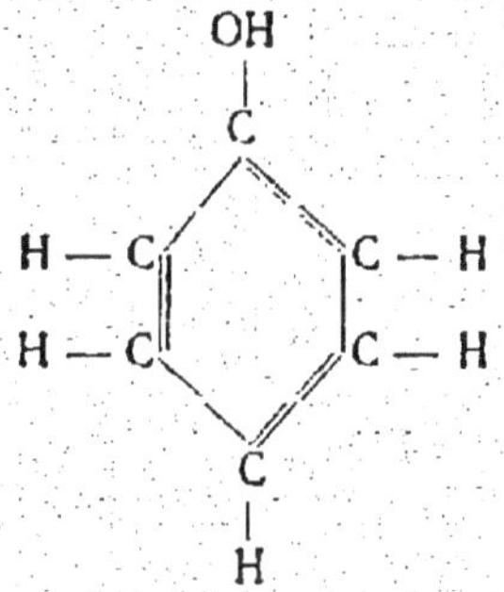

Phénol.

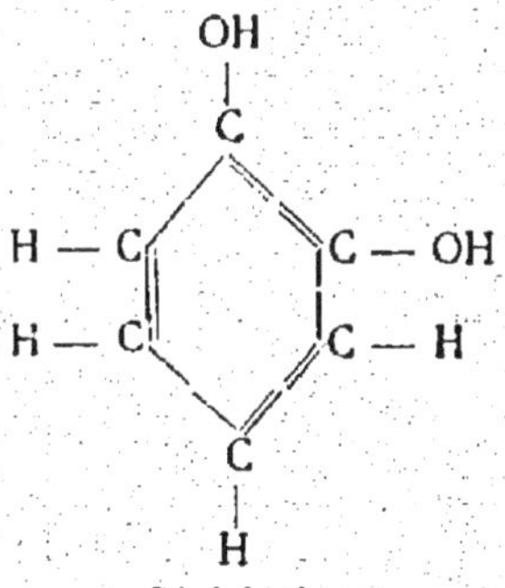

Diphénol.

Si la substitution s'est opérée sur un seul atome d'hydrogène on a *le phénol ordinaire* et *le diphénol* si la substitution s'est opérée sur deux atomes. Enfin, on sait que, suivant que la substitution s'opère sur des sommets différents de l'hexagone, on a des composés *isomères* possédant des propriétés chimiques différentes. C'est à cause de cet arrangement moléculaire différent que l'on ne retrouve point les mêmes propriétés dans l'orthoamidophénol et dans le paramidophénol. Rappelons que le composé est dit *ortho* lorsque la première substitution s'étant faite au sommet 1, la seconde s'est faite au sommet 2 ou à son symétrique 6 ;

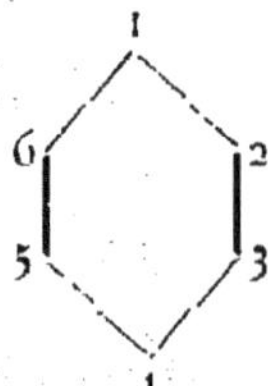

méta lorsque cette deuxième substitution se fait en 3 ou 5, et enfin *para* lorsqu'elle porte sur le sommet 4.

Comme, d'une part, les sommets 2 et 6 sont symétriques, que, de l'autre, les sommets 3 et 5 le sont également, peu importe que la substitution se fasse sur l'un des deux premiers ou sur l'un des deux seconds, les propriétés du composé en résultant seront nécessairement identiques. Il ne peut donc y avoir pour les combinaisons *disubstituées* que trois isomères, la théorie et l'expérience le justifient. On trouverait, également, que les combinaisons trisubstituées doivent avoir trois isomères.

Corps à fonction mixte. — J'ai cité tout à l'heure, à titre d'exemple, comme combinaisons isomères ayant des propriétés différentes l'orthoamidophénol, et le paramidophénol, ceci m'amène à rappeler en quelques mots ce que l'on entend par *amines* et par corps à *fonction mixte.*

Les amines peuvent être considérés comme résultant du remplacement d'un ou plusieurs atomes d'hydrogène, par un ou plusieurs groupements amidogènes AzH^2 qui sont monovalents, ainsi la benzine donnera la *phénylamine* ou *aniline.*

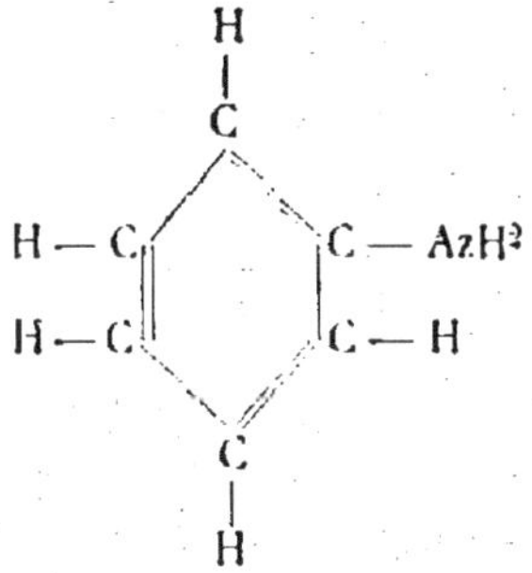

```
         H
         |
         C
       /   \\
H — C        C — AzH²
    ||       |
H — C        C — H
       \\   /
         C
         |
         H
```

Phénylamine ou aniline.

Si la substitution s'opère sur plusieurs atomes on a des polyamines, et, prenant pour exemple de polyamines la diphénylamine nous dirons, suivant que la substitution aura lieu à différents sommets, que c'est de l'ortho, de la méta ou de la paraphénylènediamine.

Certains corps, comme l'alcool ordinaire, les phénols, peuvent subir la substitution d'un atome d'hydrogène par le radical amidogène et conserver cependant leur fonction d'alcool, on a alors des alcools amines, des phénols amines. Ces derniers sont des *amidophénols* dont on connaît l'orthoamidophénol, le métamidophénol et le paramidophénol. Ces composés sont dits pour cela corps à fonction mixte, dénomination parfaitement appropriée, car non seulement ils peuvent se transformer en amines, tout en conservant leur fonction alcool ou phénol, mais encore se transformer en alcools acides, en phénols acides. Ce dernier cas se présente avec l'acide gallique qui est du triphénol, dans lequel un des atomes d'hydrogène, resté non substitué, est remplacé par le groupement carboxyle (CO — OH), qui caractérise les acides organiques ; l'acide gallique possède donc trois fois la fonction phénol et une fois la fonction acide.

C'est parmi les composés de la série aromatique que nous trouvons les révélateurs organiques usités en photographie, parmi les phénols nous pouvons citer l'acide pyrogallique qui est du triphénol, l'hydroquinone du paradiphénol, la pyrocatéchine de l'orthodiphénol, etc..., parmi les composés à fonction mixte nous pourrions citer le paramidophénol, le diamidophénol, l'iconogène qui est un sel de soude de l'acide β napthol monosulfonique.

Andresen avait fait d'abord constater par un brevet que les paraphénylènes diamines peuvent révéler l'image latente ; les frères Lumière, en étudiant plus à fond la question, sont arrivés à démontrer quelles sont les relations qui existent entre la constitution moléculaire des révélateurs et leurs propriétés révélatrices ; relations qui permettent de prévoir les composés qui agiront comme développateurs. Le nombre en est considérable; soumis à l'essai pratique tous n'auront pas sans doute les qualités requises pour qu'on puisse avantageusement les utiliser, mais il faut reconnaître, cependant, que plusieurs de ces substances sont venues et viendront utilement s'adjoindre aux révélateurs déjà connus.

Voici le résumé de l'ensemble des observations faites par MM. Lumière :

Conditions pour qu'un composé aromatique constitue un révélateur. — I. Pour qu'une substance de la série aromatique soit un développateur de l'image latente, il faut qu'il y ait dans le noyau benzénique au moins deux groupes hydroxyles (OH), ou bien deux groupes amidogènes (AzH^2), ou bien un groupe hydroxyle et un groupe amidogène.

II. Cette condition nécessaire n'est sûrement suffisante que dans la *série para*; dans la *série ortho*, on trouve quelques exceptions. Cependant, ces composés constituent généralement des révélateurs.

Si les substitutions hydroxylées et amidées sont en position para, le pouvoir développateur est au maximum; il est moindre si les substitutions sont en position ortho et nul dans la série méta.

III. Les composés dont la molécule comprend plus de deux groupes, OH et AzH^2, peuvent parfois posséder la propriété développatrice.

IV. Quand la molécule résulte de la soudure de deux ou plusieurs noyaux aromatiques, les remarques précédentes ne sont applicables que si les groupes OH et AzH^2 existent dans un même noyau aromatique. Dans la série de la naphtaline, on trouve quelques exceptions à cette règle.

V. Les substitutions que l'on peut faire dans les (C — H) du noyau aromatique ne paraissent pas supprimer le pouvoir développateur.

VI. Les substitutions que l'on effectue dans le groupe (OH) et dans le groupe (AzH^2) détruisent, en général, les propriétés développatrices, lorsqu'il ne reste pas dans la molécule au moins deux de ces groupes intacts en position para ou ortho.

Le nombre de corps connus, ou que l'on peut prévoir, qui répondent aux conditions ci-dessus est considérable; mais, ainsi qu'il a été dit, ce sont surtout ceux ayant leurs substitutions hydroxylées ou amidées ou encore hydroxylées et amidées en position para qui pourront servir de révélateurs. Il en sera de même des corps di ou trihydroxylés, di ou triamidés, ou encore amidohydroxylés, ainsi que les composés sulfonés, chlorés, bromés, etc., de toutes ces substances; puis les hydrazines (1) primaires aromatiques, etc.

Si les substances qui ne possèdent, dans un même noyau aromatique, que deux substitutions hydroxylées ou amidées ne développent l'image latente qu'en solution alcaline, par contre les substances qui ont trois substitutions, OH ou AzH^2, peuvent, en général, développer en solution acide ou neutre. Les diphénols, les diamines ou amidophénols sont dans le premier cas; le diamidophénol, le triamidophénol, l'acide pyrogallique l'oxyhydroquinone, le diamidonaphtol sont dans le second. Il faut cependant excepter de ce dernier groupe les composés dans lesquels le groupement acide CO — OH s'est substitué à un atome d'hydrogène. Ces composés exigeant non seulement une solution alcaline, mais les carbonates alcalins ne leur suffisant pas pour développer, il faut les additionner d'un alcali caustique, potasse, soude ou ammoniaque, à moins que dans la molécule un autre atome d'hydrogène n'ait été remplacé par le groupe amidogène AzH^2, auquel cas la substance développe en présence des carbonates alcalins; en un mot, les amines, tels que l'acide amidosalycilique

$$C^6H^3 \begin{cases} COOH \\ OH \\ AzH^2 \end{cases}$$

développent en solution carbonatée, tandis que l'acide protocatéchique

$$C^6H^3 \begin{cases} COOH \\ OH \\ OH \end{cases}$$

(1) Théoriquement les hydrazines appartiennent au type diamidogène ($H^2Az — AzH^2$), dont elles dérivent par substitution de radicaux gras ou aromatiques à un ou plusieurs atomes d'hydrogène. La formule développée des hydrazines peut se représenter par :

$$\begin{matrix} H \\ H \end{matrix} \rangle Az - Az \langle \begin{matrix} H \\ H \end{matrix}$$

et l'on appelle hydrazines primaires celles dans lesquelles la substitution ne porte que sur un atome d'hydrogène; secondaires, tertiaires et quaternaires, celles dans lesquelles la substitution porte sur deux, trois ou les quatre atomes d'hydrogène. Aucune hydrazine tertiaire et quaternaire n'est encore connue. Les hydrazines secondaires sont dites symétriques lorsque la substitution se fait en (1) et (2), et dissymétriques lorsqu'elle a lieu en (1) et (3) :

$$\begin{matrix} (1) \\ (3) \end{matrix} \rangle Az - Az \langle \begin{matrix} (2) \\ (4) \end{matrix}$$

exige un alcali libre. Mais, pour revenir aux substances susceptibles de développer en solution neutre ou même acide, nous dirons que les substances qui présentent plus de deux substitutions, OH ou AzH^2 (à l'exception des trisubstitués symétriques) et plus spécialement celles qui possèdent plusieurs fois la fonction développatrice (1) et dont la molécule ne contient pas le groupement acide (carboxyle CO. OH), sont susceptibles de développer en solution neutre et même en solution acide.

D'après ces considérations théoriques, on peut prévoir que le diamidophénol (ou métadiamidophénol) et l'acide pyrogallique, qui est un orthométaphénol, doivent développer en solution neutre, et l'expérience prouve qu'il en est bien ainsi.

On peut se demander si les groupes OH et AzH^2, qui, introduits dans le noyau benzénique, lui communiquent la propriété développatrice, donnent cette même propriété en dehors de la série aromatique. Ces groupes, introduits dans la série grasse, donnent bien naissance à des corps réducteurs, mais aucun d'eux ne parvient à développer l'image latente; par contre, la réunion de ces deux groupes produit un composé, l'hydroxylamine ($AzH^2 - OH$), douée de propriétés révélatrices; on l'emploie sous forme de chlorhydrate associé avec la potasse ou la soude. Cette solution, tout en constituant un bon révélateur, présente un inconvénient qui en a fait rejeter l'emploi et qui consiste en un dégagement gazeux d'azote qui porte la couche gélatineuse à se soulever :

$$AzH^3O,HCl + 2NaOH + AgBr = Ag + NaCl + NaBr + Az + 3H^2O \text{ (2)}.$$

En pratique, pour qu'une substance puisse être avantageusement employée comme développateur, il faut qu'elle présente une assez grande solubilité, que sa solution soit sensiblement incolore ou, du moins, pas d'une coloration assez forte pour communiquer une teinte sensible et

(1) Le pouvoir développateur des corps trisubstitués ou polysubstitués paraît augmenter lorsque ces substitutions sont en position telle que, prises deux à deux, elles constituent plusieurs fois la fonction développatrice qui réside, on le sait, surtout dans la position ortho et est moindre en para, tandis que la fonction développatrice est nulle pour la position méta ; donc, les trisubstitués en ortho-para seront plus fortement réducteurs que les isomères en ortho-méta ; elle égale l'unité, si l'on peut s'exprimer ainsi, pour ces derniers et deux pour les premiers.

(2) Depuis lors, MM. Lumière ont reconnu que l'hydroxylamine et son chlorhydrate ne jouit pas du pouvoir développateur ; pour que ce corps, de même que l'hydrazine ($H^2Az - AzH^2$), arrive à le posséder, il faut que les groupes qui constituent ces fonctions soient substitués par un radical aromatique ; tel est le cas de la phénylhydroxylamine, $C^6H^5 - AzH^2OH$.

persistante à la gélatine ; qu'il en soit de même de ses produits d'oxydation, et que ceux-ci ne tendent pas à produire une réaction inverse à celle qui constitue le développement.

Plus une molécule organique se complique, plus le corps qu'elle forme tend à être coloré et à être moins soluble ; c'est donc parmi les substances les plus simples qu'il faut rechercher les révélateurs.

CHAPITRE XIX

DÉVELOPPEMENT PHYSIQUE APPLIQUÉ AUX PLAQUES A LA GÉLATINE DÉVELOPPEMENT AVEC DES ÉMULSIONS ARGENTIQUES

Emploi des révélateurs physiques. — Les plaques au gélatino-bromure ne peuvent être avantageusement développées au moyen d'une solution de pyrogallol ou de sulfate de fer acide additionnée de nitrate d'argent, telles qu'on les emploie pour le collodion humide. Sous l'influence de tels révélateurs, elles sont très peu sensibles et ne fournissent que des images faibles, quoique le développement se fasse rapidement. Mais si, comme l'a démontré Eder, on baigne préalablement une plaque au bromure et préférablement au chlorure, ou au chloro-bromure, ou encore au chloro-iodure, dans une solution de nitrate d'argent, et qu'on l'expose après dessication, en la traitant par un révélateur physique on obtient des images très brillantes, exemptes de voile, dont on peut changer la couleur en variant la nature de l'acide introduit dans le révélateur (acide citrique, tartrique ou acétique) ou en ajoutant de l'acide gallique à l'acide pyrogallique. Des épreuves positives obtenues par ce moyen sont certainement plus belles que celles que l'on produit au moyen des révélateurs chimiques, et, par suite, ce procédé mériterait d'être sérieusement étudié.

Assez récemment, en 1892, Jenny et Dinwidie firent breveter une méthode de développement des plaques au moyen d'émulsions gélatineuses combinées avec les agents réducteurs habituels. On ne peut pas dire que par ce moyen on fasse sortir plus de détails ; il permet seulement d'obtenir plus de vigueur dans les lumières faibles et les ombres ; il est donc d'un emploi avantageux pour le développement des instantanées faites par mauvaise lumière. La préparation des solutions est malheureusement longue et délicate ; c'est pourquoi, sans doute, ce procédé ne s'est guère répandu.

On peut préparer le révélateur de deux façons : ou bien on a, d'une part, une provision d'émulsion argentique que l'on mélange aux révélateurs ordinaires, en suivant certaines règles indiquées par les auteurs ; ou bien on prépare une solution directement prête pour l'usage, c'est à dire renfermant les proportions convenables d'émulsion, de réducteur et d'alcali, si celui-ci est nécessaire, mais dont on peut éviter l'emploi en faisant usage des réducteurs agissant en solution neutre, comme le fait l'amidol.

Décrivons d'abord la préparation de l'émulsion argentique, qui est à base de tartrate d'argent ; comme ce produit noircit rapidement à la lumière blanche, on devra opérer à la lumière rouge du laboratoire et le conserver à l'obscurité. On dissout 13 grammes de nitrate d'argent dans 360 grammes d'eau, on précipite par une quantité suffisante de tartrate de potasse (environ 7 grammes) que l'on a dissoute dans 60 grammes d'eau. On recueille le précipité sur un filtre, on le laisse égoutter et, en le reprenant, on le délaie dans la solution suivante, où il ne tarde pas à se dissoudre dès qu'on élève la température à 50 ou 60° :

(A)	Sulfite de soude pur cristallisé	52 grammes.
	Eau	120 —
	Glycérine	30 —
	Carbonate de potasse	0 gr. 15.

Si cette solution n'était pas absolument claire, on la filtrerait avant de l'ajouter à la solution de gélatine dont voici la formule :

(B)	Gélatine tendre	6 gr. 40.
	Glycérine	60 grammes.
	Eau	300 —

On obtient la fusion de la gélatine en élevant la température du liquide à 45°, et c'est à cette température que l'on opère le mélange en versant peu à peu, et en agitant sans cesse, la solution A dans la solution B.

Le liquide, qui était clair, aussitôt le mélange opéré, devient bientôt opaque et d'un gris olive ; on le laisse se refroidir et prendre en gelée. L'émulsion se conserve en cet état un temps assez long, la glycérine et le sulfite de soude agissant comme conservateurs.

Pour préparer le révélateur, on prendra :

(A)	Émulsion argentique ci-dessus	180 grammes.
(B)	Sulfite de soude cristallisé pur et neutre	60 —
	Eau chaude.	250 —
(C)	Amidol	8 —
(D)	Bromure de potassium	0 gr. 50

On chauffe légèrement l'émulsion argentique, et on ajoute B par petites portions. Le mélange prend une couleur olive; on laisse refroidir avant d'ajouter C et D à l'état sec. Ces substances se dissolvent rapidement par agitation; il ne reste plus qu'à compléter le volume de 480 centimètres cubes avec de l'eau, et le révélateur est prêt à servir. Comme il s'altérerait rapidement au contact de l'air, on le répartit en petits flacons soigneusement bouchés; essayé au papier rouge de tourne-sol, il doit accuser une légère réaction alcaline.

La plaque ayant reçu une pose instantanée, car ce révélateur n'est avantageux que dans les cas de sous-exposition, est plongée dans une quantité suffisante de liquide pour la bien recouvrir; elle y devient invisible à cause de son opacité. En agitant, pour la découvrir de temps à autre, on ne tarde pas à voir l'image se dessiner. On ne doit considérer la révélation comme complète que lorsque les ombres sont devenues brun-jaunâtre; d'ailleurs, à ce moment, la plaque est devenue gris-noisette sur toute la surface, et par transparence elle paraît totalement opaque.

On lave le négatif sous un filet d'eau en s'aidant d'une touffe de coton, et on fixe à la manière habituelle. La durée totale du développement est toujours assez longue; ainsi, une plaque dont la sous-exposition n'est pas trop considérable exige en moyenne de six à douze minutes; mais elle peut exiger trente et quarante minutes dans le cas contraire. D'ailleurs, un développement trop prolongé n'a d'autre défaut que de fournir un négatif excessivement dense dans toutes ses parties, long, par conséquent, à imprimer.

CHAPITRE XX

ACTION DES MATIÈRES COLORANTES, COMME SENSIBILISATEURS OPTIQUES, SUR LE GÉLATINO-BROMURE D'ARGENT, AUGMENTATION SUBSÉQUENTE DE LA SENSIBILITÉ AU VERT, AU JAUNE ET AU ROUGE.

Sensibilisateurs optiques. — Bien que le bromure d'argent, à la suite d'une longue exposition montre une action dans le jaune du spectre, et même au-delà vers le rouge, il n'en est pas moins vrai que dans les circonstances ordinaires cette impression est faible ou à peine marquée. Vogel et Ducos-du-Hauron ont découvert, en 1873, ou un peu avant, que certaines matières colorantes mélangées au collodion ou au collodio-bromure d'argent le rendent sensible, ou du moins exaltent de beaucoup sa sensibilité pour les rayons jaunes, verts ou rouges, si ces matières colorantes ont la faculté d'absorber les rayons de cette même couleur.

La manière dont se comportent le bromure, l'iodure et le chlorure d'argent dans le collodion, vis-à-vis de tels sensibilisateurs optiques, fut non seulement étudiée par Vogel et Ducos-du-Hauron, mais encore par Waterhouse, Cros, Eder et bien d'autres, qui en ont donné des applications pratiques.

Sur ces entrefaites survient le gélatino-bromure d'argent ; aux nouvelles surfaces furent appliqués des révélateurs nouveaux et, il faut le dire, les sensibilisateurs optiques qui donnaient des résultats précis avec le collodion, se montrèrent très peu actifs introduits dans les plaques à la gélatine ; à tel point que Vogel avança que l'indifférence du gélatino-bromure, vis-à-vis des sensibilisateurs optiques, était caractéristique de cette modification du bromure d'argent, bien qu'il eût connaissance de la faible action sensibilisatrice du rouge d'aniline.

Bientôt, MM. Attout-Tailfer et Clayton trouvèrent un perfectionnement qu'ils firent breveter (13 décembre 1882 et 29 mars 1883), d'après lequel le gélatino-bromure devient très sensible au jaune, une fois coloré par l'éosine en solution ammoniacale ; ils préparèrent, d'après ce système, des plaques qu'ils nommèrent *isochromatiques*.

Vogel, Schumann et Eder, soumirent dans la suite un très grand nombre d'autres matières colorantes à des essais, afin de s'assurer de leur pouvoir sensibilisateur. Des travaux de ces savants et de quelques autres praticiens, on peut admettre comme bien établi :

1° Que l'on peut, pour sensibiliser les plaques aux couleurs dites peu photogéniques, ajouter la matière colorante soit à l'émulsion préparée, soit la faire intervenir au moment de sa formation, soit enfin colorer au bain les plaques sèches;

2° Que les plaques préparées au bain, si elles sont d'une bien plus courte conservation, donnent, la plupart du temps, de meilleurs résultats surtout si on fait intervenir l'ammoniaque. (Il faut, pour que l'emploi du bain alcalin soit possible, que l'ammoniaque n'ait pas, cela se comprend, d'action destructive sur la matière colorante.) Eder, à la suite d'essais nombreux, fit cette remarque, et moi-même je suis arrivé aux mêmes conclusions pour toutes les couleurs du groupe éosine ou cyanine. Outre l'emploi d'une solution ammoniacale de la matière colorante, il est encore avantageux de baigner préalablement les plaques dans une solution étendue de ce même alcali (de 0 gr. 25 à 2 grammes AzH^3 pour 100 centimètres cubes d'eau); ce bain semble n'avoir d'autre effet que de mieux ramollir la gélatine et de permettre un contact plus intime de la couleur avec les molécules de bromure d'argent, bien que, d'après Abney, le simple contact superficiel suffise pour rendre le bromure d'argent orthochromatique; ce qu'il démontre, en recouvrant une plaque sèche d'un collodion coloré à l'éosine ou à la cyanine. Wellington et Pringle, Vogel et l'Auteur n'ont, au contraire, pu constater qu'une action bien faible en opérant d'après la méthode d'Abney; on peut donc admettre que les sensibilisateurs optiques agissent d'autant mieux qu'ils sont en contact plus intime avec les molécules du sel sensible;

3° La quantité de matière colorante doit être toujours très faible et cela pour la raison suivante : c'est que, si la couche est trop fortement colorée, la lumière la pénètre difficilement et n'influence que les couches superficielles de sel d'argent : souvent, dans ce cas, le maximum d'action est perdu. Par contre, avec trop peu de couleur, il arrive que l'action sensibilisatrice est trop inférieure à la sensibilité propre du bromure d'argent. La meilleure concentration doit varier, et varie, en effet, avec la nature de la matière colorante. En moyenne, une dose de 2 à 4 milligrammes par 100 centimètres cubes d'émulsion ou de bain suffisent. Certaines couleurs, d'un pouvoir colorant très énergique, doivent être plus diluées et d'autres, d'une énergie colorante moindre, doivent être employées à des doses plus fortes, jusqu'à 10 fois plus fortes parfois; l'érythrosine à un millième sensibilise très nettement pour le vert-jaune en montrant la bande qui la caractérise et cependant, à cette dose, on ne perçoit pas que la couche ait subi une coloration quelconque.

Action des matières colorantes sur le bromure d'argent. — Dans l'action des matières colorantes sur le bromure d'argent, nous avons à considérer :

1° Leur influence sur la sensibilité totale des plaques.

Souvent la sensibilité pour le bleu et le violet est amoindrie, de telle sorte que, par exemple, elle n'est plus que le dixième de celle que le bromure avait avant la coloration.

La plupart des couleurs violettes et vertes et quelques autres montrent cette propriété.

2° Leur influence sur la sensibilité relative pour le jaune, le vert, l'orangé, le rouge..., indépendamment du fait que celle du bromure d'argent coloré diminue ou non par le bleu. J'entends dire par là qu'une plaque au bromure d'argent coloré, par exemple, par le rose Bengale, a une sensibilité plus grande que la même plaque non colorée pour le jaune-vert (au voisinage de la raie D), tandis que sa sensibilité pour le bleu est devenue trois fois moindre. Il s'ensuit donc que la sensibilité totale a diminué et que sa sensibilité pour le vert-jaune a augmenté. Cette plaque, après avoir subi la coloration au rose Bengale, devra, par conséquent, être exposée une durée de trois à quatre fois plus longue en lumière naturelle ; mais, durant cette exposition, les bleus n'auront pas acquis une intensité plus grande que sur une plaque ordinaire, tandis que les couleurs vert-orangé seront plus vigoureuses.

Une plaque réellement isochromatique, c'est à dire susceptible de reproduire les couleurs avec la même tonalité que les voit l'œil humain, devrait donner au développement la même intensité à l'orangé (correspondant à la raie C du spectre) et au bleu clair (correspondant à la raie F); le jaune (correspondant à la ligne D) devrait être environ huit fois plus intense que ce même bleu clair, le vert orangé dix fois, le vert pur trois fois, et enfin le violet ne devrait représenter que le dixième de l'action du bleu clair.

Utilité des écrans. — Jusqu'ici on n'a pu trouver de sensibilisateurs capables de produire ce résultat en posant la glace à l'état naturel, et j'entends dire par là sans faire usage d'un écran coloré. Si on met, en effet, en avant de la plaque une glace ou une pellicule de collodion et... colorées en jaune, on affaiblit tellement la couleur bleue qu'il est possible, avec les plaques isochromatiques dont on dispose actuellement, de reproduire, si l'écran est convenablement choisi, le vert orangé plus vigoureux que le bleu ou le violet, et avec d'autres le rouge plus intense que le bleu ; dans ce dernier cas, il est indispensable d'arrêter presque totalement le bleu au moyen d'un écran orangé.

Dans le traité qui sera consacré à l'emploi des plaques orthochromatiques, je donnerai quelques détails sur les diverses couleurs employées comme sensibilisateurs optiques, en indiquant les régions du spectre pour lesquelles leur action est manifeste et les conséquences pratiques qui résultent de leur emploi. Ici, comme j'ai eu l'occasion de le dire déjà, je vais me contenter de donner de simples indications générales.

Mélange de plusieurs sensibilisateurs. — Aucune couleur ne sensibilise le bromure d'argent pour une partie très étendue de la région peu réfrangible du spectre ; mais, comme on possède un grand nombre de matières colorantes dont les maxima d'action sont voisins ou se suivent dans ces régions peu réfrangibles, il serait assez naturel de supposer qu'en effectuant le mélange de deux ou plusieurs de ces couleurs, on arriverait à exalter la sensibilité pour toute la série de couleurs spectrales dites peu photogéniques, qu'on produirait ainsi très facilement une plaque *orthochromatique ou panchromatique.*

Le problème est cependant moins simple en pratique, car généralement ces matières colorantes combinées agissent l'une au détriment de l'autre. Comme exemple de ce fait, on peut citer la cyanine et l'éosine : une plaque teintée par le mélange de ces deux couleurs accuse une sensibilité pour le rouge plus faible que si la cyanine avait été employée seule ; de même, la sensibilité pour le jaune vert est moins accusée que par l'emploi de l'éosine seule. Cependant, au moyen d'un mélange de plusieurs couleurs, la sensibilité peut être étendue à une plus grande étendue du spectre, et cela *en les choisissant telles que le maximum d'action de l'une se produise à la même place que le minimum d'action de l'autre.* De la sorte, on peut arriver à préparer une plaque possédant une égale sensibilité pour toute l'étendue du spectre sans qu'il se produise un seul maximum ou minimum apparent.

MM. Lumière ont publié, dans le *Bulletin de la Société française de Photographie* (année 1895), les recherches qu'ils ont faites sur de nouveaux sensibilisateurs qui n'avaient point été essayés jusqu'ici. Ils ont trouvé à des classes entières de matières colorantes les propriétés les plus remarquables qui leur ont permis de préparer leurs plaques panchromatiques, qui, on le sait, sont sensibles au rouge, au jaune et au vert. C'est après avoir reconnu qu'il était convenable de n'employer que des sensibilisateurs agissant à très faible dose, que MM. Lumière furent conduits à étudier ou même à préparer ces nouvelles matières colorantes. Les sels des succinéines, benzoéines, tartréines, citréines, etc., chlorées, iodées, bromées, provenant de la condensation d'acides ou d'anhydrides organiques avec la résorcine ; la condensation des mêmes corps avec le métadiphénol et les homologues des substances dihydroxylées et amidohydroxylées, ayant leur substitution en position méta, constituent les sensibilisateurs expérimentés par les savants lyonnais ; mais ceux qu'ils ont utilisés paraissent appartenir principalement à la série du triphénylméthane.

Pour donner à une plaque au bromure une sensibilité aux diverses régions spectrales comparable à celle de notre œil pour les mêmes régions on opère de la façon suivante : on photographie un spectre avec l'émulsion à modifier, et on détermine les régions pour lesquelles il y a lieu d'augmenter la sensibilité ; on recherche ensuite, parmi les colorants actifs à dose très minime, ceux dont les sels d'argent présentent une bande d'absorption dans ces diverses régions. A l'aide d'essais spectographiques méthodiques, on arrive promptement à déterminer les teintures à utiliser et les proportions relatives de chacune d'elles ; on réalise ainsi facilement le panchromatisme.

Ces préparations présentent encore une trop grande sensibilité relative pour le vert-bleu du spectre. On arrive à la diminuer en interposant sur le trajet des rayons lumineux, durant la pose, un écran verdâtre convenablement choisi ; on arrive alors, avec cet artifice, à reproduire les couleurs avec une tonalité relative qui ne laisse guère à désirer.

Conditions auxquelles doit satisfaire un sensibilisateur optique. — Lorsqu'on se livre à la recherche de sensibilisateurs optiques, la première question qui se pose est la suivante : quelles sont les couleurs qui sont des sensibilisateurs ? A cela, la meilleure réponse consiste à dire qu'on doit les expérimenter ; mais il serait inutile d'essayer celles qui ne satisferaient point aux conditions ci-après :

1° Elles doivent colorer le grain du bromure d'argent ;

2° Elles doivent à l'état sec, qu'elles aient servi à colorer une feuille de gélatine, ou mieux une pellicule au gélatino-bromure, montrer dans le spectre une bande d'absorption intense, qui se traduira par un noircissement intense du bromure d'argent à cette même place. Bien entendu, c'est à l'état d'extrême dilution qu'elles doivent présenter cette propriété. Toute matière colorante qui ne fournirait qu'une étroite bande d'absorption ne donnera qu'une étroite bande de sensibilisation.

Dans d'étroites limites, les couleurs, de composition chimique analogue, possèdent des spectres d'absorption et une action sensibilisatrice semblable ; ainsi, l'iodure, le chlorure, le sulfate et le nitrate de cyanine se comportent à peu près de la même façon. On retrouve à peu près les mêmes qualités dans les dérivés de la fluorescine : la *chrysoline,* ou benzol-fluorescine, est un sensibilisateur pour le vert ; les bromure, iodure et chlorure de fluorescine, ou *éosines,* sont des sensibilisateurs pour le jaune-vert et le jaune. Je pourrais multiplier ces exemples en citant un grand nombre de séries de couleurs ; mais ceci suffit, et je m'empresse de faire la remarque suivante : que cette similitude d'effets est détruite par la moindre action des nitro-dérivés, et qu'elle n'existe pas pour toutes les séries d'une façon absolue ; qu'il n'y a pas, en un mot, une relation constante entre la composition chimique et le pouvoir sensibilisateur des matières colorantes.

La seule chose certaine, c'est qu'il existe une relation constante entre la position du maximum d'absorption de la lumière traversant une couleur et son action sensibilisatrice sur le bromure d'argent ; l'une est la conséquence de l'autre, et de prime abord on est fondé à dire de quelle façon une couleur sensibilisera le bromure d'argent, si ce sera pour le vert, le jaune ou le rouge, et cela par le simple examen de son spectre d'absorption. Mais ni *la fluorescence* ni *la dispersion anormale* des matières colorantes ne peuvent, comme on l'a dit plusieurs fois, rendre compte de leur action sensibilisatrice sur le bromure d'argent pour les rayons peu réfrangibles.

Quel est le rôle des sensibilisateurs optiques? -- A quoi tient le pouvoir sensibilisateur des matières colorantes ? Les uns trouvent la réponse à cette question en disant qu'à la place de la bande d'absorption la molécule de la couleur est mise en état de vibration plus intense, et, par suite du voisinage, celle du bromure d'argent l'est aussi ou y participe. Cette opinion paraît assez peu vraisemblable ; il serait peut-être plus exact de dire qu'à la place des bandes d'absorption, la vibration de ces molécules est annulée, d'où production de chaleur ou décomposition chimique de la couleur ; si la décomposition chimique de la couleur s'effectue, les produits de la décomposition agissent comme réducteurs sur le bromure d'argent. Ce ne serait pas là, toutefois, un cas général, comme l'a démontré Vogel; mais il serait du moins applicable à la cyanine, d'après les expériences d'Abney. Eder admet que l'action de sensibilisation optique des matières colorantes est indépendante de la sensibilité à la lumière de la couleur elle-même : le bromure d'argent se combine, d'après cet auteur, par attraction moléculaire avec la couleur, et se colore ; la couleur ajoutée doit, par elle-même, absorber fortement la lumière aux lieu et place de sa bande d'absorption, et ces rayons absorbés sont convertis, pour la majeure part, en chaleur et, pour la plus faible part, en travail chimique ou oxydation, puisque la plupart des couleurs sensibilisatrices présentent une certaine stabilité à la lumière. Eder nomme l'extinction de la lumière, dans le premier cas (conversion en chaleur), extinction *photo-thermique*, et extinction *photo-chimique* dans le second (travail chimique ou oxydation).

Le bromure d'argent, intimement mêlé ou combiné avec une couleur possédant une bande d'absorption dans laquelle s'opère un travail photo-chimique, bénéficie lui-même de ce travail chimique, et, d'ailleurs, une autre circonstance tend à ce qu'il s'accomplisse : c'est la tendance que possède la couleur à s'oxyder dans les régions spectrales dont elle absorbe les rayons. Elle favorise ainsi ou provoque la décomposition du bromure d'argent, dont le brome mis en liberté est un oxydant puissant.

CHAPITRE XXI

FIXAGE DES ÉPREUVES NÉGATIVES

Utilité du fixage. — La plaque photographique qu'on vient de développer pour obtenir un phototype retient encore une grande partie des sels haloïdes d'argent qui n'ont point été modifiés par le révélateur ; elle a conservé, en effet, à peu près son état primitif dans les parties correspondant aux plus fortes ombres, tandis que la réduction peut, d'un autre côté, avoir intéressé presque toute son épaisseur dans les portions correspondant aux grandes lumières. Quoi qu'il en soit, le négatif n'est pas directement utilisable au sortir du bain de développement ; les parties qui doivent être absolument claires sont obscurcies par ces sels d'argent non réduits, et, de plus, lorsqu'on l'exposerait à la lumière, ces sels d'argent subiraient une décomposition ; il est donc doublement nécessaire de débarrasser la plaque de toute partie de sel d'argent qui n'a pas concouru à la formation de l'image. On y arrive au moyen de solutions de substances ayant la propriété de dissoudre le bromure, l'iodure ou le chlorure d'argent, sans affecter l'argent réduit qui forme l'image.

L'hyposulfite de soude, le cyanure de potassium, le sulfocyanure de potassium ou d'ammonium, sont les sels qui répondent à ce but ; les derniers, toutefois, ne sont plus guère usités depuis l'emploi des plaques à la gélatine parce que le cyanure, outre ses propriétés fortement toxiques, attaque assez sérieusement l'argent réduit et la gélatine elle-même, les sulfocyanures présentent ce même dernier défaut, ils ramollissent et dissolvent à froid la gélatine. En solution un peu concentrée l'action est assez rapide, à tel point qu'elle a été mise à profit pour le dépouillement à froid des épreuves au charbon.

Fixage à l'hyposulfite de soude. — Le chlorure et le bromure d'argent se dissolvent facilement dans une solution d'hyposulfite de soude ; l'iodure d'argent s'y dissout moins vite, ce que l'on constate en fixant des plaques renfermant une assez forte proportion de ce dernier sel. En même temps que la dissolution des haloïdes il se fait une double décomposition entre les sels; le chlore, le brome ou l'iode combinés à l'argent se portent sur une partie du sodium uni à l'acide hyposulfureux pour former du chlorure, bromure ou iodure de sodium, et l'acide hyposulfureux se combine à l'argent de ces haloïdes pour former de l'hyposulfite d'argent ; ce sel, à son tour, se combine à l'hyposulfite de soude pour former un sel double : l'hyposulfite d'argent et de soude. Or, comme il peut se former deux sortes de ces sels doubles, suivant la quantité d'hyposulfite de soude qui se trouve en présence de l'hyposulfite d'argent, nous allons voir que nous avons tout intérêt à ce que la combinaison soluble prenne naissance.

Si, en effet, l'hyposulfite de soude est en excès il se formera un hyposulfite double renfermant 1 atome de sodium et 1 atome d'argent $3S^2O^3NaAg$; si c'est, au contraire, le bromure d'argent qui est en excès, le sel double renfermera 4 atomes de sodium pour 2 atomes d'argent, c'est-à-dire deux fois plus de sodium que d'argent relativement au précédent. Voici, d'ailleurs, les formules de réaction qui se produisent dans les deux cas :

$$(1) \qquad AgBr + S^2O^3Na^2 = S^2O^3NaAg + NaBr.$$
$$(2) \qquad 2AgBr + 3S^2O^3Na^2 = (S^2O^3)^3Ag^2Na^4 + 2NaBr.$$

Le premier de ces sels doubles est soluble dans l'hyposulfite et même dans l'eau [1] tandis que le second est presque insoluble dans les solutions d'hyposulfite de soude et totalement insoluble dans l'eau ; de couleur d'abord jaunâtre il passe bientôt au brun foncé parce qu'il se transforme peu à peu en sulfure d'argent. Si ce dernier hyposulfite double s'est donc formé il sera impossible d'en débarrasser la couche, et il amènera bientôt l'obscurcissement de l'image par formation d'une teinte grise uniforme ou n'existant qu'aux points où il s'est accidentellement formé, aux endroits, par exemple, où les doigts de l'opérateur, imprégnés d'un peu d'hyposulfite, auront touché une plaque non encore plongée dans la solution d'hyposulfite de soude. On sait combien, par ce moyen, on produit facilement des taches indélébiles sur les épreuves négatives ou positives développées, quoique avec celles-ci elles soient moins sujettes à se montrer que sur

(1) Il est dit dans quelques ouvrages que ce sel est insoluble dans l'eau ; il y a là une confusion ; c'est l'hyposulfite d'argent simple, $S^2O^3Ag^2$, qui est insoluble dans l'eau et soluble dans l'hyposulfite de soude, avec lequel il forme le sel double qui, lui, une fois formé, est soluble dans l'eau : on ne pourrait sans cela s'expliquer son élimination des plaques photographiques par leur lavage à l'eau pure, comme cela se pratique ordinairement. Nous verrons qu'il n'en est pas de même du sulfocyanure double d'argent et de soude.

les papiers à noircissement direct, qui renferment des composés solubles d'argent, plus aptes, par conséquent, à entrer en combinaison avec l'hyposulfite dont quelques traces peuvent exister sur la paroi des cuvettes où on les manipule ou qui existent sur les mains de l'opérateur.

De ces considérations, il ressort clairement que c'est toujours l'hyposufite double soluble qui doit se produire, résultat auquel nous arriverons en employant pour le fixage un large excès d'hyposulfite de soude ; d'une part, parce que c'est le seul moyen d'obtenir ce sel double soluble et, de l'autre, parce que ce dernier se dissout plus facilement dans l'hyposulfite de soude que dans l'eau. Nous sommes donc amenés à employer pour solution assez concentrée, car nous serons certains ainsi que la quantité d'hyposulfite sera assez forte, soit pour produire l'hyposulfite à 1 atome d'argent et à 1 atome de sodium, soit pour dissoudre facilement ce dernier malgré que la solution soit successivement employée pour un nombre assez considérable de négatifs. Il est cependant avantageux de ne pas dépasser la concentration de 20 à 25 grammes d'hyposulfite de soude pour 100 centimètres cubes d'eau car, soit au delà, soit notablement au-dessous, le bromure d'argent se dissout moins vite et moins facilement.

Le chlorure d'ammonium, à une dose égalant le quart de celle de l'hyposulfite accélère notablement la dissolution du bromure d'argent.

Nous devons, en second lieu, renouveler assez souvent le bain de fixage et cela pour deux raisons : la première, c'est que la solution ne tarde pas à se colorer à la suite des petites quantités de révélateurs que chaque négatif y introduit, malgré que nous ayons eu, comme on le fait ordinairement, la précaution de laver la plaque aussitôt après le développement pour enlever autant que possible le liquide révélateur qui l'imprègne et qui ne tarde pas à s'oxyder, et par conséquent à colorer la solution d'hyposulfite si celle-ci n'est pas additionnée, comme nous allons le voir tout à l'heure, d'un préservateur qui empêche ou du moins retarde la coloration qui peut provenir de cette cause. La seconde raison consiste en ce que le bain, à la suite de fixages successifs, s'appauvrit en hyposulfite de soude libre, de sorte que son action se ralentit et il se charge de plus en plus d'hyposulfite double d'argent et de soude, ce qui est un grand inconvénient si le bain est conservé à la lumière; sous son influence l'hyposulfite double jaunit et devient très peu soluble dans l'eau. Si donc un bain fixateur introduit dans la couche une quantité quelque peu notable de ce sel altéré par la lumière, il est à peu près certain que la gélatine se teintera de plus en plus en brun, durant l'impression des négatifs. Je reviendrai sur cet altération subséquente des épreuves fixées retenant, soit de l'hyposulfite de soude, soit de l'hyposulfite double d'argent et de soude, à propos des photocopies où son influence funeste se fait plus vivement sentir.

Procédés employés pour prévenir la coloration des bains de fixage. — Je disais tout à l'heure, que les bains de fixage se coloraient assez rapidement par suite des quantités croissantes de révélateurs oxydés que chaque négatif que l'on traite y introduit. En les additionnant de bisulfite de soude, agent préservatif et même décolorant, on les voit rester à peu près incolores, de sorte que c'est leur appauvrissement seul qui porte à les mettre hors d'usage au bout d'un certain temps. Ces bains, additionnés de bisulfite de soude, ont reçu le nom un peu impropre de *fixages acides*. Le bisulfite de soude étant une substance très avide d'oxygène, qui le ramène à l'état de sulfite neutre et même de sulfate de soude, on doit conserver les fixages acides dans des flacons bien bouchés et exactement remplis autant que possible ; il faut donc condamner cette pratique de quelques photographes peu soigneux qui les laissent longtemps séjourner dans les cuvettes.

Emploi de l'alun dans les bains de fixage. — On a également préconisé d'ajouter de l'alun au bain de fixage pour obtenir, en même temps que la dissolution des sels haloïdes, un durcissement et un éclaircissement de la couche. Cette pratique ne présente que des avantages si le bain renferme en même temps du sulfite ou du bisulfite de soude, tandis qu'elle a un grave inconvénient si elle est pratiquée sur une solution simple d'hyposulfite. Cette dernière, après cette addition, ne tarde pas à se troubler et à laisser déposer un fin précipité de soufre ; l'alun, étant un sel acide, décompose une partie de l'hyposulfite en produisant du sulfate de soude, un dégagement d'acide sulfhydrique ; en même temps, prennent naissance des sels de soude de la série thionique. Ce sont autant d'agents sulfurants, et, en outre, la couche peut être plus ou moins salie par le dépôt de soufre. Si, au contraire, on introduit l'alun dans un bain contenant du sulfite ou du bisulfite, on le voit se maintenir toujours parfaitement clair ; s'il y a production de soufre, il se dissout dans le sulfite ou le bisulfite pour produire de l'hyposulfite, et les autres réactions paraissent ne pas se produire. En somme, les bains de fixage acides et alunés sont parfaitement recommandables, car ils ont l'avantage de donner des négatifs bien clairs et dans lesquels la teinte produite par les révélateurs est sinon détruite, du moins atténuée ; ils ne présentent plus guère que la teinte de l'argent réduit, qualité que l'on recherche surtout pour les diapositives.

Durée du fixage. — On peut, sans doute, considérer un négatif comme entièrement fixé du moment que tout le sel sensible non utilisé est dissous, c'est à dire lorsque la plaque ne présente plus de parties blanches, même en l'examinant par sa face postérieure ; il est cependant utile de le laisser séjourner encore quelque temps dans l'hyposulfite pour que le sel double d'argent s'élimine en majeure partie de la couche de gélatine par phénomène d'exosmose. Ce sel n'étant, en effet, que très peu soluble dans l'eau, ce liquide ne le déplacerait que d'une façon incomplète au bout d'un temps fort long.

Phénomènes qui se produisent durant le fixage en pleine lumière. — Doit-on, ou du moins peut-on opérer le fixage en pleine lumière ? Avec certains révélateurs, ceux qui sont neutres ou à réaction acide (celui à l'amidol est dans le premier cas et celui à l'oxalate ferreux dans le second), le fixage en vive lumière ne présente aucun inconvénient bien sérieux, quoique cette pratique ne soit pas à recommander, tandis qu'elle expose à des insuccès si le révélateur est à réaction alcaline, comme le sont la plupart de ceux que l'on emploie couramment de nos jours. En voici les raisons : premièrement, dans le cas d'un révélateur neutre ou acide, le fixage est simplement retardé si on opère en lumière quelque peu abondante, parce que la gélatine devient moins soluble, lorsqu'elle est exposée au jour tant qu'elle contient encore une certaine quantité de l'agent réducteur. Sous l'influence de cette insolubilisation plus ou moins complète, la solution d'hyposulfite ne la pénètre que fort lentement ; donc, retard dans le fixage. Mais ce n'est pas là le seul inconvénient ; il en existe un autre plus important, puisqu'il est nuisible à la conservation de l'image : à la lumière, il se forme assez facilement de l'hyposulfite double d'argent et de soude insoluble, malgré la présence d'un excès de sel fixateur. Il est facile de s'en convaincre en fixant à la lumière vive une première plaque à couche épaisse formée également de gélatine dure ; après le débromurage complet, elle présentera une teinte jaunâtre plus ou moins prononcée, qu'elle conservera quelle que soit la durée des lavages, tandis qu'une seconde plaque de même nature fixée à l'obscurité sortira du bain parfaitement claire et limpide.

Si le révélateur est alcalin, très fortement alcalin surtout, comme le sont certains révélateurs à l'hydroquinone, au paramidophénol, etc., dans la composition desquels on fait entrer de la soude ou de la potasse caustiques, et que la plaque n'ait pas été parfaitement lavée avant le fixage, sous l'influence de la lumière et de l'alcali que renferme la couche, l'hyposulfite double d'argent et de soude est décomposé avec dépôt d'argent métallique très ténu, qui présente une teinte verte par réflexion et rouge par transparence. Le voile dichroïque que l'on constate sur les négatifs n'a pas, bien souvent, d'autre cause; je dis *bien souvent*, car il peut aussi se former durant un développement prolongé, exécuté avec un révélateur très alcalin, en notant que certaines émulsions, les émulsions ammoniacales, par exemple, sont plus sujettes à fournir cet insuccès que les émulsions neutres ou légèrement acides mûries par simple digestion. Nous reviendrons, d'ailleurs, plus tard, sur cette question du voile des plaques. Retenons pour le moment que le fixage en pleine lumière, après un développement alcalin, est une des causes auxquelles il faut souvent attribuer la formation du voile dichroïque.

Ce même voile peut se former, quoique plus rarement, lorsque le révélateur contient un bromure alcalin et que la plaque, imparfaitement lavée après le développement, est placée, imprégnée de ce sel, dans le fixage ; ce bromure de potassium, de sodium ou d'ammonium, se combine à du bromure d'argent pour former un bromure double, que l'hyposulfite décompose avec formation d'un dépôt excessivement fin d'argent réduit qui produit, comme précédemment, un voile de même apparence.

Nécessité du lavage de la plaque après le développement. — Il est donc nécessaire de laver assez soigneusement les plaques après le développement, et ne pas se contenter d'eau pure pour celles qui ont été traitées avec un révélateur fortement alcalin ; celles-ci seront de préférence lavées d'abord dans une solution d'acide citrique à 2 pour 100 pour saturer les restes d'alcali sans leur communiquer une réaction trop acide, qui présenterait des inconvénients, puisque cet acide décomposerait l'hyposulfite de soude en citrate de soude, soufre et acide sulfhydrique. Il faut, d'ailleurs, avoir soin, après un séjour d'une ou deux minutes dans le bain acide, de les laver encore à l'eau pure, qui enlève presque tout l'acide citrique ; les plaques arrivent ainsi à peu près à l'état de réaction neutre dans le bain de fixage.

Je terminerai ce chapitre en disant quelques mots sur les autres agents de fixage qu'on a employés autrefois ou dont on a tenté tout récemment l'emploi, pour éviter celui de l'hyposulfite, dont nous avons déjà signalé quelques défauts et auxquels je pourrais ajouter celui qui provient d'un lavage insuffisant à la suite duquel l'image est sujette à s'altérer; ce dernier sujet sera traité lorsqu'il sera question du fixage des images positives. Je signale enfin celui qui provient de ce que les teintes délicates peuvent être détruites par l'hyposulfite; ce sel, en effet, peut dissoudre l'argent finement divisé, tel que celui qui forme l'image, mais comme il ne le dissout qu'en petite quantité et à la longue, on peut, dans les circonstances ordinaires, ne tenir aucun compte de cette action dissolvante; il faudrait qu'un négatif fût resté un bon nombre d'heures, par oubli ou intentionnellement, dans l'hyposulfite pour qu'on pût en constater les effets.

Autres agents de fixage. — Le cyanure de potassium KCAz, qu'on a beaucoup employé à l'époque du collodion, dissout rapidement les sels haloïdes d'argent en formant du bromure, chlorure ou iodure de potassium et un cyanure double d'argent et de potassium soluble dans le cyanure en excès ou dans l'eau. C'est un produit fort dangereux, altérable et attaquant sensiblement et assez vite les teintes délicates, on a donc bien fait de l'abandonner.

Les sulfocyanures de potassium et d'ammonium KCAzS, qui résultent de la combinaison d'un atome de cyanure et d'un atome de soufre, sont beaucoup moins vénéneux, peuvent servir d'agents fixateurs mais, comme je l'ai dit, ils dissolvent la gélatine, de sorte que cette propriété ne les rend guère applicables aux émulsions gélatineuses tandis qu'ils peuvent parfaitement servir aux négatifs sur collodion ou albumine.

Les sulfocyanures dissolvent les haloïdes d'argent en formant des sels doubles (AgCAzS + KAzS) qui sont solubles dans un excès de sulfocyanure mais insolubles dans l'eau pure; il est donc impossible de laver les négatifs fixés aux sulfocyanures dans l'eau; il faudrait, pour éliminer le sel double, les traiter par deux ou trois bains successifs de sulfocyanure pour ne voir plus se produire, au sein de la couche, un précipité de sulfocyanure d'argent. Cette complication, jointe au prix assez élevé des sulfocyanures, n'a pas permis de les adopter d'une façon courante.

L'ammoniaque AzH^3 constitue un bon dissolvant des sels haloïdes d'argent mais l'odeur forte de ce produit, son action énergique sur la gélatine et la cellulose, n'en permet guère l'emploi à l'état de solution suffisamment concentrée.

Le sulfocyanure d'ammonium, chauffé à près de 180°, se transforme en *sulfocarbamide* ou *sulfo-urée*, $CS\left\langle\begin{matrix}AzH^2\\AzH^2\end{matrix}\right.$ (1) Cette substance dissout les haloïdes d'argent en formant, si elle est en excès, un sel double parfaitement soluble dans l'eau; la sulfo-urée peut donc servir au fixage des préparations qui ne contiennent pas de nitrate d'argent libre, tandis qu'elle ne pourrait être utilisée avec celles qui en renfermeraient, parce que, au contact du nitrate d'argent, elle forme un composé insoluble aussi bien dans l'eau que dans un excès de réactif.

Pour clore cette série de substances qui possèdent la propriété de dissoudre les haloïdes d'argent, signalons la *thiosinamine ou allylsulfo-urée* qui est une combinaison de sulfocarbamide et du radical allyle C^3H^5 (2). Une dissolution saturée de cette substance dissout assez bien le chlorure d'argent mais faiblement l'iodure et le bromure d'argent; elle ne forme pas de précipité avec le nitrate d'argent libre et la dissolution des haloïdes reste parfaitement claire lorsqu'on l'étend d'une quantité d'eau quelconque. La thiosinamine ne pourrait donc guère être appliquée au fixage des négatifs, tandis qu'elle serait d'un emploi avantageux pour celui des photocopies au chlorure d'argent; d'autant plus que sa présence dans ces épreuves n'entraînerait pas d'altération et que les acides ne produisent pas avec elle de dépôt de soufre, il faut, au contraire, acidifier ses solutions pour prévenir la formation du sulfure d'argent.

Signalons, en passant, une autre propriété assez curieuse de la thiosinamine : ajoutée en petite quantité à un révélateur, elle provoque le renversement de l'image, c'est à dire qu'après exposition à la chambre noire, au lieu d'un négatif on obtient directement un positif.

(1) Le sulfocyanure d'ammonium et la sulfo-urée sont deux corps isomères; leur formule brute est, pour l'un et pour l'autre, CAz^2H^4S; leur constitution moléculaire est seulement différente; dans le premier, on peut supposer le groupe sulfocyanhydrique, monovalent, uni au radical AzH^4, $(CSAz - AzH^4)$; dans le second, le groupe CS, divalent, est uni aux deux groupes AzH^2 monovalents, $CS\left\langle\begin{matrix}AzH^2\\AzH^2\end{matrix}\right.$.

(2) La thiosinamine peut être considérée comme de la sulfocarbamide, dans laquelle un atome d'hydrogène du radical AzH^2 a été remplacé par le radical C^3H^5 :

$CS\left\langle\begin{matrix}AzH^2\\AzH^2\end{matrix}\right.$ Sulfocarbamide.

$CS\left\langle\begin{matrix}AzH^2\\AzH(C^3H^5)\end{matrix}\right.$ Thiosinamine.

CHAPITRE XXII

INVERSION DES NÉGATIFS

Depuis l'apparition des plaques pour la photographie des couleurs par juxtaposition (autochromes, omnicolores, diopichromes, etc.), l'inversion des négatifs est devenue une opération courante tandis qu'elle n'était, auparavant, que très rarement mise en pratique pour la confection soit de contretypes, soit pour obtenir une épreuve positive directe après exposition d'une glace ou d'un papier à la chambre noire.

Dans ce qui va suivre, comme du reste à propos de toutes les opérations photographiques que nous avons passées en revue, ou qui le seront, je ne ferai que mentionner le procédé opératoire sans donner des formules ou entrer dans de grands détails, la partie théorique seulement nous retiendra.

Théorie du procédé. — Dans une plaque photographique, telle qu'on la retire d'une boite, c'est à dire n'ayant pas encore reçu d'impression lumineuse, il se trouve à la surface du verre une couche régulière et d'une certaine épaisseur, peu considérable il est vrai, de tel haloïde d'argent sensible à la lumière.

Une fois exposée dans la chambre noire, qu'elle a subi une impression latente, ce sel d'argent se trouve impressionné, mais à des degrés différents. Dans les parties fortement éclairées, nous admettrons que la lumière a agi sur toutes les molécules de sel d'argent qui forment l'épaisseur de la couche ; l'impression latente a, en un mot, intéressé la couche de part en part. Dans les parties moins éclairées, l'impression latente n'a intéressé qu'une partie de l'épaisseur, et cette partie est d'autant moins importante que la lumière était plus faible.

Il en résulte que lorsque nous développerons la plaque, et ici nous allons faire abstraction de tout phénomène secondaire ou accidentel (voile, halos...), aussi longtemps que nous laissions agir le révélateur, le sel d'argent, s'il est réduit dans toute l'épaisseur de la couche dans les parties correspondant aux fortes lumières, ne saurait l'être dans celles correspondant aux ombres ; dans celles-ci ce ne sont que les parties superficielles qui se transforment en argent réduit ; au-dessous il subsiste des molécules en plus ou moins grand nombre qui conservent leur premier état. De telle sorte que si, par exemple, après la première impression nous en faisons subir une seconde à la plaque suivie d'une nouvelle action du révélateur nous arriverons à réduire la totalité du sel d'argent.

Mais, supposons qu'avant d'exposer la plaque au jour pour la deuxième fois, nous dissolvions l'argent réduit au cours de la première opération, quel sera le résultat que nous obtiendrons au cours du deuxième développement ? Les fortes lumières ayant intéressé toute l'épaisseur de la couche, cela revient à dire qu'en ces parties toutes les molécules de sel haloïde ont été réduites à l'état de métal et que, par conséquent, il n'y reste plus de ces molécules sur lesquelles la lumière puisse en second lieu porter son action.

Le révélateur n'aura donc aucun travail à effectuer après la seconde impression ; ces fortes lumières qui, après l'action du dissolvant de l'argent étaient devenues absolument transparentes le resteront au cours du deuxième développement.

Le résultat est tout différent vis à vis d'une demi-teinte ou d'une ombre épaisse. Sous l'argent réduit, qui, dans le négatif, représente les premières, il subsiste une épaisseur plus ou moins considérable d'haloïde que le premier développement n'a point décomposé et qui sera apte à l'être lorsque après la seconde impression lumineuse nous ferons à nouveau agir un révélateur. Il se produira donc, aux endroits correspondants. une réduction et par suite un noircissement en relation avec l'épaisseur de molécules non affectées par le premier développement.

Enfin, dans les ombres épaisses, la réduction ayant été primitivement nulle, ou du moins à peine sensible, prendra l'intensité maximum.

En somme, le résultat final sera une inversion complète de l'image ; au lieu d'un négatif, notre méthode nous fournira un positif.

Toutefois, en y réfléchissant, nous voyons que la glace que nous devons employer doit remplir certaines conditions, sans lesquelles le résultat laissera plus ou moins à désirer et, qu'aussi, nous devons conduire les opérations d'une façon quelque peu spéciale. Supposons, tout d'abord, que la couche d'émulsion soit relativement épaisse (d'épaisseur égale à celle que l'on retrouve sur les bonnes plaques pour négatifs). Même dans les grandes lumières nous ne ferons pas assez longtemps agir le premier révélateur pour que la réduction du sel d'argent soit totale de part en part ; on sait, en effet, que la densité des négatifs est largement suffisante quand, en examinant le dos de la plaque, les grandes lumières commencent simplement à y être nettement visibles ; au-dessous d'elles il subsiste à ce moment du bromure non réduit.

Il en résulte que si nous dissolvons l'argent constituant l'image négative, si nous exposons une seconde fois la plaque à la lumière et si nous faisons agir un second révélateur, il s'opérera une réduction notable vis à vis de ces parties qui devraient n'en offrir que de faibles traces ou parfois être représentées sur le positif par la transparence absolue du verre. Les parties fortement éclairées de notre positive seront donc affectées d'un certain voile. Si nous considérons une teinte légère avec de légers détails, il est certain que la réduction qui s'est opérée en ces parties, lors du premier développement, est peu importante et que, sous l'argent réduit, il subsiste une forte épaisseur de sel d'argent non modifié, au second développement il se produira là des opacités si fortes que les détails disparaitront.

Les raisonnements que nous venons de faire nous portent donc, d'une part, à développer à fond les images négatives auxquelles on veut faire subir l'inversion, et nous indiquent que cette précaution ne sera pas, la plupart du temps, suffisante et qu'il faut encore choisir des plaques préparées spécialement ou du moins à couche relativement mince comme le sont celles que l'on dénomme « plaques pour diapositives », comme le sont les plaques « autochromes » et autres plaques pour la photographie des couleurs. Mais, pour que l'image positive soit satisfaisante, la première pose ne doit pas trop s'éloigner de la normale. Si, en effet, la pose est insuffisante, les ombres et autres parties peu éclairées, ne seront le siège que d'une très faible réduction et, au second développement, elles viendront trop intenses, les détails y seront peu ou point apparents ; dans les parties fortement éclairées ces détails y seront aussi perdus mais pour une cause toute contraire; la première réduction a intéressé largement toute la couche, même là où il aurait dû subsister un peu de sel d'argent et au second développement nous n'aurons que des masses vitreuses.

La pose est-elle trop longue, si nous développons la plaque avec un révélateur normal, j'entends dire par là non préparé en vue d'une surexposition, nous obtiendrons une image dont les intensités relatives des grandes lumières aux ombres ne sont pas assez marquées, c'est à dire dans laquelle la réduction du sel d'argent, lors du premier développement, s'est, au moins pour les parties peu éclairées, produit sur une épaisseur trop importante de la couche ; une fois l'argent dissous il n'y restera que peu de sel d'argent à réduire de telle sorte que notre positive sera faible, sans contrastes et très transparente.

Je me suis assez longuement étendu sur les effets produits par la sur ou sous exposition car les personnes non prévenues ne se rendent pas toujours compte qu'une positive trop sombre, manquant de détails dans les parties peu éclairées, provient ou d'une surexposition première de la plaque ou d'un développement qui n'a pas été assez poussé. Elles attribuent ce résultat à un voile de l'image négative ce qui ne peut-être, celui-ci ayant seulement pour effet d'éclaircir l'image positive. Le voile de l'image négative, en effet, consiste en une réduction du sel d'argent sur toute la surface de cette image; la solution que nous employons pour dissoudre l'image négative dissout aussi l'argent qui forme le voile, le résultat final est une perte générale de sel d'argent, et, par conséquent, une diminution de l'intensité générale de l'image positive.

Série des opérations. — Après cela il me reste peu de chose à dire sur l'ensemble des opérations.

Après une pose, aussi exacte que possible, on développe l'image sans crainte d'insister un peu sur la durée de cette opération.

On lave pour éliminer autant que possible le révélateur puis on dissout l'argent qui forme l'image négative au moyen d'un réactif qui ne porte point atteinte au bromure d'argent non réduit par le révélateur.

On peut avoir recours pour cela soit à une solution de permanganate de potasse acidulée par de l'acide sulfurique, soit à une solution de bichromate de potasse également rendue acide par l'acide sulfurique. Permanganate et bichromate sont des oxydants énergiques qui oxydent l'argent réduit, le transforment en oxyde d'argent lequel se combine à l'acide sulfurique pour former du sulfate d'argent soluble. L'image négative est donc détruite, sur la plaque il ne reste plus que du bromure d'argent apte à être impressionné par une exposition de la plaque au jour et réduit si on le soumet de nouveau à un révélateur. Celui-ci pouvant être celui qui a déjà servi à développer l'image négative.

Le permanganate de potasse ou le bichromate n'exercent leur action oxydante qu'en cédant une partie de l'oxygène qui les constitue ; si nous considérons le premier sel, la transformation qu'il subit peut être représentée par l'égalité :

$$2MnO^4K + 3SO^4H^2 = 2SO^4Mn + SO^4K + 3H^2O + 5O$$

mais il se forme aussi des produits d'oxydation inférieurs du manganèse de couleur jaune ou brune comme l'indique la teinte grisâtre qu'acquiert la plaque lorsque, après dissolution totale de l'argent, on la retire du bain oxydant. Ces oxydes de manganèse étant insolubles dans l'eau, un lavage à l'eau pure ne peut faire disparaître cette teinte grise, mais on la voit rapidement disparaître dans une solution de sulfite ou de bisulfite de soude, on peut même se dispenser de ce traitement au sulfite puisque le révélateur auquel nous allons soumettre la plaque à nouveau comprend du sulfite de soude dans sa composition.

Il est évident qu'après dissolution de l'argent la plaque doit être exposée en pleine lumière pour impressionner le bromure d'argent qu'elle retient et qui, sous l'influence du second développement, nous fournira l'image positive, mais il faut, toutefois, remarquer que cette exposition à la lumière avant de faire agir le révélateur ne doit pas être prolongée outre mesure; on ne doit pas, par exemple, si on interrompt les opérations après la dissolution de l'argent et lavage de la plaque, pour ne les reprendre que le lendemain, laisser la plaque plusieurs heures au jour; il arrivera certainement que le sel d'argent sera solarisé et ne fournira qu'une positive faible, résultat d'une inversion partielle.

Il est encore évident qu'une positive obtenue par les procédés d'inversion que nous venons de décrire ne nécessite pas de fixage final, tout l'haloïde d'argent ayant été réduit soit dans le premier développement, soit dans le second. Néanmoins on recommande de passer ces épreuves à l'hyposulfite qui augmente légèrement leur brillant.

CHAPITRE XXIII

LAVAGE DES ÉPREUVES NÉGATIVES

Au sortir du fixage, une épreuve négative renferme de l'hyposulfite de soude, une petite quantité d'hyposulfite double d'argent et de soude dont il faut la débarrasser car, en premier lieu par le séchage, l'hyposulfite de soude cristalliserait à la surface de la couche, attaquerait les demi-teintes et enfin serait la cause certaine d'une altération qui mettrait plus ou moins de temps à se manifester, puisque, au contact de l'air, par suite de l'humidité et de l'acide carbonique qu'il renferme, l'hyposulfite de soude se convertit en sulfure puis en sulfate. Nous avons déjà vu que l'hyposulfite double jaunit vite à la lumière, devient insoluble et ne tarde pas lui aussi à se sulfurer. Il est donc de toute nécessité de priver la plaque de ces deux agents de destruction, on y arrive par des lavages abondants, opérés avec de l'eau qu'on renouvelle de quart d'heure en quart d'heure ou en ayant recours à des appareils de lavage qui renouvellent automatiquement l'eau au moyen d'un siphon qui s'amorce et se désamorce et d'un écoulement constant du liquide dans la cuve.

En voyage et en bien d'autres circonstances, on ne peut pas consacrer au lavage le temps nécessaire et l'on a songé pour activer l'élimination de l'hyposulfite, ou serait-il mieux de dire, pour détruire les petites quantités qui restent encore dans la couche après un lavage un peu sommaire, on a songé, dis-je, à faire intervenir certains agents chimiques qui provoquent cette destruction de l'hyposulfite de soude.

Éliminateurs de l'hyposulfite de soude. — Une des substances les plus anciennement employées dans ce but est l'eau de javelle, c'est à dire un mélange de chlorure de potassium et d'hypochlorite de potasse ou les sels correspondants de soude ; ils agissent comme oxydants, parce que l'acide carbonique de l'air ou dissous dans l'eau décompose l'hypochlorite ; l'acide hypochloreux, devenu libre, décompose l'eau et fournit de l'oxygène naissant qui transforme l'acide hyposulfureux de l'hyposulfite en sulfate, corps qui n'a plus aucune influence néfaste sur la conservation du négatif.

Les persulfates agissent également comme oxydants; mais il faut éviter de les faire agir en solution acide, car, comme nous le verrons, ils agissent alors comme faiblisseurs de l'image ; il en est de même de l'eau oxygénée, du permanganate de potasse.

Le perchlorate de potasse agit d'une manière analogue à celle du persulfate de potasse ; il transforme l'hyposulfite en tétrathionate de soude.

M. Mercier, trouvant que les persels ne décomposent qu'imparfaitement l'hyposulfite, a proposé l'emploi d'un *sel iodé* préparé en mélangeant au mortier 3 grammes d'iode et 30 grammes de chlorure de sodium ; on ajoute de l'eau par petite quantité, l'iode se dissout dans la solution concentrée de chlorure ; on mélange ensuite avec 30 grammes de carbonate de soude, et ce mélange est dissous dans un litre d'eau. Cette solution, d'abord jaune, peut être mise en usage aussitôt qu'elle est décolorée c'est à dire au bout de 20 à 24 heures environ. Les négatifs retirés de l'hyposulfite sont d'abord lavés à l'eau, puis plongés durant une demi-heure dans la solution ci-dessus et enfin lavés à l'eau pure. L'emploi du sel iodé convient peut-être encore mieux après le fixage des photocopies à base de chlorure d'argent.

Le nitrate de plomb ou les autres sels solubles de plomb ont été également conseillés pour assurer l'élimination de l'hyposulfite. Comme les elss de plomb donnent un précipité laiteux de carbonate et de sulfate de plomb lorsqu'on les dissout dans l'eau ordinaire, qui renferme toujours de l'acide carbonique, des carbonates et des sulfates de chaux, il sera préférable de les dissoudre ou bien dans l'eau distillée, ou bien dans de l'eau ordinaire rendue acide ; on peut, par exemple, employer la solution suivante :

Eau	1000^{cc}
Acide acétique	4^{gr}
Acétate de plomb	2 »

dans laquelle on laisse séjourner, durant une dizaine de minutes, les clichés, qu'on a préalablement lavés à plusieurs eaux après les avoir retirés du bain de fixage.

L'alun, enfin, sert d'éliminateur à l'hyposulfite, mais il faut que les négatifs aient été préalablement lavés avec un certain soin, qu'il reste très peu d'hyposulfite dans la couche ; en effet, l'alun décompose l'hyposulfite en sulfite et en soufre qui reste dans la couche. Bien que, théoriquement, à cause de cela, l'alun ne puisse être recommandé, son emploi n'en est pas moins très répandu et je ne sache pas que dans la plupart des cas la petite quantité de soufre qui reste dans le négatif ait agi bien défavorablement sur leur conservation. Il pourrait résulter de ce dépôt, s'il était très abondant, c'est à dire si la plaque retenait une grande quantité d'hyposulfite, un aspect opalescent de la couche dont on ne pourrait plus la débarrasser.

Quelques opérateurs se contentent de passer leurs négatifs dans une eau salée (à 50 grammes environ pour 1000) qui facilite beaucoup l'élimination subséquente de l'hyposulfite, mais sans le détruire ; de plus, le chlorure de sodium retarde dans une large mesure la décomposition de l'hyposulfite de soude argentifère par la lumière. Le sel marin ne serait donc pas seulement à recommander pour le traitement des négatifs après fixage, mais encore serait-il bon d'en introduire une certaine quantité dans le bain de fixage lui-même.

Comment reconnaitre qu'un négatif est suffisamment lavé ? — Veut-on s'assurer que le lavage d'un négatif est complet ? On aura recours à l'un des essais suivants :

1° On recueille sur une soucoupe, ou tout autre vase à fond blanc, les dernières gouttes qui s'écoulent d'un négatif qu'on vient de retirer de la cuve de lavage, et, au milieu de cette petite quantité de liquide, on laisse tomber un petit cristal de nitrate d'argent ; s'il ne se fait pas en quelques instants de tache jaune au fond de la soucoupe, c'est que le lavage peut être considéré comme parfait ; s'il se forme, au contraire, tout de suite une tache rougeâtre passant rapidement au noir, c'est que le négatif abandonne encore de l'hyposulfite et qu'il faut continuer le lavage ;

2° On prépare du papier amidonné en l'enduisant au pinceau d'une colle d'amidon excessivement fluide, on le laisse sécher, puis on le trempe dans une cuvette contenant de l'eau additionnée de quatre ou cinq gouttes de teinture d'iode ; immédiatement le papier devient d'un beau bleu foncé. Après l'avoir de nouveau séché, on le coupe en bandelettes, qui serviront à de nombreux essais, puisqu'il suffit de laisser tomber sur un fragment de ce papier réactif une ou deux des dernières gouttes qui s'écoulent du négatif retiré de la cuve. Si le papier conserve sa teinte bleue, l'eau est exempte d'hyposulfite ; il se décolore dans le cas contraire ;

3° On sort le négatif de la cuve à rainures pour le placer dans une cuvette, où on le recouvre simplement d'une légère nappe d'eau (il serait mieux d'employer de l'eau distillée que de l'eau ordinaire pour faire cet essai) ; on balance doucement la cuvette durant quelques instants (trois à cinq minutes). Le liquide est ensuite versé dans un tube à essai, dans lequel on ajoute quelques gouttes d'une solution de permanganate de potasse au centième. Si le liquide prend et conserve une teinte rose, le lavage est suffisant, tandis qu'il se décolore s'il renferme de l'hyposulfite.

Pour cet essai, si on ne se sert pas d'eau distillée, ainsi que je l'ai recommandé, il faudra s'assurer que l'eau ordinaire dont on se sert pour le lavage ne décolore pas par elle-même le permanganate, ce qui pourrait induire en erreur et faire considérer comme insuffisamment lavé un négatif débarrassé, pratiquement parlant, de tout son hyposulfite.

Je pourrais donner encore d'autres réactions pour déceler de très minimes quantités d'hyposulfite (l'électrolyse, par exemple), au moyen de deux lames d'argent comme anodes et l'action de l'hydrogène naissant ; mais, comme ces modes d'essai sont plus compliqués et que ceux que j'ai indiqués ne laissent guère à désirer, je les passerai sous silence.

Il ne reste plus qu'à laisser sécher les négatifs à l'abri des poussières, dans un endroit bien aéré et pas à une température trop élevée. Durant l'été, l'action directe des rayons du soleil peut provoquer la fusion de la gélatine.

Séchage des négatifs.— Un accident qui survient parfois et même assez souvent lorsque la température ambiante est assez élevée et que l'eau de lavage est de mauvaise qualité, chargée de matières organiques et de bactéries qui trouvent là un bon milieu nutritif, c'est que la gélatine se pique par places, se dissout en formant des taches plus ou moins rondes ayant l'aspect de petits cratères, taches qui proviennent de l'action fluidifiante des cultures de certaines bactéries dont la présence est facilement constatée au microscope.

Pour s'affranchir de cet insuccès, on peut ou bien traiter les dernières eaux de lavage par quelques gouttes de permanganate de potasse au centième, ou bien laisser séjourner le cliché dans une cuvette renfermant de l'eau additionnée de 4 à 5 pour 100 de formol, qui agit, d'une part, comme antiseptique puissant, et, de l'autre, en insolubilisant la gélatine. Il ne faudrait pas traiter de cette façon les phototypes que l'on désirerait intensifier ou réduire, car la couche, devenant à peu près imperméable, se prêterait peu aux réactions qu'on aurait à leur faire subir.

C'est également, une fois le lavage terminé et lorsque l'élimination de l'hyposulfite est complète, qu'il conviendrait le mieux, théoriquement, de faire agir l'alun, car alors seulement ce réactif ne peut produire aucun dépôt de soufre au sein de la couche gélatineuse. Nous avons vu qu'on pouvait également, sans désavantage, l'introduire dans le bain de fixage lui-même en ayant la précaution de faire intervenir en même temps du sulfite de soude ou, mieux encore, du bisulfite de soude.

Il est évident que si le traitement à l'alun s'effectuait en dernier lieu, on devrait laver la plaque à plusieurs eaux pour éliminer ce composé, qui sans cette précaution, produirait des cristallisations à la surface du négatif, une fois sec.

Pour rendre la dessiccation plus rapide, on a, dans certains cas, recours soit à des moyens mécaniques, soit à un traitement par l'alcool. Un appareil à force centrifuge est utilisé dans le premier cas et dans le second le négatif, bien égoutté, est plongé dans l'alcool assez concentré (à 85 ou 90°), où il séjourne quinze à vingt minutes. L'alcool s'empare de l'eau en baissant légèrement de titre, et, comme il est beaucoup plus volatil que l'eau, la dessiccation est complète en un espace de temps relativement court.

Je dois faire remarquer enfin que les négatifs traités par le formol peuvent être séchés à une température assez élevée (de 30 à 45° et même plus), car, la gélatine étant devenue insoluble, on n'a pas à craindre sa fusion, mais on ne doit pas oublier non plus que les négatifs passés au formol sont sujets à plusieurs accidents.

Il peut, par exemple arriver que, conservés dans une atmosphère très sèche, la couche se détache du verre ou que tout au moins elle se fendille. Un photographe professionnel me consultait tout dernièrement sur la cause d'un tel accident qui, me disait-il, lui avait occasionné la perte de plusieurs centaines de clichés.

CHAPITRE XXIV

AFFAIBLISSEMENT ET RENFORCEMENT DES NÉGATIFS

Affaiblissement des négatifs. — Le négatif terminé peut être, pour des causes diverses, ou trop intense ou pas assez corsé ; il peut être trop intense d'une façon générale, parce qu'il aura été développé au delà de la limite nécessaire, mais ses gradations sont exactes ; dans ce cas, cet excès d'intensité ne présente pas d'autre inconvénient que celui d'exiger une impression fort longue, et, la plupart du temps, si du moins cette intensité n'est pas un obstacle absolu au tirage, et que le négatif ne doive fournir qu'un petit nombre de photocopies, le mieux est de l'utiliser tel quel ; mais, voudrait-on réduire cette intensité, il faut faire usage d'un procédé qui ne change pas les valeurs relatives des opacités.

1° Réduction des négatifs d'une intensité générale trop forte. — Le procédé le plus recommandable dans ce dernier cas consiste à tranformer l'argent réduit en bromure, chlorure ou iodure d'argent, laver pour enlever le réactif qui a opéré cette transformation, puis développer à nouveau en arrêtant cette opération au moment où l'intensité est au point convenable, laver de nouveau et fixer pour dissoudre le peu de sel d'argent que le révélateur n'a pas réduit, et il doit, en effet, en subsister un peu, puisque ce second développement a été arrêté avant que l'intensité primitive ait été atteinte. On lave enfin pour éliminer l'hyposulfite. Notons que toutes ces opérations peuvent se faire en faible lumière diffuse.

Pour transformer l'argent réduit en haloïde on peut se servir de plusieurs réactifs ; par exemple, le perchlorure de fer le transformera en chlorure :

$$2Ag + Fe^2Cl^6 = 2AgCl + 2FeCl^2.$$

Le bromure cuivrique (1) le transforme en bromure d'argent :

$$2AgCr + 2CuBr^2 = 2AgBr + 2CuBr.$$

(1) Le bromure cuivrique en solution propre à cet usage se prépare en mélangeant simplement une solution de sulfate de cuivre et une autre de bromure de potassium :

$$CuSO^4 + 2KBr = CuBr^2 + K^2SO^4.$$

Je me contente de citer ces deux réactifs, bien qu'il en existe bien d'autres qu'on peut utiliser pour cette transformation, mais ceux-ci sont faciles à se procurer ou à préparer; d'ailleurs, l'action des autres est de tous points analogue.

Le négatif doit être laissé dans la solution de perchlorure ou dans celle de bromure de cuivre jusqu'à ce qu'il ait totalement blanchi de part et d'autre; à ce moment tout l'argent a été transformé en chlorure ou en bromure qu'il ne reste plus qu'à traiter par un révélateur.

Destruction de la teinte jaune des négatifs. — Une observation ici ne sera pas inutile : si le négatif, tout en étant d'une intensité convenable comme argent réduit, doit son manque de transparence à une coloration jaune occasionnée par le révélateur, le traitement que nous venons d'indiquer ne saurait guère l'améliorer. Cette coloration, de nature organique (consistant en une vraie teinture de la gélatine), n'est guère amoindrie ni par le bromure de cuivre, ni par le perchlorure de fer, elle le serait un peu plus par la solution chlorurante suivante :

Acide chlorhydrique	3 gr.
Bichromate de potasse	1 —
Eau.	100 —

qui, tout en transformant le bromure d'argent en chlorure d'argent, détruit très sensiblement la coloration de la gélatine ; mais, sans faire subir une réaction à l'ensemble du négatif, il vaut mieux avoir recours à certains bains simplement décolorants dont le plus recommandable est le bain de fixage acide (solution d'hyposulfite de soude additionnée de bisulfite de soude).

Les solutions étendues d'acide chlorhydrique, d'acide sulfurique, citrique, etc., détruisent la coloration jaune des négatifs développés à l'acide pyrogallique; mais, comme ces acides ont une tendance à provoquer le soulèvement de la gélatine on doit les additionner d'alun ordinaire ou d'alun de chrome ; la formule suivante sera, par exemple, adoptée :

Solution d'alun de chrome à 6 pour 100 . . .	100 cm^3
Acide chlorhydrique	3 —

Si la teinte jaune communiquée à la gélatine par les révélateurs à l'acide pyrogallique est suffisamment détruite par ces bains acidulés, celle que provoque l'hydroquinone y résiste, ceux-ci ne sont donc, dans ce cas, d'aucune utilité; tandis que les deux suivants amènent une décoloration à peu près complète :

1°	Eau	160 gr.	»
	Chlorure de sodium	20	»
	Acide sulfurique	1	20
2°	Eau	100 gr.	»
	Hyposulfite de soude	15	»
	Alun	5	»
	Acide oxalique	2	»

Ce dernier bain doit être préparé avec de l'eau chauffée à 60° environ, de la sorte le précipité qui se forme se dépose beaucoup plus vite ; dans tous les cas, on doit attendre qu'il soit devenu totalement clair avant de s'en servir. Le négatif n'y sera plongé qu'après son lavage complet ; la coloration jaune passe d'abord au violet, puis la décoloration s'effectue, mais elle demande parfois plusieurs heures pour être complète.

Si le manque de transparence ne provient pas encore d'une quantité d'argent réduit trop considérable, mais bien parce que l'image est obscurcie par un voile général provenant ou d'un développement mal conduit, de plaques déjà altérées, ayant été soumises à la lumière sur toute leur surface soit avant l'exposition, soit qu'on ait développé à une lumière trop actinique, on se trouve en présence d'un insuccès presque complet et auquel il est difficile de remédier. Cependant, si le voile n'est qu'à la surface de la couche on peut détruire ce voile sans attaquer trop sensiblement l'image en ayant recours à une immersion du négatif dans le réducteur de Farmer dont nous allons parler tout à l'heure. Le séjour du négatif dans cette solution devra être de très courte durée, de façon qu'il n'y ait que les couches superficielles qui subissent son action, le négatif en lui-même ne sera pas alors trop sensiblement modifié dans ses opacités relatives et le voile sera, sinon totalement effacé, du moins sensiblement amoindri.

2° **Affaiblissement d'un négatif trop uniforme.** — Si le négatif, par excès de pose, manque de contrastes, un traitement qui réduira l'intensité des parties peu éclairées par rapport à celle des grandes lumières donnera à l'image plus de brillant, nous devons donc avoir recours à un moyen qui dissolve l'argent réduit dans les parties correspondant aux demi-teintes sans dissoudre celui correspondant aux grandes lumières. Un réactif opérant une telle sélection n'est point connu mais, en considérant que les demi-teintes sont moins en profondeur que les noirs intenses, que les premières, en un mot, sont plus superficielles que les secondes, qui intéressent souvent toute l'épaisseur de la pellicule, tout agent qui dissoudra uniformément l'argent réduit, pourvu qu'on ne le laisse pas agir trop longtemps, éclaircira relativement plus les teintes légères que les parties fortement opaques.

On peut utiliser pour cette réduction un assez grand nombre de réactifs : le perchlorure de fer, le bromure de cuivre, la solution chlorhydrique de bichromate de potasse qu'on ne laisse agir, comme je l'ai recommandé, que durant un temps relativement court, répondent assez bien au but qu'on se propose. Après ce premier traitement on lave avec soin, mais au lieu de traiter le négatif par un révélateur, comme dans les cas précédents, ce qui le remettrait dans l'état primitif, on fixe à l'hyposulfite de soude.

Le chlorure ou le bromure d'argent qui a pris naissance étant dissous, l'image se trouve réduite d'intensité et comme la transformation, vu le peu de temps accordé à l'opération, ne s'est guère produite que dans les couches supérieures, ce sont les demi-teintes et autres parties peu intenses qui ont été les plus affectées, l'image acquiert ainsi un peu plus de brillant.

Toutefois, le perchlorure de fer, le bromure de cuivre, etc., présentent un assez grave inconvénient ; il est à peu près impossible de se rendre un compte exact du degré de leur action qui ne devient bien évidente qu'après celle du bain d'hyposulfite, la valeur de la réduction opérée est donc incertaine, elle peut être ou pas assez considérable, ce qui n'a pas grand inconvénient puisqu'on peut alors recommencer la série des opérations, ou être dépassée ; mais alors le mal est irréparable, les détails ou les teintes légères qui ont disparu ne pouvant être reconstitués.

Pour éviter cette incertitude, on a cherché à préparer des agents réducteurs qui dissolvent réellement l'argent en une seule opération, de telle sorte qu'on puisse juger aisément à quel point il faut arrêter la réduction. Ici encore, nous trouvons de nombreuses formules. Je vais en donner deux, choisies parmi celles qui sont le plus ordinairement usitées. La première, connue sous le nom de *réducteurs de Farmer*, se compose du mélange d'une solution de cyanure rouge (ferricyanure de potassium, $2Fe^2Cy^{12}K^6$) et d'une autre d'hyposulfite de soude (1). Le ferricyanure

(1) On pourrait encore employer un mélange d'oxalate ferrique et d'hyposulfite, le premier transformant l'argent en oxalate d'argent que l'hyposulfite dissout. Mais on ne

transforme l'argent en ferrocyanure d'argent, lequel, au contact de l'hyposulfite, se transforme à son tour, en hyposulfite d'argent et de soude, qui se dissout, et en ferrocyanure de sodium :

$$2Fe^2Cy^{12}K^6 + 4Ag = 3FeCy^6K^4 + FeCy^6Ag^4$$
$$FeCy^6Ag^4 + 4SO^3Na^2 = FeCy^6Na^4 + 4SO^3NaAg$$

Le réactif de Farmer, que l'on emploie toujours assez dilué, attaque néanmoins rapidement les demi-teintes, et son action, précisément à cause de son énergie et de sa rapidité, se poursuit après que la plaque, ayant été du retirée du bain, est plongée dans l'eau, qui doit en éliminer les dernières traces ; son emploi présente donc assez d'incertitude. Le réducteur dit *à l'eau céleste*, dont l'action est moins prompte, permet de mieux ménager les teintes légères et de mieux arrêter l'affaiblissement au point voulu. Il se compose d'une solution de chlorure de cuivre ammoniacal (1) mélangée à une autre d'hyposulfite de soude : l'argent, réduit en chlorure, est dissous à mesure par l'hyposulfite ; un peu avant que la réduction voulue soit atteinte, on arrête l'opération en lavant le négatif avec soin. Les sels de peroxyde de cérium ont été tout récemment préconisés par MM. Lumière comme affaiblisseurs agissant d'une façon uniforme.

3° **Affaiblissement des négatifs présentant des contrastes trop accentués.** — Ce défaut provient d'un mauvais éclairage laissant certaines parties du modèle dans l'ombre, tandis que d'autres sont vivement éclairées, ou de ce que la pose a été insuffisante et le développement fortement poussé. Pour améliorer un négatif présentant de trop vives oppositions, il faut réduire les parties trop opaques sans modifier la valeur des teintes les plus légères. C'était là un problème assez difficile que les recherches de MM. Lumière ont cependant permis de résoudre en employant certains corps, le persulfate d'ammoniaque notamment, qui a la propriété de commencer la dissolution de l'argent réduit, non par la partie supérieure de la couche, mais au contraire, par ses parties les plus profondes. On conçoit donc que les parties trop opaques, qui occupent toute l'épaisseur ou du moins qui s'étendent toujours beaucoup plus profondément que les parties peu teintées, sont d'abord les seules qui sup-

pourrait associer le perchlorure de fer et l'hyposulfite, car ces deux corps réagissent l'un sur l'autre, l'hyposulfite transformant le chlorure ferrique en chlorure ferreux, qui est sans action sur l'argent.

(1) On trouvera le mode de préparation de ce composé dans le second volume, au mot : CHLORURE DE CUIVRE.

portent la réduction ; celle-ci, si on laissait longtemps agir le réducteur, finirait bien, en gagnant peu à peu la surface, par agir sur l'image entière, et arriverait à la détruire totalement; mais on comprend qu'en retirant la plaque au moment où les parties trop vigoureuses sont ramenées à une intensité convenable, le négatif sera très sensiblement amélioré.

Le persulfate d'ammoniaque en solution acide jouit de cette curieuse propriété de réduire d'abord les parties trop opaques ; ce composé a été, comme je l'ai dit, préconisé par MM. Lumière. L'eau oxygénée en solution acide, indiquée par le docteur Andresen, jouit de la même propriété, et enfin le professeur Namias emploie, dans le même but, une solution acide de permanganate de potasse.

On peut admettre que le persulfate d'ammoniaque et l'eau oxygénée agissent tous deux d'une façon analogue sur l'argent réduit : le premier, en donnant du sulfate double d'argent et d'ammoniaque :

$$SO^4AzH^4 + Ag = SO^4 < {Ag \atop AzH^4}$$

la deuxième, en admettant qu'elle ait été rendue acide par l'acide sulfurique, en donnant du sulfate d'argent :

$$H^2O^2 + Ag + SO^4H^2 = 2H^2O + SO^4Ag.$$

Ces équations nous font voir que ces deux substances agissent comme réducteurs, mais ne nous donnent pas la raison pourquoi leur action ne se porte d'abord que sur les parties opaques. Nous en aurons une explication plausible en faisant intervenir la réaction réductrice secondaire à laquelle peut donner lieu le persulfate d'ammoniaque en présence du sulfate double d'argent et d'ammoniaque, réaction que l'on peut représenter par l'équation suivante :

$$2SO^4AzH^4 + 2SO^4 < {Ag \atop AzH^4} + 2H^2O = 4SO^4HAzH^4 + Ag^2 + O^2.$$

Avec l'eau oxygénée, cette réaction secondaire serait représentée par cette équation :

$$H^2O^2 + SO^4H^2 + SO^4Ag = 2SO^4H^2 + Ag + O^2.$$

Or, ces réactions réductrices ne peuvent se produire qu'en présence d'un excès de persulfate d'ammoniaque ou d'eau oxygénée, et il n'y a guère que dans les parties superficielles de la couche que cet excès de l'un ou l'autre réactif puisse être présent, au moins en premier lieu. Si donc, dans ces parties, une dissolution de l'argent se produit, elle est immédiatement compensée par une réaction inverse, c'est à dire par une réduction du composé soluble d'argent primitivement formé. Mais on comprend, en outre, que les réactions se poursuivant, le sulfate d'argent simple ou le sulfate double d'argent et d'ammoniaque se dialysant peu à peu, l'affaiblissement gagne insensiblement toute l'épaisseur, et on peut parvenir, après un certain temps, à détruire totalement l'image.

Examinons les réactions qui se produisent en employant le permanganate de potasse acide ; ce produit transforme d'abord l'argent en sulfate d'argent (en admettant qu'il ait été acidulé par l'acide sulfurique). C'est là la première réaction, celle qui amène la réduction d'intensité ; le sulfate d'argent, en présence d'un excès de réactif, est réduit à l'état métallique avec production de sulfate de potasse et dégagement d'oxygène.

Les choses se passent donc avec l'un de ces trois réactifs comme si l'attaque de l'argent réduit commençait par les couches profondes.

Les négatifs, avant d'être soumis à l'un de ces modes de réduction, doivent être parfaitement débarrassés de l'hyposulfite de soude, quoiqu'on ait reconnu que de minimes quantités de ce sel ne portent pas obstacle à une réduction régulière, et, pour arrêter l'action du réactif, on se sert d'une solution de sulfite de soude, qui se transforme en sulfate de soude en ramenant le persulfate d'ammoniaque à l'état de sulfate d'ammoniaque et l'eau oxygénée à l'état d'eau ordinaire (H^2O).

Renforcement des négatifs. — Les négatifs, une fois fixés, ne présentent pas parfois des contrastes assez intenses et leurs opacités ne sont pas suffisantes pour fournir de bonnes photocopies ; on peut, au moyen de certains traitements, augmenter l'épaisseur de l'argent réduit en juxtaposant, pour ainsi dire, aux molécules trop peu nombreuses qui forment l'image de nouvelles molécules soit d'argent, soit d'un autre métal ou d'un autre composé, que l'on choisira toujours le plus opaque qu'il sera possible.

Les méthodes de renforcement sont excessivement nombreuses, et je ne me propose pas de les mentionner toutes : je me contenterai d'en choisir trois ou quatre à titre d'exemple. Le mécanisme qui produit le renforcement étant bien compris pour l'une, on n'aura aucune peine à s'expliquer toutes les autres.

Dans le procédé au collodion humide ou sec, on procédait au renforcement après fixage (le renforcement qui suit le développement ayant été décrit en parlant du développement physique) en faisant subir, pour ainsi dire, un nouveau développement au négatif, c'est à dire qu'on se servait d'une solution d'acide pyrogallique additionnée de petites quantités de nitrate d'argent et d'un acide organique (citrique ou acétique) destiné à donner un peu plus de stabilité à cette solution, dont la réduction serait trop rapide sans cette addition, tandis que grâce à son acidité, elle est plus graduelle, laissant ainsi à l'opérateur la faculté de surveiller les progrès de l'intensification ; elle évite aussi le dépôt général d'argent s'effectuant par places avec un aspect miroitant qui salit le négatif.

Ce procédé est, sans doute, applicable aux plaques à la gélatine, mais on est exposé à deux insuccès : le premier tient à ce que, si le négatif n'est pas absolument débarrassé de tout l'hyposulfite, le nitrate d'argent de la solution formera avec ce sel de l'hyposulfite double d'argent et de soude insoluble, puisque le sel d'argent sera en excès. Ce sel étant de couleur brun-jaunâtre et fonçant à la lumière, le négatif deviendra bientôt inutilisable. Le second provient de ce que la gélatine forme avec le nitrate d'argent des composés argentico-organiques qu'on ne peut plus éliminer après leur formation ; ces composés se colorent à la lumière et amènent la formation d'un voile brunâtre (1).

Le procédé de renforcement le plus suivi avec les plaques à la gélatine est le procédé au bichlorure de mercure. On plonge le phototype dans une solution de chlorure mercurique, qu'on rend plus stable en l'additionnant d'un peu d'acide chlorhydrique et d'une petite quantité de sel marin ou de sel ammoniac pour faciliter la solution du bichlorure de mercure. En présence de l'argent réduit, ce sel passe à l'état de chlorure mercureux insoluble, et transforme le métal en chlorure d'argent :

$$HgCl^2 + Ag = AgCl + HgCl.$$

Le négatif blanchit tout d'abord à la suite de ce traitement, puisque l'argent réduit se transforme en deux autres composés de couleur blanche. Lorsque ce résultat est obtenu, la plaque est retirée du bain et lavée avec

(1) Je ferai remarquer que cet accident se produit très facilement avec certaines gélatines, celles de basse qualité surtout, et ne survient pas avec d'autres. Ce procédé de renforcement, qui est peut-être le meilleur de tous, reste alors parfaitement applicable, et je dois dire que je l'emploie souvent sans avoir à constater la formation du voile jaune ; mais j'ai toujours la précaution de ne l'exécuter qu'après un lavage soigné et un traitement peu prolongé par l'eau oxygénée étendue de 10 parties d'eau.

beaucoup de soin, puis elle est soumise à l'un des réactifs suivants, qui lui redonnera la couleur noire en augmentant son intensité :

1° On la traite par une solution d'ammoniaque assez étendue (la concentration de cette solution n'a pas grande importance ; il est bon cependant de ne pas dépasser 10 pour 100). La transformation est très rapide, et bientôt l'image noircit dans toute l'épaisseur de la couche, on peut alors laver le négatif avec soin et le laisser sécher.

L'ammoniaque, en agissant sur le chlorure d'argent et sur le chlorure mercureux, donne lieu à deux réactions : la première a pour effet de dissoudre le chlorure d'argent ; la seconde, de transformer le calomel en un chlorure ammonié : le chlorure mercurammonium :

$$2HgCl + 2AzH^3 = AzH^4Cl + ClAzH^2Hg^2,$$

composé qui est d'un noir très opaque et qui, se substituant à l'argent, augmente l'intensité du négatif.

J'ai fait l'observation que le négatif devait être bien lavé avant d'être traité par l'ammoniaque, car s'il reste du bichlorure de mercure dans la couche, l'ammoniaque, qui se trouve en grand excès par rapport à ce corps, agit sur lui pour le transformer en une substance blanche qui est encore un chlorure de mercurammonium, de composition un peu différente de celui qui se produit par l'action de l'ammoniaque sur le calomel, puisque sa formule correspond à $ClAzH^2Hg$ (1) ; ce composé, en se formant d'une façon régulière ou irrégulière, salit le cliché.

2° Au lieu d'une solution ammoniacale, on peut se servir d'une solution de sulfite de soude, qui dissout le chlorure d'argent et transforme le chlorure mercureux en mercure métallique. Toutefois, je ne crois point que ce soit là la véritable réaction qui se produit, car, d'une part, on ne s'expliquerait guère qu'il en résulte un renforcement, puisque un atome d'argent n'est remplacé que par un atome de mercure, et celui-ci est moins opaque ou noircit moins que l'argent. Il est donc plus rationnel d'admettre que le sulfite de soude transforme le calomel et le chlorure d'argent en sulfures ; or, le sulfure d'argent est plus opaque que l'argent métallique, et il lui est associé en plus du sulfure de mercure, très opaque aussi.

(1) Quelques auteurs admettent que le composé noir qui résulte de l'action de l'ammoniaque sur le calomel doit être représenté par la formule : $HgCl,Hg^2H^2Az$, c'est à dire comme étant une combinaison de chlorure mercureux, HgCl, et d'amidure mercureux, $Az\begin{cases}Hg^2.\\H.\\H.\end{cases}$

3° La plaque blanchie au bichlorure de mercure peut être traitée, toujours après qu'elle a été parfaitement débarrassée de l'excès de ce sel, par un révélateur quelconque : à l'oxalate ferreux, à l'hydroquinone, à l'acide pyrogallique, etc. ; le chlorure d'argent est réduit à l'état métallique, et le chlorure mercureux à l'état de mercure, qui s'amalgame avec l'argent provenant de la réduction du chlorure d'argent.

La réduction du chlorure d'argent peut se faire ici sans intervention de la lumière, et voici de quelle façon on explique comment le renforcement peut totalement se faire en lumière inactinique. Le mercure, formé aux dépens du chlorure mercureux, réagit sur le chlorure d'argent qui l'entoure et le réduit à l'état de sous-chlorure d'argent apte à être réduit par le révélateur ; il se reformera à la suite de cette réaction du chlorure mercureux tant que tout le chlorure d'argent ne sera pas totalement réduit ; arrivé à ce terme le chlorure mercureux formé en dernier lieu sera définitivement transformé en mercure métallique.

Emploi du bromure de cuivre. — Au lieu de blanchir le cliché au moyen du bichlorure de mercure on peut le traiter par le bromure de cuivre et ensuite par un révélateur alcalin. Les réactions qui se produisent sont de tous points analogues à celles qui se produisent avec le $HgCl^2$. Le bromure cuivrique transforme l'argent en bromure d'argent et passe à l'état de bromure cuivreux insoluble, celui-ci et le bromure d'argent sont ensuite réduits par le révélateur.

On peut renforcer le négatif traité par le bromure de cuivre, en le traitant par une solution de nitrate d'argent. Le renforcement opéré de la sorte est même beaucoup plus accentué, mais ce procédé expose à quelques insuccès, notamment si la plaque retient de l'hyposulfite de soude. Il est certain que dans cette manière d'agir le bromure cuivreux réduit le nitrate d'argent dont le métal vient augmenter la densité de l'image, et il est probable que le bromure d'argent est également réduit à l'état métallique.

Si après l'action de l'ammoniaque, du sulfite ou d'un révélateur, l'intensité devait être encore augmentée, on pourrait recommencer le traitement de la plaque par le bichlorure de mercure et par l'un ou l'autre des réactifs indiqués.

Renforcement au moyen d'une seule solution. — Ces procédés de renforcement en deux temps présentent le même inconvénient que les procédés de réduction exigeant deux opérations pour constater le résultat final ; aussi, a-t-on cherché à préparer des solutions qui produisent le renforcement en une seule opération ; il serait facile d'en citer un certain nombre, mais bornons-nous aux deux suivantes :

1° Produisons une solution de bi-iodure de mercure, en traitant une solution de bichlorure de ce métal par une autre d'iodure de potassium dont nous employons une quantité telle que les dernières gouttes ajoutées ne donnent plus naissance à la formation d'un précipité rouge de bi-iodure, on ajoute alors une solution d'hyposulfite de soude en quantité suffisante pour dissoudre le bi-iodure de mercure. Il s'est formé un sel double de bi-iodure et d'hyposulfite $HgI^2 (Na^2S^2O^3)^2$.

En présence de l'argent ce composé est détruit, le mercure mis en liberté s'amalgame à l'argent et renforce l'image, tandis que l'iode agit sur l'hyposulfite de soude pour former de l'iodure de sodium et du tétrathionate de soude

$$Ag + HgI^2 (Na^2S^2O^3)^2 = (Ag + Hg) + Na^2 S^4O^6 + 2NaI$$ (1)

Lorsqu'on fait usage de ce renforçateur, il est important de ne pas employer un excès d'hyposulfite, car ce sel dissoudrait partiellement l'image renforcée.

(1) Ce ne serait point là, toutefois, d'après MM. Lumière et Seyewetz, l'expression exacte des réactions qui se produisent ; d'après ces auteurs, l'iodure mercurique serait simplement dissous dans l'hyposulfite sans qu'il se forme une combinaison entre ces deux corps, ou du moins cette combinaison serait très peu stable.

L'iodure mercurique, en présence de l'argent, forme de l'iodure d'argent et de l'iodure mercureux :

$$2HgI^2 + 2Ag = Hg^2I^2 + 2AgI.$$

Cet iodure mercureux est décomposé par l'hyposulfite avec formation d'iodure mercurique (qui se redissoudrait dans l'excès d'hyposulfite) et de mercure métallique. L'iodure mercurique ainsi régénéré serait de nouveau réduit à l'état de sel mercureux par l'argent du cliché, puis celui-ci réagirait sur l'hyposulfite, comme au début, et ainsi de suite, sans que l'hyposulfite entre autrement en réaction que grâce à sa propriété dissolvante de l'iodure mercurique.

L'équation de cette réaction serait alors la suivante :

$$Hg^2I^2 + 2(S^2O^3Na^2) = Hg + [HgI^2,(S^2O^3Na^2)],$$

et l'équation totale peut s'écrire :

$$2HgI^2 + 2Ag + 2(S^2O^3Na^2) = 2AgI + Hg + [HgI^2(S^2O^3Na^2)^2].$$

L'intensification du cliché serait donc due au mélange de mercure et d'iodure d'argent qui prennent naissance dans la réaction. Ce qui semble confirmer cette hypothèse, c'est que si on emploie un excès d'hyposulfite dans la préparation du réactif, ou que l'on fasse agir une solution d'hyposulfite sur le négatif renforcé, on voit l'image s'affaiblir par suite de la dissolution de l'iodure d'argent.

Pour augmenter l'opacité d'un négatif, il n'y a qu'à le plonger tout humide, et sans qu'il ait besoin d'avoir été lavé à fond après fixage, dans la solution de laquelle on le retire lorsqu'on juge son intensité arrivée au point voulu.

Ce renforçateur, dû à Edwards, présente un défaut capital, c'est que les phototypes ainsi traités manquent de stabilité ; ils jaunissent et diminuent peu à peu d'intensité. Sans qu'on puisse préciser bien exactement la cause de cette altération, on constate qu'elle a lieu très rapidement sous l'influence de l'eau ou simplement même de l'humidité, ce qui tiendrait à ce que sous l'influence de l'eau et de l'oxygène le mercure s'oxyde et forme peut être une combinaison avec l'iodure d'argent composé qui est de couleur jaune. Ce qui donnerait un certain poids à cette manière de voir, c'est que si on réduit l'iodure d'argent par un révélateur, que l'on fait agir sur le négatif renforcé et lavé, l'altération ne se produit plus.

2° MM. Lumière et Seyewetz, auxquels nous sommes redevables des recherches que je viens d'énumérer sur les causes probables de l'altération des négatifs renforcés par la méthode d'Edwards, cherchèrent à composer un réactif qui évitât cette altération et ils y sont parvenus en utilisant un dissolvant de l'iodure mercurique doué de propriétés réductrices et susceptible d'être employé en grand excès par rapport à l'iodure mercurique. Ils ont adopté comme dissolvant, répondant à ces conditions, la solution aqueuse de sulfite de soude. Ce sel n'a pas, en effet, d'action dissolvante bien marquée sur l'iodure d'argent, et le renforçateur au sulfite et au bichlorure de mercure employé comme le renforçateur d'Edwards assure une conservation beaucoup plus longue ; l'on peut, du reste, éviter toute altération subséquente en faisant subir un nouveau développement à la plaque retirée du renforçateur et après qu'elle a été sommairement lavée.

La théorie de cette opération est fort probablement très voisine de celle que j'ai indiquée pour le réactif préparé avec l'hyposulfite de soude; on peut admettre, comme pour ce dernier composé, que l'iodure mercurique est simplement à l'état de dissolution dans le sulfite, ou que la combinaison formée est très instable et par suite que l'iodure mercurique agit comme s'il était isolé. La réaction comporterait deux phases : dans la première, l'iodure mercurique est réduit à l'état d'iodure mercureux avec formation d'iodure d'argent, exactement comme cela se passe avec le renforçateur d'Edwards

$$2HgI^2 + 2Ag = Hg^2I^2 + 2AgI$$

Dans la deuxième, l'iodure mercureux serait dédoublé en mercure et iodure de mercure qui se dissoudrait à nouveau dans le sulfite.

$$Hg^2I^2 + 2\,(S^2O^3Na^2) = Hg + HgI^2\,(S^2O^3Na^2)^2$$

et ces réactions se continuent tant que l'iodure mercurique trouve de l'argent pour donner lieu à la première réaction.

La concentration du renforçateur qui répond le mieux aux exigences de la pratique est la suivante :

Eau	100	grammes
Sulfite de soude anhydre	10	—
Iodure mercurique	1	—

l'image s'intensifie graduellement en prenant une teinte foncée ; lorsqu'on juge que le renforcement est arrivé au point convenable, on lave assez sommairement et on traite par un révélateur à l'amidol, au paramidophénol ou à l'hydroquinone.

Autres méthodes de renforcement. — Pour terminer ce qui a trait au renforcement, je vais indiquer quelques autres procédés dans lesquels on forme au sein de la couche des matières additionnelles qui augmentent l'intensité de l'image par leur coloration. Par exemple, si on traite un négatif par un ferricyanure, l'argent sera transformé en ferrocyanure d'argent en même temps qu'il sera lui-même ramené à l'état de ferrocyanure.

Admettons que ce soit le ferricyanure d'uranium (1) dont nous nous soyons servis, l'argent sera transformé en un mélange de ferrocyanure d'argent et de ferrocyanure d'uranium, ce dernier est d'une couleur bistre excessivement intense.

$$1°)\ 8Ag^2 + 10K^3Fe(CAz)^6 + UO^2(AzO^3)^2 + 12HC^2H^3O^2 = 8Ag^2 + 6K^4Fe(CAz)^6 + 6KAzO^3 + U^3[Fe(CAz)^6]^4 + 3O^2 + 12HC^2H^3O^2$$

Nous faisons intervenir de l'acide acétique $HC^2H^3O^2$ non que cet acide

(1) Au lieu de ferricyanure d'urane tout formé, on peut employer et on emploie toujours le mélange d'une solution de ferricyanure de potassium et de nitrate d'urane. Le ferricyanure d'urane ne prend alors naissance qu'au moment où le mélange de ces sels est mis en présence de l'argent, c'est cette réaction que représente la première partie de la formule, tandis que la seconde traduit l'action qui donne naissance au ferrocyanure d'urane qui est seul coloré ; c'est à la suite de cette transformation que le hangement de couleur et, par suite, le renforcement s'effectue.

prenne part aux réactions, mais uniquement pour éviter, d'une part, la coloration de la gélatine, de l'autre, parce que les solutions acides ont une action dissolvante moins marquée sur les produits de l'oxydation que les solutions neutres. Il serait même bon, toujours dans le même but, de laver la plaque, avant de la soumettre au renforcement, dans une faible solution d'acide acétique (à 5 pour 100).

$$(2^e) \quad 8Ag^2 + 6K^4Fe(CAz)^6 + 6KAzO^3 + U^3[Fe(CAz)^6]^4 + 3O^2$$
$$+ 12HC^2H^3O^2 = 4Ag^2Fe(CAz)^6 + 3K^4Fe(CAz)^6 + 6KAzO^3 + 3UFe(CAz)^6$$
$$+ 6H^2O + 12KC^2H^3O^2$$

Voici une formule, à titre d'indication, des meilleures proportions des sels à employer pour composer un renforçateur à l'azotate d'urane. Pour un renforcement très énergique on augmenterait un peu la dose de nitrate d'urane.

Nitrate d'urane	0 gr. 50
Ferricyanure de potassium	9 — 70
Acide acétique cristallisable	4 — 00
Eau	150 — 00

Si dans la formule ci-dessus nous remplaçons l'azotate d'urane par de l'azotate de plomb, nous obtiendrons du ferrocyanure d'argent et du ferrocyanure de plomb qui sont tous deux à peu près incolores; le renforcement n'aura donc pas lieu, mais nous pouvons le produire d'une façon indirecte en transformant le ferrocyanure de plomb en matières très opaques, en chromate de plomb jaune, par exemple, en traitant l'image soumise à ce bain et parfaitement lavée par une solution de chromate jaune de potasse.

CHAPITRE XXV

GÉNÉRALITÉS SUR LES ÉPREUVES POSITIVES. — ÉPREUVES AUX SELS D'ARGENT

Si, pour la production des négatifs, on a été amené à utiliser seulement les composés haloïdes d'argent, puisque ce sont ceux, du moins jusqu'à présent, qui exigent la moindre durée d'impression latente, il n'en est pas de même lorsqu'il s'agit des photocopies de ces négatifs. La durée de l'impression a, sans doute encore dans ce cas, une certaine importance lorsqu'elle doit se répéter pour chaque épreuve et que le nombre à obtenir en est assez considérable ; mais si cette impression, quoique longue, nous fournit quelque chose d'analogue à une planche d'imprimerie, c'est à dire que si, faite une fois pour toutes, elle peut nous fournir ensuite, au moyen d'un simple encrage, toute une série d'épreuves, le temps qu'exige la préparation de la planche perd beaucoup de son importance. Or, les épreuves à l'argent exigent une impression qui doit se renouveler pour chacune d'elles, et bien qu'elle puisse être réduite à quelques secondes, si on utilise les préparations à impressions latentes, ce qui entraîne, il est vrai, toute une autre série d'opérations, on comprend que les épreuves à l'argent conviennent peu pour les tirages à grand nombre. D'autre part, les épreuves à l'argent sont coûteuses, tant par les matières premières qui forment la base des préparations que la bonne qualité des papiers qui leur servent de support, et, de plus, elles manquent de stabilité, et c'est surtout peut-être ce dernier défaut qui fit bientôt rechercher d'autres procédés d'impression donnant des épreuves inaltérables ou du moins aussi inaltérables que les épreuves ordinaires d'imprimerie.

Ces simples remarques vont nous faire admettre une sorte de classification des modes d'impression des photocopies, que nous diviserons par conséquent :

(A) *En épreuves produites par impression séparées*, comprenant :

1° Les épreuves aux sels d'argent.

2° Les épreuves mettant en œuvre des sels de métaux communs, comme les sels de fer, par exemple, et qui sont, par conséquent, moins coûteuses que les précédentes.

3° Les épreuves possédant une grande stabilité et que l'on qualifie d'inaltérables; celles-ci pouvant être produites par des sels de platine ou de métaux du même groupe, ou au moyen de poudres colorées stables à la lumière, telles sont les épreuves au charbon, les épreuves par saupoudrage, desquelles dérivent les photographies que l'on vitrifie au feu de moufle et auxquelles on donne le mot d'émaux photographiques.

(B) *En épreuves produites par une impression unique.*

Dans ce dernier groupe rentrent les impressions photo-mécaniques, qui comprennent une foule de méthodes diverses de préparation des planches. Sur ces derniers procédés, je ne donnerai que des indications assez générales, puisque je n'ai point à m'occuper, dans un ouvrage tel que celui-ci, des détails opératoires, mais bien de donner la théorie fondamentale des procédés et des opérations photographiques. Or, nous verrons que, pour toutes les impressions mécaniques, les réactions fondamentales sont fort simples, tandis que les détails opératoires varient à l'infini.

Photocopies aux sels d'argent. — Ces préliminaires posés, occupons-nous des épreuves aux sels d'argent. J'ai dit qu'on pouvait les obtenir par deux méthodes bien distinctes : par *impression ou noircissement direct* et par *impression latente*. Peu importe, du reste, le support sur lequel est étendue la préparation, quoique, dans certains cas, ce support intervienne d'une façon tout à fait indirecte pour en assurer quelque peu la conservation ou, au contraire, pouvant être une cause adjuvante de l'altération. Les modes d'impression latente vont nous occuper fort peu, puisque nous n'aurions qu'à répéter en majeure partie ce qui a été dit pour les épreuves négatives; les mêmes préparations sont usitées, avec cette remarque qu'on utilise pour la production des photocopies des émulsions au chlorure ou au chloro-bromure d'argent, dont on ne se sert guère pour produire les négatifs, la durée de leur impressionnement, relativement longue, ne les rendant guère applicables à ce genre de travail, tandis qu'elle constitue presque un avantage pour les impressions positives. Les révélateurs reçoivent aussi quelques modifications; d'un côté, ceux qui conviennent au gélatino-bromure ne peuvent être appliqués aux émulsions à base de chlorure d'argent; ces dernières ne donneraient avec eux que des images voilées; de l'autre, on se sert toujours, même avec le gélatino-bromure, de révélateurs moins concentrés et additionnés d'une dose comparativement forte de retardateurs, afin d'éviter toute formation de voile qui ternirait la pureté des blancs de l'épreuve. Dans le second volume, on trouvera plusieurs formules de révélateurs pour épreuves positives convenant aux préparations à base de bromure ou de chlorure d'argent.

Il faut remarquer, en outre, que, pour les épreuves positives, les préparations ne sont pas toujours des émulsions gélatineuses, car on emploie souvent, et avec avantage, lorsqu'il s'agit de positives sur verre, du collodion humide, du collodion sec, de l'albumine, des émulsions au collodion. Je n'ai rien de particulier à dire sur cette application, qui ne nous offre aucune remarque théorique à ajouter à tout ce que j'ai dit de ces mêmes préparations employées pour les épreuves négatives.

Positives directes. — Les épreuves daguerriennes doivent être considérées comme des images positives obtenues directement par impression latente opérée à la chambre noire et développées au moyen d'un révélateur physique, qui est constitué par les vapeurs de mercure et dont on augmente le brillant par un virage à l'or.

Dès l'introduction du collodion, on produisait des images positives directes basées sur ce fait, qu'une image négative au collodion, une fois terminée, présente deux aspects : négative quand on l'examine par transparence, et positive en examinant la plaque par réflexion sur un fond sombre. Il est important, pour que cette image positive possède tout son brillant, que le cliché soit venu sans voile et soit très pur.

Cet aspect positif est dû, pour les lumières, au reflet métallique plus ou moins blanc de l'argent, et, pour les ombres, à la teinte sombre du fond sur lequel repose l'épreuve.

Les conditions générales pour faire ce genre d'images sont les suivantes :

1° Il faut conduire les opérations de manière à éviter la production d'un voile, quelque léger qu'il soit, ce que l'on obtiendra en faisant usage d'un vieux collodion rougi naturellement ou que l'on aura additionné d'iode pour le rougir ; le bain d'argent sera assez fortement acidulé ;

2° La pose sera notablement plus courte que celle qui fournirait un bon négatif, afin d'avoir des effets nettement tranchés, sans empâtement des ombres ;

3° Le révélateur (au sulfate de fer et d'ammoniaque) sera acidulé par quelques gouttes d'acide sulfurique, de façon à dissoudre le sulfate de peroxyde de fer qui aurait pu se former et qui, non dissous, communique à l'argent réduit une teinte ocreuse ;

4° Le fixage se fera au cyanure de potassium, qui laisse à l'argent sa couleur blanche, tandis que l'hyposulfite le noircit toujours un peu en le sulfurant légèrement. Le cyanure de potassium dissolvant, en outre, un peu d'argent, détruit le léger voile qui aurait pu se former malgré toutes les précautions prises.

Au lieu d'étendre le collodion sur plaques de verre transparentes, qui exigent qu'on les double, face portant l'image, avec un subjectile de couleur foncée, on peut se servir de glaces noires, de plaques de fer vernies en couleur bistre (ferrotypes); mais cette manière de faire a l'inconvénient de donner une image retournée. On détachait autrefois la pellicule de collodion pour la transporter sur toile cirée ou sur papier mixtionné de couleur sombre.

Positives par impression directe. — Tous ces procédés ne fournissent qu'une seule image positive pour chaque pose à la chambre noire; mais comme, la plupart du temps, il est nécessaire de multiplier les positives, on ne tarda pas à chercher le moyen, un négatif étant produit, d'en obtenir des photocopies en nombre pour ainsi dire illimité. On eut recours aux papiers salés, salés et albuminés, préparations qui sont généralement remplacées aujourd'hui par les papiers aux émulsions au chlorure d'argent pour impressions directes.

Les réactions qui se produisent pour toutes ces surfaces sensibles étant les mêmes, à cela près que la matière colloïde (albumine ou gélatine) qui retient le sel d'argent joue un rôle assez important, ce que nous dirons pour l'une s'appliquera aux autres, pourvu que nous ayons soin de tenir compte, lorsqu'il y aura lieu, des phénomènes accessoires qui proviennent de cette matière organique.

En étudiant les émulsions, nous avons vu que, si une action ménagée de la lumière ne produit qu'une impression latente, ne se traduisant par aucune modification apparente de la couche, il n'en est plus de même pour une impression de longue durée; les halogènes d'argent sont alors effectivement décomposés, ce qui se manifeste par leur changement de coloration; c'est sur ce fait qu'est basée la production directe des photocopies.

Puisque le chlorure d'argent est le seul halogène d'argent qui soit usité pour l'impression directe, examinons successivement les phénomènes qui se succèdent jusqu'à la terminaison de la photocopie.

Action de la lumière sur le chlorure d'argent. — L'action décomposante de la lumière sur le chlorure d'argent, comme, du reste, son impression latente, ne peut se produire que si ce composé se trouve mélangé à ce que nous avons nommé *un sensibilisateur*, ou, en d'autres termes, avec un composé susceptible d'absorber l'halogène (le chlore) au fur et à mesure qu'il est mis en liberté. En effet, du chlorure d'argent parfaitement sec et pur, maintenu dans le vide ou dans de l'oxygène sec, ne noircit pas à la lumière (1), mais il n'en est pas de même s'il est légèrement humide. L'eau agit, dans ce cas, comme sensibilisateur, le chlore dégagé s'unissant à son hydrogène pour former de l'acide chlorhydrique et à son oxygène pour donner de l'acide chlorique.

Ce qui confirme cette hypothèse c'est qu'une dissolution de chlore dans l'eau (l'eau chlorée des chimistes) exposée à la lumière donne lieu à ces mêmes réactions

$$6Cl + 3H^2O = 5HCl + ClHO^3$$

on pourrait même admettre qu'au lieu d'acide chlorique c'est de l'acide hypochloreux qui se forme :

$$2Cl + H^2O = HCl + ClHO$$

on reconnait, en effet, de l'acide hypochloreux dans l'eau parfaitement pure auparavant qui recouvre du chlorure d'argent exposé à la lumière sous ce liquide.

Mais ce noircissement du chlorure d'argent en présence de l'eau seule ne dépasse jamais un certain terme; la quantité d'acide chlorhydrique formé augmente, en effet, progressivement et cet acide tend à retransformer l'argent naissant en chlorure, tend, en un mot, à produire une réaction inverse de celle de la lumière ; ce qui le prouve, c'est que si, à des intervalles rapprochés, on change l'eau qui surnage le chlorure d'argent, on parvient a obtenir une décomposition du chlorure beaucoup plus importante sans qu'on puisse toutefois, quel que soit le temps d'insolation, arriver à la voir porter sur la totalité du chlorure d'argent mis en expérience.

La nécessité de la présence d'un corps absorbant le chlore pour que le chlorure d'argent noircisse à la lumière nous est fournie par cette expé-

(1) Je dois cependant faire remarquer que Meldola s'étant conformé à ces précautions indispensables, vit néanmoins du chlorure d'argent enfermé dans des tubes de Crookes se colorer très lentement à la lumière.

rience : introduisons du chlorure d'argent dans un tube de verres cellé à la lampe et exposons-le à la lumière, il prend une couleur violette, portons le tube à l'obscurité il reprend sa couleur première ; le chlore qui n'a pu se dégager de cet espace clos, le remet à son état primitif. En voici une autre tout aussi concluante et qui nous fournit un double enseignement : du chlorure d'argent déjà noirci est un composé susceptible d'absorber du chlore, l'expérience précédente nous l'a prouvé, appliquons donc, sur un verre absolument propre, une petite pastille de chlorure d'argent dont l'épaisseur sera, une fois sèche, environ trois quarts à 1 millimètre, exposons-la par une face à la lumière et lorsque cette face est devenue violette retournons le verre pour exposer l'autre face. Celle-ci noircira à son tour, mais la première au contact du chlore dégagé par la seconde reprendra sa couleur blanche.

Il est donc certain que le chlorure d'argent exposé à la lumière noircit en dégageant du chlore, que cette décomposition ne peut avoir lieu que s'il se trouve en présence d'un corps capable d'absorber l'halogène, c'est à dire d'un sensibilisateur, l'eau pouvant remplir ce rôle de sensibilisateur, mais d'une façon assez incomplète car l'eau est un corps trop stable. Par conséquent, si à l'eau nous substituons une autre substance plus avide de chlore et capable d'en absorber de plus grandes quantités, nous obtiendrons une décomposition (un noircissement) plus complète et plus rapide puisqu'il ne tendra pas à se faire des réactions inverses. Or, de telles substances sont fort nombreuses, nous avons eu l'occasion d'en citer plusieurs en parlant de l'impression latente pour laquelle leur rôle est tout à fait semblable. Toutefois, le sensibilisateur que l'on utilise le plus pour les préparations à impression directe est le nitrate d'argent, ou quelques autres sels solubles d'argent, tels que le citrate, mais il est évident que tous les produits doués de propriétés réductrices joueraient le même rôle que le nitrate d'argent, ce pourrait être, par exemple, l'acide sulfureux ou les sulfites, l'azotate de potasse, le chlorure d'étain, la résorcine, etc. La réaction avec le nitrate d'argent doit être vraisemblablement la suivante.

$$2AgCl + 2AgAzO^3 + H^2O = 2Ag^2Cl + 2AzO^3H + O \text{ (1)}$$

(1) Comme on ne peut supposer que le radical AzO^3 puisse exister à l'état libre, on ne peut admettre la réaction plus simple :

$$AgCl + AgAzO^3 = Ag^2Cl + AzO^3.$$

On doit donc faire intervenir la vapeur d'eau, empruntée à l'air ou à la préparation elle-même, qui n'est jamais dans un état de siccité absolue.

c'est à dire que nous n'admettons pas, comme il est assez commun de le lire dans les ouvrages datant de quelques années, que le chorure d'argent est décomposé en argent métallique et en chlore par son exposition à la lumière, mais qu'il est transformé en sous-chlorure ou tout au moins en un composé moins riche en chlore que le chlorure normal. Ce qui le prouve, c'est que si on traite un papier au chlorure d'argent noirci par la lumière, au moyen de l'acide azotique, la coloration ne disparait pas, ce qui devrait avoir lieu si cette coloration était due à une réduction du chlorure à l'état métallique. Mais on est et on sera probablement longtemps à faire des hypothèses sur la constitution du produit réel de décomposition du chlorure d'argent, car, si on cherche à isoler ce produit en dissolvant le chlorure non altéré, on le décompose aussitôt en argent métallique et en chlorure d'argent qui se dissout avec celui qui préexistait dans la préparation :

$$Ag^2Cl = Ag + AgCl$$

Remarquons, en passant, que cette réaction nous indique qu'après l'action du dissolvant, du fixateur, si on aime mieux, l'image n'est formée que par la moitié de l'argent contenu dans le produit de décomposition et en admettant que celui-ci soit de la formule Ag^2Cl, tandis que tout l'argent contenu dans le chlorure ou bromure d'argent modifié par impressions latentes et ensuite développé se retrouve dans l'image fixée.

Je disais tout à l'heure que l'on admettait autrefois que le chlorure d'argent insolé se décompose directement en argent métallique, et on fondait cette opinion sur l'expérience de MM. Davanne et Girard, qui consiste à faire disparaître la coloration en traitant le chlorure noirci par de l'acide azotique concentré et bouillant ; ce sont là des conditions anormales et auxquelles peut facilement ne pas résister le sous-chlorure et qu'il ne serait pas nécessaire de réaliser pour dissoudre de l'argent finement divisé, tel que celui qui proviendrait de cette décomposition. On voit, en effet, avons nous dit, le chlorure d'argent violet résister à l'action de l'acide azotique froid et moyennement concentré, donc ce n'est pas de l'argent métallique, tandis que l'image fixée, qui est bien alors formée par ce métal, disparaît dans l'acide azotique de même concentration que celui qui était sans action sur le chlorure d'argent insolé. Maintenant peu importe que l'on attribue à ce chlorure décomposé la formule Ag^2Cl ou Ag^4Cl^3 ou Ag^3Cl^2, ce qu'il y a de certain c'est que c'est un produit moins chloruré que le chlorure normal blanc AgCl. Il se pourrait encore que ce produit moins chloruré forme une combinaison avec le chlorure normal pour constituer ce que Carrey-Léa nomme un *photo-sel*; une telle combinaison peut être considérée même comme probable si l'on tient compte des expériences que ce savant a instituées pour corroborer sa manière de voir.

Mais les préparations à base de chlorure d'argent, que ce soit du papier salé, du papier albuminé, du papier à la celloïdine ou enfin du papier aristotype, ne renferment pas seulement du chlorure d'argent comme produit que la lumière décompose ou modifie; il s'y trouve associé à des composés organiques qui jouent, nous l'avons dit, en premier lieu le rôle de sensibilisateurs, et, en second lieu, ces composés albumine, gélatine, celloïdine ou le papier lui-même, forment, avec l'azotate d'argent en excès, que renferment toujours les préparations à impression directe, des combinaisons qui noircissent également à la lumière. Avant de parler de ces combinaisons il me semble utile de dire quelques mots du rôle que doit jouer cet excès de nitrate d'argent, de celui qui reste libre après la formation de ces composés argentico-organiques. Les impressions directes au chlorure d'argent, sans excès de nitrate, ne fournissent que des images pauvres, ternes; ce qui s'explique en considérant que la quantité de chlorure n'est pas assez considérable pour donner des noirs intenses et profonds; mais, si, au contraire, le chlorure est associé à un excès de nitrate assez considérable, le chlore mis en liberté par sa décomposition agit sur le nitrate pour former une nouvelle quantité de chlorure, susceptible d'être réduite à son tour et cette succession de décompositions et de combinaisons se poursuit tant que dure l'impression lumineuse et tant qu'il subsiste du nitrate d'argent libre.

Quant aux combinaisons du nitrate d'argent avec les substances organiques, elles se décomposent et noircissent à la lumière, elles se comportent d'une façon analogue au chlorure, à cela près que les transformations ou décompositions qu'elles subissent, par le fait de l'insolation, sont difficiles à déterminer, car la nature de ces combinaisons est elle-même fort complexe. Tout ce que nous savons, c'est que ces produits se forment réellement, qu'ils sont sensibles à la lumière et qu'ils modifient d'une façon favorable la couleur de l'argent réduit.

Ils se forment, puisqu'il suffit d'ajouter à une solution gélatineuse (1) ou albumineuse une certaine quantité de nitrate d'argent pour voir se

(1) Je dois faire remarquer que M. A. Blanc a démontré que de la gélatine bien lavée, additionnée *d'un peu* de nitrate d'argent, ne se colore plus par l'action de la lumière; au contraire, dans les mêmes circonstances, si elle n'est pas lavée, elle se colore et jaunit même à l'obscurité; c'est ce que l'on constate par le jaunissement des papiers aristotypes longtemps conservés, altération qui se présente également avec les préparations à l'albumine, la celloïdine, etc., surtout sous l'influence de l'humidité.

former un précipité blanchâtre caillebotté; ce composé est sensible à la lumière, puisque, en le séparant, le lavant et l'insolant, il passe bientôt à la teinte violacée, qui se transforme, par une exposition plus longue, en une teinte brune. Enfin, ces composés influent sur la couleur de l'argent réduit, car, après exposition et fixage, on obtient des images de couleurs différentes avec des préparations sous tous les autres points identiques, mais dont les unes ont pour véhicule de l'albumine, les autres de la gélatine, les autres de l'arrow-root... Ce sont là, en effet, les matières organiques qui sont le plus souvent employées pour la préparation des papiers photographiques.

Papier salé. — Dès le début, on se contentait de saler du papier en l'immergeant dans une solution d'un chlorure alcalin (chlorure de sodium, de potassium ou d'ammonium); une fois sec, on le sensibilisait dans un bain de nitrate d'argent. Au sein de la trame du papier, dont la matière organique jouait le rôle de sensibilisateur, il se formait du chlorure d'argent, et il restait dans la feuille un excès de nitrate, dont la présence est indispensable, nous le savons, pour obtenir des images vigoureuses. Il se forme également un azotate alcalin, dont une partie se dissout dans le bain de sensibilisation et dont une autre partie reste dans la trame du papier. Nous n'avons guère à tenir compte de la présence de ce sel: il ne joue pas un rôle actif dans la formation de l'image.

Toutefois, les positives sur papier salé simple, c'est à dire sans qu'il ait reçu ou un encollage ou un enduit quelconque, sont toujours ternes, l'image étant principalement dans le corps même du papier, *s'y étant trop enfoncée,* ce que l'on constate en examinant cette image, non plus par réflexion, mais par transparence, auquel cas elle se montre très vigoureuse. On comprend, en effet, que les parties noircies qui sont dans l'épaisseur de la feuille ont leur éclat amoindri par l'épaisseur de papier qui les recouvre; on constate ce même effet, tout physique, lorsqu'on examine une bonne photographie recouverte d'un verre dépoli, qu'il suffit de mouiller de façon à le rendre transparent pour voir l'épreuve reprendre toute sa valeur.

On doit donc chercher à retenir le chlorure d'argent à la surface du papier, résultat auquel on arrive soit en bouchant ses pores au moyen d'un encollage à l'amidon ou à l'arrow-root, soit au moyen d'albumine ou de gélatine. Ces deux dernières substances, formant des solutions visqueuses, ne pénètrent guère la trame; elles forment plutôt un vernis presque entièrement à la surface.

Ces encollages ou ces vernis, du moins celui à l'albumine, auraient l'inconvénient de se dissoudre dans l'eau et de laisser échapper l'image si le nitrate d'argent, au moment de la sensibilisation, ne les faisait passer à un état d'insolubilité que l'on peut dire à peu près complète ; ce sel forme, en outre, avec ces substances, des composés argentico-organiques susceptibles de noircir à la lumière. Pour abréger le travail, on additionne les gelées d'arrow-root ou les solutions d'albumine du chlorure alcalin, de telle sorte que l'encollage et le salage du papier se font en une seule opération.

Papier albuminé. — C'est ainsi que, pour préparer le papier albuminé, on fait flotter les feuilles de papier sur de l'albumine dans laquelle on a fait dissoudre du chlorure de sodium ; une fois le papier bien distendu, on le soulève et on le laisse sécher. Il est alors prêt à être sensibilisé, opération que l'on exécute en le faisant flotter sur une solution de nitrate d'argent à 10 pour 100. Il se forme du chlorure d'argent, de l'albuminate d'argent et un azotate alcalin, en même temps que l'albumine est coagulée. Au bout de deux minutes environ, ces réactions sont complètes : la feuille est soulevée et suspendue pour obtenir la dessiccation.

Suivant que l'on emploie de l'albumine plus ou moins concentrée, on obtient des papiers à surface plus ou moins brillante et susceptibles de donner des images plus fines ou plus harmonieuses, soit comme modelé, soit comme teinte, car plus l'albumine est concentrée et forme, par conséquent, une couche plus épaisse, plus la quantité d'albuminate d'argent qui concourt à la formation de l'image est importante, modifiant ainsi celle qui est due au chlorure d'argent seul.

On colore souvent l'albumine avec des couleurs d'aniline ou d'autres teintures végétales, afin de modifier, au moyen de ces teintes additionnelles, la crudité des blancs ; mais les teintes communiquées par les couleurs d'aniline sont fugitives, passent vite à la lumière ; aussi si on tenait à voir ces colorations roses ou mauves se conserver, il faudrait avoir recours à des colorants plus stables, tels que le carmin pour le rose et à un mélange de carmin et d'indigo pour le mauve.

Comme l'albumine qui a subi un commencement de putréfaction rend la préparation du papier plus facile, beaucoup de fabricants ne la mettent en œuvre que lorsqu'elle a subi cette altération, à la suite de laquelle il s'est formé des produits sulfurés divers qui ne peuvent être que préjudiciables à la bonne conservation des épreuves.

Les images sur papier albuminé possèdent, une fois finies, une teinte violacée ou rougeâtre ; difficilement on arrive aux tons noirs, qu'on recherche souvent pour certains sujets. Dans ce cas, on fait usage de papiers encollés à l'eau de riz, à la gelée de carragahen ou d'arrow-root. C'est aux Traités généraux de photographie que je renverrai le lecteur désireux de connaître le mode de préparation de ces divers papiers ; j'en indiquerai aussi quelques-uns dans le second volume, lorsque nous étudierons les produits.

Papiers émulsionnés. — Depuis un certain nombre d'années les papiers albuminés ou salés ont été presque totalement détrônés par les papiers recouverts d'une émulsion au chlorure d'argent dans la gélatine ou dans le collodion. Au point de vue théorique, ils ne présentent pas d'autre différence avec le papier albuminé, si ce n'est que le véhicule ou sensibilisateur organique est de nature différente ; le chlorure d'argent, dans les uns comme dans les autres, s'y trouve associé à une notable proportion de nitrate du même métal à l'état libre, lequel se trouve mélangé à une plus ou moins grande quantité de nitrate alcalin, car les émulsions pour impression directe ne sont généralement pas soumises au lavage ou ne sont lavées que d'une façon sommaire. Pour assurer la conservation du papier, on fait entrer dans la composition de l'émulsion un acide organique, l'acide citrique est le plus généralement employé dans ce but, comme il l'est du reste, pour la préparation du papier albuminé destiné à être conservé. On sait, en effet, que la gélatine et l'albumine en présence du nitrate d'argent libre forment des combinaisons qui jaunissent même en dehors de la lumière, les acides retardent cette coloration sans la prévenir d'une façon absolue : c'est pourquoi tous les papiers à impression directe perdent de leur blancheur dans un temps plus ou moins long, et l'on sait que ces papiers jaunis sont loin de donner des épreuves aussi fraiches que lorsqu'ils sont de préparation récente.

L'avantage des papiers émulsionnés est immense au point de vue industriel, car si jusqu'ici, du moins, la préparation des papiers albuminés s'est faite feuille par feuille et à la main, les papiers aristotypes se fabriquent à la machine sur des largeurs dépassant un mètre et sur des longueurs qui sont pour ainsi dire illimitées. Une usine peut donc en fournir plusieurs hectares par jour de qualité régulière puisque une même émulsion, ou des émulsions de même composition, servent à coucher ces immenses surfaces ; pareille régularité est impossible à trouver dans les papiers fabriqués à la main et en deux opérations, car en admettant que l'albuminage soit égal pour toutes les feuilles, lors de la sensibilisation la composition du bain d'argent se modifie d'une façon sensible.

Au point de vue pratique on ne peut nier que les papiers émulsionnés, par suite de leur préparation et du couchage ou barytage qu'a préalablement subi le papier, ne possèdent une surface excessivement unie qui les rend susceptibles de reproduire de fins détails, ce que ne peut fournir le papier albuminé ; de ce côté donc, les papiers aristotypes présentent un sérieux avantage. Je n'ai pas à discuter encore si la conservation des épreuves qu'ils fournissent est moins assurée que celle des anciennes préparations, car les plaintes qui sont formulées proviennent, la plupart du temps, du mode irrationnel selon lequel ils ont été traités, question que nous aborderons dans le chapitre suivant.

La mode, après avoir exigé des épreuves à surface brillante, imposa, après coup, d'une façon assez générale, les épreuves à surface mate; les fabricants s'empressèrent de fournir, pour la satisfaire, des papier émulsionnés pour la préparation desquels on emploie d'abord des papiers moins glacés que pour les papiers brillants, et à l'émulsion destinée à les recouvrir on ajoute de l'amidon ou du kaolin. Ces papiers mats, sans que j'aie à envisager s'ils satisfont mieux le côté artistique, ont l'avantage de donner plus facilement les tons noirs que les papiers brillants.

CHAPITRE XXVI

VIRAGE DES PHOTOCOPIES

Utilité du virage. — Si, en retirant une épreuve du châssis à impression, on se contentait de la traiter par un bain d'hyposulfite pour dissoudre le chlorure d'argent non altéré et la rendre ainsi susceptible de supporter impunément l'action de la lumière, on n'obtiendrait qu'une image exclusivement composée d'argent métallique qui serait d'un ton jaune rougeâtre peu agréable. Pour modifier cette teinte, on lui fait subir, avant le fixage, un traitement auquel on a donné le nom de *virage*. Virer une épreuve, c'est déposer à sa surface un autre métal tel que l'or, le platine; toutefois, comme nous allons le voir, ce n'est pas un simple dépôt, tel que le serait un dépôt galvanoplastique sur un autre métal, car il s'opère, durant le virage, une substitution d'une certaine quantité d'or ou de platine à une partie de l'argent; c'est donc une vraie réaction chimique qui se produit; cette substitution est accompagnée, il est vrai, d'un véritable dépôt de métal précieux.

Le virage au moyen des sels d'or est le plus généralement employé, mais on utilise, de plus en plus, le virage aux sels de platine ou des virages doubles, en ce sens qu'après avoir une fois viré à l'or, on exécute la même opération au moyen des sels de platine.

Le virage à l'or communique aux épreuves une teinte rouge violacée et violette pouvant arriver au bleu noir lorsque la quantité d'or déposée est considérable; le virage au platine est destiné à fournir des tons noirs, que l'on rend d'une nuance plus chaude en virant légèrement avec un bain d'or avant de faire usage des sels de platine.

Sels d'or et sels de platine. — Avant de parler du virage proprement dit, et des réactions qui se produisent durant cette opération, il me semble utile de dire quelques mots des divers sels d'or et de platine que l'on utilise, sans entrer à ce sujet dans de longs détails qui trouveront leur place dans la seconde partie de cet ouvrage.

Ces sels, du reste peu nombreux, sont tous, à part les sulfocyanures d'or et l'hyposulfite double d'or et de soude, des chlorures d'or, des chlorures d'or et de soude, des chlorures de platine ou, enfin, des chlorures doubles de platine et de potasse. Ces sels ne diffèrent entre eux, au point de vue pratique, que par une plus ou moins grande acidité.

Le chlorure d'or ordinaire ou chlorure aurique a pour formule atomique $AuCl^3$, il constitue la majeure partie du *chlorure d'or brun du commerce*, il est toujours acide et lorsqu'on le fait dissoudre dans l'eau il subit un dédoublement, à la suite duquel il se transforme en protochlorure et en trichlorure. Le premier est insoluble par lui-même mais il ne tarde pas à se dissoudre grâce à l'acidité en excès. S'il est pur, il renferme 65 pour 100 d'or métallique.

On vend, sous le nom de *chlorure d'or jaune cristallisé*, un sel que l'on doit nommer, d'après sa composition ($AuCl^3HCl + 3Aq$), chlorhydrate de chlorure aurique. Bien préparé, et lorsque ce sel se présente en masses très déliquescentes, c'est un produit que l'on peut adopter mais qu'il faut rejeter lorsqu'il est en plaques amorphes non hygrométriques, car c'est un indice qu'il a été mélangé à une assez forte proportion de chlorure de sodium ou de potassium, et au lieu d'être au titre de 47 à 48 pour 100 d'or, il peut n'en renfermer que 15 à 20 pour 100 comme cela arrive souvent pour des chlorures d'or jaunes livrés à des prix relativement bas.

Le chlorure double d'or et de potassium a pour formule : $AuCl^3KCl + nAq$. La quantité d'eau de cristallisation n'est pas constante ; il peut en renfermer 1, 2 ou 2 1/2 molécules ; quoi qu'il en soit, s'il est convenablement préparé, s'il n'a pas été additionné d'une quantité excédante de chlorure alcalin, il doit renfermer 47 pour 100 d'or métallique. Ce sel n'est pas déliquescent ; il perd, au contraire, de l'eau s'il est exposé dans une atmosphère sèche ; c'est ce qui explique pourquoi on le rencontre avec des quantités variables d'eau de cristallisation.

Le chlorure double d'or et de sodium, $AuCl^3NaCl + 2H^2O$, est analogue au précédent, mais perd moins facilement son eau de cristallisation. S'il n'a été additionné que de la quantité théorique du chlorure de sodium, il renferme 49 pour 100 d'or métallique.

Les chlorures doubles d'or et de potassium, ou d'or et de sodium, étant moins acides, sont de préférence adoptés pour la préparation des virages, quoique moins riches que le chlorure d'or brun ; l'acidité, en effet, joue un grand rôle dans les virages à l'or ; elle influe sur la conservation du bain et sur les tons qu'il pourra fournir ; dans tous les cas, il faut tenir compte de la réaction plus ou moins acide du sel que l'on emploie, car certaines formules ne fournissent un bon résultat que si on les applique à un chlorure légèrement acide tel que le chlorure d'or brun, et n'en donnent que de mauvais si on emploie un chlorure très acide tel que le chlorure jaune, ou neutre tels que les chlorures doubles. C'est peut-être dans ce fait qu'il faut trouver la raison du désaccord signalé par divers expérimentateurs sur la supériorité de telles ou telles formules de virage.

L'hyposulfite double d'or et de soude ou sel de Gélis et de Fordos, $AuNa^3(S^2O^3)^2 + 2H^2O$, d'abord utilisé pour le virage des épreuves daguerriennes, est le seul sel d'or au minimum connu à l'état de liberté et pouvant, par conséquent, être directement utilisé pour le virage ; mais il faut remarquer que ce sel, pour qu'il n'occasionne pas de sulfuration de l'argent, doit être employé avec un large excès d'hyposulfite de soude, de telle sorte qu'il ne pourrait trouver d'application que dans les bains qui fixent et virent en même temps, auquel cas il serait certainement plus avantageux que les mélanges complexes qu'on emploie dans le même but et qui sont presque toujours acides, condition la plus défavorable à la conservation des épreuves.

Les sulfocyanures d'or sont de plusieurs espèces ; l'un d'eux, isolé par Liesegang, répond à la formule $Au(CyS)^2AzH^4S, CyS$; c'est donc *un sulfocyanure double d'or et d'ammoniaque*. Il existe aussi *un sulfocyanure d'or insoluble*. M. Mercier a fait remarquer que le sulfocyanure de Liesegang est réduit au minimum lorsqu'on dilue ses solutions aqueuses.

Les sels de platine employés pour le virage sont :

1° *Le chlorure double de platine et de potassium* ou *chloroplatinite de potassium*, $PtCl^2 2KCl$, qui se présente en cristaux d'un rouge foncé, peu solubles dans l'eau, qu'il faut conserver à l'obscurité parce que la lumière les décompose aussi bien en nature qu'à l'état de solution.

Le chlorure de platine ou *bichlorure de platine*, $PtCl^2$, est un sel d'un rouge foncé, très hygrométrique puisqu'il se liquéfie rapidement à l'air.

Virage à l'or. — Supposons qu'après avoir retiré une préparation à impression directe du châssis-presse, nous la débarrassions, par des lavages, de l'azotate d'argent en excès, des acides ou sels conservateurs qu'elle renferme, et qu'après cela nous la traitions par une solution simple, mais étendue, de chlorure d'or ordinaire, $AuCl^3$, ou de chlorure double d'or et de potassium, $AuCl^3,KCl$. Cette épreuve changera rapidement de teinte : de la couleur rougeâtre, qu'elle avait pris dans l'eau de lavage, elle passera à un ton violacé ou bleu violacé, par suite de la substitution d'une partie plus ou moins importante d'or à l'argent qui la constituait(1),

(1) En discutant le phénomène du noircissement du chlorure d'argent à la lumière,

mais nous remarquerons en même temps que ses fines demi-teintes ont disparu ; l'épreuve est virée, mais elle est rongée. Examinons, en effet, la réaction qui a dû se produire :

$$AuCl^3 + 3Ag = 3AgCl + Au.$$

Cette action destructive s'explique ainsi aisément, puisque 3 atomes d'argent ne sont remplacés que par 1 atome d'or. Si, pour le virage, nous employons, au contraire, du protochlorure d'or, AuCl, le cas ne sera plus le même :

$$AuCl + Ag = AgCl + Au.$$

Pour un atome d'argent transformé en chlorure, nous avons 1 atome d'or déposé. Faisons remarquer en passant que, puisqu'il se forme durant le virage du chlorure d'argent, il est rationnel d'exécuter cette opération avant le fixage, car nous serions obligés, en l'effectuant après, de procéder à un nouveau fixage pour dissoudre le chlorure d'argent qui prend ainsi naissance.

Pour revenir à notre sujet, nous venons de voir qu'il est impossible d'employer des solutions simples des chlorures d'or du commerce, et qu'il faut transformer ces perchlorures en protochlorure, AuCl. Pour opérer cette transformation, nous avons plusieurs moyens : ce sera, par exemple, en rendant la solution légèrement alcaline au moyen de la potasse ou de la soude caustiques, ou au moyen de leurs carbonates, ou en la neutralisant au moyen de ces mêmes substances alcalines, soit encore au moyen du carbonate de chaux, du carbonate de lithine, etc., soit enfin en additionnant cette même solution de perchlorure d'or, de certains sels à acide organique ou de certains sels minéraux que nous allons apprendre à connaître.

Examinons ces divers cas :

En rendant la solution légèrement alcaline, le chlorure d'or $AuCl^3$ subira une transformation ; il se formera tout d'abord un chlorure intermédiaire *ou chlorure aureux* $AuCl^2$, en même temps que du chlorure de

nous avons vu qu'il n'était pas décomposé en argent métallique, comme nous le supposons ici ; mais nous savons que le sous-chlorure, provenant de cette décomposition, est très instable, et vraisemblablement la dorure est précédée d'une transformation de ce sous-chlorure en métal et chlorure d'argent ordinaire : $Ag^2Cl = Ag + AgCl$.

potassium et de l'hypochlorite de potassium prendront naissance (1) :

$$2AuCl^3 + 2KHO = 2AuCl^2 + KCl + KClO + H^2O.$$

Le chlorure aureux étant un corps très instable, à tel point que sa réelle existence est niée par bien des auteurs, se transforme en protochlorure d'or, AuCl, et en trichlorure, $AuCl^3$ de telle sorte qu'une certaine partie de ce dernier se trouve constamment régénérée. Il s'ensuit que la décoloration d'un bain d'or, qui est le signe de la complète transformation du perchlorure en protochlorure, exige un temps assez considérable (2) si la solution a été du moins simplement neutralisée ; si elle a été rendue très sensiblement alcaline, la décoloration est beaucoup plus rapide ; mais nous verrons que ces solutions alcalines ne sont pas d'un emploi avantageux, bientôt elles ne virent plus que d'une façon imparfaite et très lente, inconvénient qui ne se manifeste plus avec les solutions neutres. Ce sont donc, en premier lieu, des virages à réaction neutre que nous devons chercher à produire, et on y arrive en y ajoutant aux solutions des sels d'or commerciaux des oxydes ou des sels insolubles ou peu solubles jouant le rôle de corps indifférents, de corps légèrement alcalins ou légèrement acides. Parmi les premiers, nous trouvons l'oxyde de zinc ; parmi les seconds, le carbonate de chaux, le carbonate de magnésie, le silicate de magnésie (talc), le silicate d'alumine (kaolin), etc. ; le phosphate de chaux précipité est un sel légèrement acide qui peut servir à la préparation des *virages dits neutres*.

On peut encore préparer des bains de virage qui, tout en présentant une réaction acidule au tournesol, ne rongent pas cependant les épreuves, et dans lesquels, par conséquent, le perchlorure d'or a subi la transformation complète en protochlorure. *Ces bains acidules* se préparent au moyen de sels à acide organique faible et doué d'un faible pouvoir réducteur. Ces acides, étant des acides faibles, sont facilement déplacés par l'acide chlorhydrique ; étant rendus libres et en vertu de leur propriété réductrice, ils ramènent le perchlorure d'or à l'état de protochlorure ; le bain se décolore donc tout en présentant une réaction acidule et en produisant la substitution de l'or à l'argent atome par atome, c'est à dire sans ronger les épreuves.

(1) Toutefois, l'existence de cet hypochlorite n'est que temporaire, car il se transforme aussitôt en chlorure et chlorate de potassium :

$$3KClO = KClO^3 + 2KCl.$$

(2) Cette décoloration a lieu parce que le protochlorure d'or qui se forme est incolore, tandis que le perchlorure donne des solutions qui, quoique très étendues, sont néanmoins très sensiblement colorées en jaune.

Les virages de cette classe, le plus souvent employés, sont ceux à l'acétate de soude, au benzoate de soude, au succinate et à l'anisate de soude...

Si, au lieu des sels que je viens de mentionner, nous employons certains sels minéraux, à réaction légèrement alcaline, il pourra se faire que, suivant la quantité mise en présence du chlorure d'or, nous obtenions un bain à réaction simplement neutre ou présentant une réaction franchement alcaline, ou encore qui conservera une réaction acide, si la quantité de sel est faible. Dans ce dernier cas, le bain de virage ne sera jamais complètement décoloré ; cependant, il ne rongera pas les épreuves.

Lorsqu'il a perdu toute teinte jaune, c'est qu'il est arrivé à la neutralité ou qu'il a acquis une réaction alcaline ; il peut alors être considéré comme faisant partie des bains neutres ou alcalins dont j'ai parlé en premier lieu.

Le borate de soude, le phosphate de soude, les pyrophosphate, tungstate et molybdate de soude sont les sels à faible réaction alcaline que l'on emploie pour préparer les bains de virage dont la réaction varie avec la quantité de sel entrant dans leur composition.

Tous les bains d'or, préparés avec l'un quelconque des produits que je viens d'énumérer, substituent le métal or au métal argent en transformant ce dernier en chlorure, et ce chlorure d'argent reste mélangé à l'or et à l'argent qui composent maintenant notre épreuve, jusqu'au moment du fixage qui le dissoudra en même temps que le chlorure en excès, non modifié par la lumière.

Il existe une autre classe de bains de virage dans lesquels, à cause de la nature des sels employés, ce chlorure d'argent se dissout en même temps que se fait le dépôt d'or.

Ce sont même les premiers qui furent employés, puisque c'est Fizeau qui, en 1840, indiqua l'emploi de l'hyposulfite de soude additionné de chlorure d'or pour le virage des épreuves daguerriennes. Il n'est pas indifférent de mélanger des quantités quelconques de chlorure d'or et d'hyposulfite, car on constate, pour une dose trop faible, que la solution au lieu de se décolorer, garde une teinte brune ; qu'en prenant 4 parties d'hyposulfite et 1 partie de chlorure d'or, on obtient une solution limpide et au-dessus de ces proportions il se forme dans le bain un précité laiteux de soufre. C'est donc la proportion de 4 grammes d'hyposulfite pour 1 gramme de chlorure d'or qu'il convient d'adopter (1).

(1) On pourrait bien employer un très large excès d'hyposulfite, 20 à 50 parties par exemple, et obtenir un bain qui se conserve clair durant un certain temps ; mais nous

Toutefois, un bain de virage ainsi composé (eau, 1000 ; hyposulfite, 4 ; chlorure d'or brun, 1) se comporte d'une façon très irrégulière et ne convient pas à tous les papiers, et, de plus, les blancs se teintent en jaune en se sulfurant. En ajoutant à ce bain 20 grammes de sel ammoniac ou autant de chlorure de sodium, l'action en devient plus régulière, et on évite la sulfuration. Néanmoins, on ne saurait conseiller les bains de virage à dose restreinte d'hyposulfite, qui présentent toujours de graves dangers pour la conservation des épreuves. Je dois dire, d'ailleurs, que leur emploi ne s'est pas répandu.

Il en est tout autrement des bains au sulfocyanure, qui sont d'un usage courant, du moins en Angleterre. Le sulfocyanure d'or et d'ammonium, de potassium ou de sodium, sont de couleur rouge foncée, chose que l'on peut constater en versant une solution concentrée de sulfocyanure d'ammonium dans une autre également concentrée de chlorure d'or. Il s'est formé du *sulfocyanure ammonio-aurique*, qui passera à l'état de *sulfocyanure ammonio-aureux* incolore lorsqu'on étendra la liqueur d'une grande quantité d'eau. Cette décoloration se fait rapidement lorsqu'on a employé 4 équivalents de sulfocyanure pour un équivalent de chlorure d'or, et d'autant plus lentement que l'excès de sulfocyanure ajouté est plus considérable.

Les bains aux sulfocyanures sont assez irréguliers et agissent lentement ; comme ceux à l'hyposulfite, on les améliore en les additionnant d'un chlorure alcalin, ou d'un sel à réaction alcaline ou encore d'acétate de soude.

Quand ils doivent être appliqués à des papiers émulsionnés, il est bon de les additionner d'alun ou de chlorure d'aluminium pour contrebalancer l'action dissolvante des sulfocyanures sur la gélatine.

Enfin, comme dernière remarque, les bains riches en sulfocyanure présentent une réaction acide prononcée, qu'ils communiquent aux épreuves et dont il faut absolument les débarrasser avant de les soumettre à l'hyposulfite en les passant dans un bain légèrement alcalin ou de sulfite de soude.

Examinons maintenant, après ces aperçus théoriques sur les divers virages, quels sont ceux qui, au point de vue pratique, présentent le plus d'avantages.

sortons alors des bains de virage proprement dits, car ces solutions, douées, en même temps que de la propriété de virer les épreuves, de celle de dissoudre tout le chlorure d'argent qu'elles renferment, rentrent dans la classe des virages fixages que nous étudierons plus loin.

Je laisserai de côté les virages à l'hyposulfite et aux sulfocyanures, au sujet desquels je n'aurais rien à ajouter, et nous ne nous occuperons que des bains alcalins, neutres ou acidulés.

Bains de virage alcalins. — Si, pour la préparation des bains alcalins, on s'est servi des alcalis caustiques (potasse ou soude) ou de leurs carbonates, en employant, bien entendu, un très léger excès de ces substances, de quoi simplement obtenir une solution qui bleuisse franchement le tournesol rougi, nous obtiendrons des bains qui se décolorent vite. Le trichlorure d'or y subit rapidement la transformation en protochlorure ; ils sont, en un mot, propres à servir presque aussitôt leur préparation. Si les réactions s'arrêtaient là, rien n'empêcherait de les utiliser, et on peut fort bien les utiliser en saisissant le moment où la transformation en protosel vient d'être complète; mais, passé ce terme, ils ne donnent plus que des résultats négatifs, parce que l'excès d'alcali continue à agir sur le protochlorure formé, lui enlève une partie de son chlore pour former un chlorure alcalin, tandis que le protochlorure d'or passe à l'état d'oxyde sous-aureux :

$$2AuCl + 2KHO = Au^2O + 2KCl + H^2O$$

Or, cet oxyde est irréductible par l'argent ; le bain cesse donc de virer. De plus, si le bain n'est pas très alcalin, l'oxyde se précipite, tandis qu'il reste en dissolution dans le cas où la solution est très alcaline en formant des sous-aurites.

Bains de virages neutres. — Avons-nous préparé un bain neutre au moyen de la craie, du carbonate de magnésie ou du talc, etc..., un tel bain doit se conserver indéfiniment en le tenant à l'obscurité, car aucune réaction ne viendra modifier sa composition, agir sur le protochlorure d'or qui a pris naissance. On peut donc en avoir en réserve, ce qui est commode puisque la préparation d'un bain de virage demande un certain temps. Mais si, en théorie les bains neutres doivent conserver indéfiniment leurs qualités premières, on s'aperçoit vite, en pratique, qu'ils sont plus longs à agir dès qu'ils sont un peu âgés, et il faut noter que je ne parle ici que des bains neufs, les bains mis en usage subissant des altérations par le fait des substances étrangères qui s'y sont dissoutes. Si on recherche les causes de cette modification, on la trouvera dans ce que l'on n'a pas eu la précaution, après décoloration complète, de séparer par le filtre ou mieux la décantation, la solution d'or de l'excès de craie, de talc ou de carbonate de magnésie qui a servi à opérer la transformation du chlorure d'or. Ces substances, bien que très peu solubles et peu alcalines, n'en réagissent pas moins à la longue sur le protochlorure d'or pour le transformer en petite partie en sous oxyde d'or. Mais, malgré cette précaution de décanter le bain après décoloration complète, il perd peu à peu de ses qualités, il devient tout au moins plus lent dans son action. M. Mercier a constaté que l'action du verre seul, dans lesquels on les conserve, suffisait à les modifier. Le verre est, en effet, un silicate de chaux et de potasse ou de soude qui cède à l'eau qu'il renferme des traces de matières alcalines, traces qui sont suffisantes pour donner plus de stabilité au sel d'or.

Néanmoins, comme je le disais, les bains de virage neutres peuvent être préparés un certain temps à l'avance si on a soin de les séparer de l'excès de craie ou de talc (je ne cite que ces deux substances parce que ce sont celles que l'on emploie ordinairement), aussitôt après la décoloration, soit au bout de 10 à 12 heures, et qu'on les conserve à l'obscurité; ce sont ceux dont la préparation est la plus simple et qui sont de tous points les plus recommandables.

Bains de virages acidules. — Les bains préparés avec un sel organique à acide réducteur qui présentent après décoloration une faible réaction acide ne subissent pas, comme les bains neutres, cette modification qui les rend moins actifs, ils se conservent, au contraire, d'une façon presque indéfinie. Je dis presque indéfinie car ils laissent déposer à la longue un précipité noir constitué non par de l'or métallique, comme on l'a souvent dit, mais par de l'oxyde d'or. Ce dépôt s'observe toujours dans les bains d'or au borate, à l'acétate, à l'anisate, au tungstate de soude, etc..., préparés depuis un certain temps.

Il est évident que si le sel employé pour la préparation de ces bains présente une réaction alcaline (qui est toujours assez faible), et qu'on en ait employé une quantité telle que le bain acquière lui-même cette même réaction, ils perdent vite leur activité, c'est comme si on avait préparé un bain alcalin au moyen du carbonate de potasse ou de soude; de même ils posséderaient les qualités et la stabilité moins prononcée des bains neutres si la quantité de sel se trouve telle que la réaction du bain soit exactement neutre.

Il est un moyen de donner plus de stabilité aux divers bains de virage et par stabilité j'entends dire ici la faculté de conserver plus longtemps leurs qualités premières, il consiste à les préparer sous une forme concentrée. Pour préciser, 10 fois plus concentrée qu'on ne les emploie pour l'opération du virage. Ainsi, si on fait le mélange suivant :

Chlorure d'or brun	1 gramme.
Acétate de soude	15 grammes.
Eau	100 —

on obtient une liqueur colorée qui conserve indéfiniment sa couleur, au sein de laquelle il ne se forme pas de dépôt bien appréciable de sous-oxyde d'or. En étendant d'eau cette solution concentrée pour la ramener à la concentration ordinaire des bains de virage, c'est-à-dire à 1 pour 1000 ou pour 2000, elle se décolore rapidement et on obtient un bain en tout semblable à celui qu'on aurait préparé de toutes pièces. M. Mercier, en évaporant dans le vide et à température modérée ces solutions concentrées, a obtenu des produits salins qui, dissous ensuite dans la quantité d'eau convenable, fournissent facilement des bains de virage. Ces composés, auxquels on peut donner le nom d'*auro-borates*, d'*auro-phosphates*, d'*auro-acétates*, quoique de composition non définie, puisqu'elle varie avec les proportions de sel d'or et de sel alcalin qui ont servi à les préparer, peuvent rendre de réels services aux amateurs qui n'ont, pour obtenir un bain de virage, qu'à faire simplement dissoudre les doses telles qu'on les trouve dans le commerce dans 1000 au 2000 grammes d'eau.

Pour résumer ce qui précède, et que tout photographe doit avoir présent à la mémoire lorsqu'il prépare des bains de virage, je dirai :

1° Que, sous l'action des substances alcalines, le trichlorure d'or (c'est à dire les chlorures d'or commerciaux, désignés par chlorure d'or brun, chlorure d'or jaune, chlorure double d'or et de potassium ou de sodium), passe d'abord à l'état de protochlorure d'or, qui est l'agent actif du virage.

2° Que, par une action plus prolongée des substances alcalines, ce protochlorure se transforme en protoxyde d'or, lequel peut se combiner à l'alcali pour former un sous-aurite qui reste en dissolution ou se précipite, suivant le cas, Mais, à partir du moment où cette transformation s'est opérée, le bain devient inactif, et, comme elle s'opère en un temps d'autant plus court que l'alcalinité du bain est plus accusée, il s'ensuit que le bain devient, par cette même cause, plus ou moins rapidement inutilisable.

3° S'il était nécessaire de préparer un bain de virage qui devrait être mis bientôt en usage, il faudrait se servir des substances alcalines puisque ce sont celles qui opèrent le plus rapidement la transformation du trichlorure en protochlorure, mais de tels bains doivent être utilisés aussitôt que la décoloration est complète puisque, à partir de ce moment, ils deviennent inactifs en peu de temps.

4e Un bain de virage neutre ou alcalin, ne doit jamais être employé avant sa décoloration complète, sans cela, il virera sans doute très rapidement mais il attaquera, plus ou moins fortement, les demi-teintes selon que la transformation en protochlorure est plus ou moins incomplète.

5° Les virages neutres possèdent une action rapide et fournissent facilement des teintes foncées si on les emploie aussitôt leur décoloration totalement effectuée, tandis qu'elle se ralentit et ils ne donnent plus que des teintes rougeâtres si on les conserve quelques jours avant de les mettre en usage. Toutefois, il est facile de les remettre en leur état primitif en les additionnant d'une nouvelle quantité de chlorure d'or et les utilisant aussitôt qu'ils se sont à nouveau décolorés.

6° Les bains de virage acidules (rougissant très lentement le papier bleu de tournesol) ne se décolorent jamais complètement lorsqu'ils sont obtenus avec des sels minéraux purs; ceux préparés avec des sels organiques se décolorent complètement lorsqu'ils se rapprochent de la neutralité ou qu'ils sont obtenus avec des sels dont l'acide est un réducteur. Ces bains conservent indéfiniment leur propriété de virer et leur activité est d'autant plus grande que leur acidité est plus faible.

A quoi tiennent les qualités des bains de virage? — On peut se demander à quoi tient la supériorité de telle ou telle formule, et j'entends dire par là quelle est la raison pour laquelle un virage de composition donnée est plus apte à fournir de plus beaux tons et des tons plus foncés que tel autre. On peut dire d'une façon générale : *que les teintes fournies par les différents bains et avec les différents papiers dépendent de la facilité avec laquelle le virage s'effectue.* Ainsi, si on se sert d'un bain aussitôt que sa décoloration est complète, on l'emploie dans ses meilleures conditions; il vire alors facilement et d'une façon rapide, en fournissant de belles teintes pourprées ou bleu noir, tandis qu'un bain quelconque, dans lequel la transformation du protochlorure en sous-aurite alcalin inactif est plus ou moins avancée, ne travaille qu'avec lenteur; la dorure de l'épreuve est difficile dans ces conditions, de telle sorte qu'on n'obtient plus que les premières nuances de la gamme que fournissaient les bains en bonnes conditions, c'est à dire des teintes rougeâtres ou à peine violacées. Voilà pourquoi les bains acidules, dont la conservation est plus assurée que celle des bains neutres et surtout alcalins, jouissent d'une faveur assez générale. Ils peuvent, en effet, être préparés assez à l'avance ; ils n'en conservent pas moins leurs qualités et donnent, si on le désire, les teintes foncées en prolongeant suffisamment la durée du virage, quoi qu'il soit possible, si on le préfère, de s'en tenir aux teintes rougeâtres en virant plus légèrement.

Une autre cause qui ralentit le virage et qui s'oppose ainsi à ce que l'on puisse obtenir toujours les teintes foncées provient de la nature des papiers que l'on emploie. Tous les praticiens savent par expérience que les papiers salés, les papiers albuminés sensibilisés au bain d'argent neutre, les papiers aux émulsions virent plus facilement que les papiers albuminés du commerce, certains au moins, dont a assuré la conservation au moyen d'agents très acides, ces derniers ayant la propriété d'entraver la dorure. Du moment que le virage se fait plus difficilement, la quantité d'or déposée est plus faible et ne permet d'obtenir que les tons rougeâtres.

Remarques générales sur l'opération du virage. — Il y a donc intérêt à débarrasser les papiers de ces agents conservateurs par des lavages soignés et à les traiter même, avant le virage, par une solution faible de bicarbonate de soude qui sature les acides ; mais il est important, après ce traitement, de les laver à nouveau pour ne pas introduire du bicarbonate de soude dans le virage.

Il est important, en outre, de laver avant le virage toute sorte de papiers à impression directe pour enlever l'excès de nitrate d'argent qu'ils contiennent. Si ce sel, en effet, se dissout dans le virage, il réagit sur le chlorure d'or ; il se transforme en chlorure d'argent, et de l'oxyde d'or se précipite en partie sur l'image et en partie reste en suspension dans le bain.

Jusqu'ici je n'ai parlé que du chlorure d'argent, en supposant que les images étaient seulement constituées par ce composé noirci par la lumière ; mais nous savons qu'elle est aussi partiellement formée par des composés argentico-organiques que la lumière a noircis en même temps que le sel d'argent ; durant le virage, ces composés favorisent ou sont même une cause directe de la précipitation d'or métallique, grâce à leur action réductrice ; ils influent donc sur la coloration de l'épreuve et viennent en augmenter la vigueur.

Le virage terminé, on ne rejette pas ordinairement le bain qui vient de servir ; les photographes professionnels, du moins, qui font journellement cette opération, le conservent, soit en totalité, soit seulement en partie, pour le mélanger le lendemain à un bain neuf. L'or qu'il renfermait n'est pas, en effet, totalement épuisé et il y a tout avantage à agir ainsi. Toutefois, il faut envisager aussi qu'un bain qui a servi s'est chargé de matières organiques, de nitrate d'argent, et que les réactions qui tendaient à le rendre inactif avant son emploi se continuent après l'usage. En ce qui tient à cette dernière cause, j'ai déjà indiqué le moyen bien simple de le ramener à son état primitif : c'est de l'additionner d'une petite quantité de chlorure d'or brun ; mais il n'est pas possible de prévenir l'altération qu'occasionne l'introduction des matières étrangères qui se manifeste par un dépôt d'or ou d'oxyde d'or qui tapisse le flacon dans lequel on les conserve. Au bout de quelques jours, le bain est ainsi totalement privé de métal précieux, et en considérant alors les inconvénients qui résultent du mélange de ces bains totalement épuisés avec des bains neufs, je crois préférable, pour les amateurs, qui ne travaillent qu'à des intervalles assez éloignés, de ne pas conserver les bains déjà mis en usage. Ils trouveront tout aussi économique et surtout plus sûr de proportionner le volume de bain neuf qu'ils vont employer au nombre des épreuves à traiter, de façon à sensiblement épuiser celui-ci, de telle sorte qu'après l'opération, il n'y ait pas sensible perte à le rejeter ou à le mettre aux résidus.

Les épreuves virées sont lavées à une ou plusieurs eaux avant de procéder au fixage ; ce lavage doit être surtout soigné lorsqu'on a fait usage de bains acidules. Si faible, en effet, que soit la réaction acide que ces sortes de bains aient communiquée aux épreuves, elle ne manquerait pas d'être préjudiciable à leur conservation si elles arrivent en cet état au contact de l'hyposulfite de soude : infailliblement, cette acidité provoquera la formation d'un sulfure argentico-organique qui jaunira les blancs. Aussi est-il recommandable de laver les épreuves, virées dans les bains acidules, avant de les fixer à l'hyposulfite, dans une solution très légèrement alcaline, ou mieux dans une solution de sulfite neutre, et d'ajouter une petite quantité de ce sel au bain de fixage.

CHAPITRE XXVII

VIRO-FIXATEURS

Remarques générales. — Les bains qui virent et fixent en même temps, autrefois assez employés, avaient été abandonnés ; l'apparition des papiers aux émulsions les a remis en honneur, et l'on peut dire, qu'à tort ou à raison, ce sont ceux dont les amateurs surtout font le plus fréquent usage. Si j'ai dit *à raison*, c'est parce que les papiers aristotypes n'acquièrent, en général, que des tons peu agréables en les traitant par les bains séparés, tandis qu'on les voit prendre des teintes fort riches dans les bains viro-fixateurs. D'autre part, au lieu des lavages longs et répétés, de la série de bains, on n'a plus qu'une opération rapidement faite et, qui plus est, le résultat est meilleur. Si donc cette manière de faire n'est en rien préjudiciable à la conservation des épreuves, il faut l'adopter ; si au contraire, cette simplicité est rachetée par de sérieux inconvénients, c'est à tort qu'on l'admet. C'est ce que nous allons examiner tout à l'heure. Disons d'abord quel est l'effet de ces bains mixtes : l'hyposulfite dissout le chlorure d'argent en excès et décompose le sous-chlorure d'argent formé à la suite de l'impression ; aussi voit-on l'épreuve soumise à un viro-fixateur changer de teinte aussitôt qu'elle y est plongée. Elle devient jaunâtre ou rougeâtre ; peu à peu, le dépôt d'or s'effectue, et elle acquiert bientôt la teinte violacée qu'on recherche. Le peu de chlorure d'argent qui se forme, par suite de la dorure, se dissout au fur et à mesure de sa production, de sorte que l'épreuve n'a plus besoin, pour être terminée, que d'être soumise aux lavages destinés à éliminer l'hyposulfite et les autres sels qui entrent dans la composition du viro-fixateur.

Les bains qui virent et fixent simultanément doivent être condamnés, car ils ne déposent pas seulement de l'or sur les épreuves : ils y précipitent du sulfure d'or, dont la présence est très préjudiciable à leur stabilité. Pour les préparer, on ajoute, en effet, une solution de chlorure d'or à une autre d'hyposulfite de soude en excès ; nous négligeons, pour le moment, l'action des autres composants de ces bains, dont nous nous occuperons dans un instant. Or, toutes les fois que du chlorure d'or se trouve en présence d'un excès d'hyposulfite, il se forme non seulement du sel de Gélis et Fordos (hyposulfite double d'or et de soude), mais en même temps de l'acide sulfureux, du soufre, des acides pentathionique, tétrathionique et trithionique, qui sont tous éminemment sulfurants.

Dans les formules usuelles de bain de virage-fixage, outre le chlorure d'or et l'hyposulfite, nous voyons figurer des sels assez divers et parfois des acides. Examinons au moins quelques-unes de ces substances additionnelles en choisissant les plus employées.

1° *Sulfocyanure.* — Ces sels, retardant la décomposition des hyposulfites, rendent donc les bains plus stables, et, par suite, leur emploi est avantageux, pourvu que la proportion n'en soit pas exagérée, car les sulfocyanures ramollissent et même dissolvent la gélatine;

2° *Les sels de plomb.* — Acétate, sous-acétate ou nitrate, le genre de ces sels a peu d'importance : ils agissent tous en activant considérablement le virage, et l'on peut même dire qu'un viro-fixateur, renfermant des sels de plomb, vire les épreuves sans qu'il ait été additionné d'or. La raison probable qui porta à les employer en premier lieu, c'est qu'on supposait qu'ils précipiteraient les acides de soufre à l'état de sulfure. Ceci a lieu, en effet, comme on peut le constater, dans le dépôt noir que fournit un bain plombifère; mais il faut remarquer aussi que les sels de plomb forment avec l'hyposulfite un sel double qui dépose du sulfure de plomb sur l'image. La décomposition de l'hyposulfite de soude et de plomb produit, en outre, de l'acide sulfurique, qui, réagissant sur l'hyposulfite de soude, occasionne une précipitation de soufre. On voit donc que les sels de plomb, qui sont presque nécessaires pour obtenir des bains de virage-fixage à action rapide, présentent de si sérieux inconvénients qu'on ne peut en conseiller l'emploi, malgré le côté avantageux que je viens de signaler ;

3° *Chlorure d'argent.* — Ce sel est ou directement ajouté aux bains ou bien il provient de ce que, faisant usage d'un bain ayant déjà servi, il s'y en soit dissous une notable quantité. Son action, dans l'un et l'autre cas, est la même et analogue à celle que produisent les sels de plomb : comme ceux-ci, il facilite et accélère le virage, et, comme eux aussi, il provoque la formation de sulfure d'argent. Il en résulte que l'on ne doit jamais remettre en usage un viro-fixateur ayant déjà servi, et que l'addition directe de chlorure d'argent en nature, ou indirecte par introduction de rognures de papier sensible, doit être condamnée (1).

4° *Alun.* — L'addition d'alun, recommandée dans la majorité des formules, a pour but d'insolubiliser la gélatine et de rendre la manipulation des papiers aristotypes plus facile durant l'été ; sous ce rapport, son utilité est incontestable ; mais, comme l'alun est un sel acide, il décompose l'hyposulfite comme le ferait un acide. Suivant qu'on fera intervenir l'alun sur la solution chaude ou froide d'hyposulfite, les réactions qui se passent sont un peu différentes et beaucoup plus compliquées dans le second cas.

A chaud, elle peut s'exprimer ainsi, en supposant qu'au lieu d'alun on se serve de sulfate d'alumine, qui a exactement la même action :

$$3Na^2S^2O^3 + Al^2(SO^4)^3 = Al^2O^3 + 3S + 3SO^2 + 3Na^2SO^4$$

Il se forme donc un précipité d'alumine et de soufre ; de l'acide sulfureux et du sulfate de soude se dissolvent.

A froid, le sulfate d'alumine réagit sur l'hyposulfite de soude pour donner du sulfate de soude et de l'hyposulfite d'alumine :

$$3SO^2 \begin{matrix} \diagup ONa \\ \diagdown 3Na \end{matrix} + Al^2(SO^4)^3 = 3Na^2SO^4 + Al^2(S^2O^3)^3$$

L'hyposulfite d'alumine, corps très instable, se décompose lentement au contact de l'eau en donnant du sulfate d'alumine et de l'hydrogène sulfuré :

$$Al^2(S^2O^3)^3 + 3H^2O = 3H^2S + Al^2(SO^4)^3$$

Enfin, l'hydrogène sulfuré, en présence d'un excès d'hyposulfite de

(1) Les mêmes réactions se produisant dans les fixages simples, il est, avec eux, tout autant de règle de ne les faire servir que pour une seule opération. On s'exposerait inévitablement, en agissant autrement, à voir les épreuves s'altérer à bref délai : l'hyposulfite double de soude et d'argent dont ils sont chargés se décompose en laissant déposer du sulfure d'argent sur l'épreuve et en produisant de l'acide sulfurique et probablement aussi de l'acide tétrathionique.

MM. Lumière et Seyewetz, en étudiant le meilleur mode d'utiliser les bains de virage et de fixage, ont reconnu que l'accumulation d'hyposulfite double d'argent et de sodium (provenant du traitement antérieur d'épreuves que ces bains ont servi à virer), des acides et de la gélatine que contiennent les épreuves, est une cause d'altération de ces bains ; en outre on n'utilise jamais la totalité de l'or qu'ils renferment. On arrive, avec moins de chances d'altération des épreuves, à utiliser l'or d'une façon plus complete en fixant préalablement les épreuves dans une solution simple d'hyposulfite.

soude, se décompose lentement en donnant du bisulfite de soude, du sulfure acide de sodium et un dépôt de soufre :

$$SO^2 \left\langle \begin{matrix} NaS \\ ONa \end{matrix} \right. + H^2S = SO \left\langle \begin{matrix} OH \\ ONa \end{matrix} \right. + NaHS + S$$

Ces réactions nous expliquent pourquoi les bains de virage-fixage additionnés d'alun laissent pendant très longtemps déposer du soufre, sans perdre leur action durcissante sur la gélatine, puisque le sulfate d'alumine y est régénéré au début et que le bisulfite d'aluminium qui prend naissance ultérieurement, par l'action du bisulfite de soude sur le sulfate d'alumine, a les mêmes propriétés tannantes que celui-ci (1).

D'après ces réactions, on voit combien est complexe l'action de l'alun dans les bains mixtes, et combien elle expose sûrement aux sulfurations de l'épreuve, à tel point qu'un bain viro-fixateur à l'alun récemment préparé, c'est à dire dans lequel on n'a pas donné au dépôt de soufre le temps de se former, vire presque complètement par sulfuration. Celle-ci ne peut jamais être totalement évitée en laissant entièrement le bain s'éclaircir par le repos, mais elle est alors moins importante, surtout si on a le soin (précaution que l'on ne prend malheureusement presque jamais) de laver les épreuves avant de les plonger dans le bain mixte.

Nous sommes donc encore amenés par l'étude de ces réactions à rejeter l'alun de la composition de bains de viro-fixages, comme nous avions été conduits à rejeter celle du chlorure d'argent et des sels de plomb. Notons, pour terminer, que tout bain renfermant de l'alun possède une réaction acide.

5° *Acétate de soude* et *chlorure de sodium*. — Le premier empêche la précipitation du soufre qui se produit lorsqu'on ajoute de l'alun à une solution d'hyposulfite de soude, mais il n'empêche aucunement la sulfuration de se produire, par conséquent son emploi est tout à fait inutile, il a un effet complètement illusoire en faisant supposer que le dépôt de soufre n'ayant plus lieu, les autres réactions de l'alun sur l'hyposulfite ont été également annihilées, ce qui n'est pas le cas.

Quant au chlorure de sodium et au chlorure d'ammonium, qui possèdent exactement le même effet, ils facilitent quelque peu le virage, mais ce qui les rend surtout avantageux c'est qu'ils s'opposent, dans une cer-

(1) SEYEWETZ et CHICANDARD, *Bulletin de la Société chimique de Paris*, t. XII, p. 15.

taine mesure, à la formation du sulfure d'argent. Les chlorures sont donc à conseiller et même leur emploi doit être fait à assez forte dose (de 30 à 40 grammes par litre).

6° *Sels alcalins.* — Les sels alcalins (phosphate et carbonate de soude) employés en quantité telle qu'ils communiquent une réaction alcaline à la solution sont susceptibles de donner des bains avec lesquels il est possible d'éviter la sulfuration, surtout si on les additionne d'une forte proportion d'un chlorure alcalin et qu'on évite l'emploi des substances que nous avons précédemment condamnées, telles que l'alun (dont l'emploi ne serait guère possible concurremment avec celui des substances alcalines), les sels d'argent, les sels de plomb. Mais ces bains alcalins ont en pratique un inconvénient qui les a fait rejeter, c'est que, comme les virages simples alcalins, ils perdent rapidement leur activité, tandis que ceux qui sont neutres ou acides se conservent presque indéfiniment.

7° *Acides.* — Je ne mentionne les acides que pour en faire rejeter l'emploi, on voit cependant bon nombre de formules recommander l'addition de 1 à 2 grammes d'acide citrique (et même parfois plus) par litre de bain. Ayant eu déjà plusieurs fois l'occasion de parler de l'action des acides sur l'hyposulfite, je ne m'appesantirai pas plus longtemps sur les dangers que présente cette pratique.

Nous avons ainsi passé en revue les substances que nous voyons figurer dans les formules usuelles de bains viro-fixateurs et nous venons de voir que toutes ces formules nous donnent des solutions exposant les épreuves qu'ils ont servi à traiter à une sulfuration plus ou moins éloignée mais certaine, exception faite cependant pour celles qui fournissent des bains neutres ou alcalins, et qui ne renferment pas de sels d'argent ou de plomb (1). La condition sans sel d'argent nous indique déjà qu'il faut absolument faire usage de bains neufs et ne les faire agir sur les épreuves qu'après avoir, par plusieurs lavages, éliminé l'azotate d'argent et les acides qu'ils renferment.

Si l'usage des bains alcalins ne s'est pas répandu c'est parce qu'ils suivent la loi générale que nous avons étudiée à propos des virages simples, ils ne conservent que peu de temps leur activité.

Quant aux virages neutres, toujours sans sels d'argent et de plomb c'est sans doute à cause de leur action assez lente qu'ils ne sont guère

(1) Je n'ajoute pas sans alun, car un bain qui en renfermerait ne pourrait que posséder la réaction acide.

usités ; il n'est pas rare, en effet, que de tels bains exigent plus d'une demi-heure pour communiquer la teinte foncée aux épreuves sur papier aristotype. On ne s'étonnera donc pas qu'ils aient acquis si peu de faveur; et, puisque cette seule opération exige un temps aussi long, l'amateur ne manquerait pas de dire qu'il est plus expéditif d'adopter le virage et le fixage séparés ; j'ajoute que ce serait le parti le plus sûr, quelle que soit d'ailleurs la nature du bain mixte que l'on emploie, que celui-ci soit alcalin ou neutre. On sera toujours plus certain d'obtenir des épreuves durables en séparant les deux opérations et en les exécutant avec tous les soins que nous avons reconnus indispensables dans cette étude déjà longue des virages. Pour terminer, je donne les formules de deux bains viro-fixateurs, l'un alcalin et l'autre neutre, et qui, par conséquent, offrent le maximum de sécurité.

(A). *Bain viro-fixateur alcalin :*

Hyposulfite de soude	250	grammes.
Sulfocyanure d'ammonium	10	—
Phosphate de soude	15	—
Chlorure d'or brun.	1	—
Eau	1200	—

(British's Journal Photographic Almanac.)

(B). *Bain viro-fixateur neutre :*

Hyposulfite de soude	250	grammes.
Sulfocyanure d'ammonium	15	—
Chlorure de sodium	30	—
Chlorure d'or brun	1	—
Eau	1000	—

La solution ci-dessus est légèrement acide ; dans le cas contraire on ajouterait quelques gouttes d'acide acétique et on la neutraliserait ensuite en ajoutant :

Craie en poudre	3 grammes.

(Mercier.)

CHAPITRE XXVIII

VIRAGES AU PLATINE ET AUX AUTRES MÉTAUX

Généralités. — Le virage aux sels de platine est d'un usage assez ancien ; mais comme on employait le chlorure platinique pur, les épreuves étaient fortement rongées.

Depuis lors, on a reconnu que les virages au platine, comme d'ailleurs ceux aux métaux du même groupe, devaient avoir pour base un sel au minimum et agir en solution acide.

L'acidité est indispensable parce que les sels de platine présentent trop de stabilité en solution neutre ou alcaline ; le virage, dans ces conditions, ne se produirait donc pas ou demanderait tout au moins un temps fort long.

Le sel doit être au minimum, car, si on soumet une épreuve à une solution de chlorure platinique, l'argent se dissout (passe à l'état de chlorure), mais n'est d'abord remplacé par aucun atome de platine :

$$Ag + PtCl^2 = AgCl + PtCl.$$

Une fois assez d'argent dissous, le protochlorure de platine formé produit le virage sur ce qui subsiste de l'épreuve.

Si on s'adresse à un sel au minimum, l'argent sera encore transformé en chlorure, mais il sera remplacé, atome par atome, par du platine :

$$PtCl + Ag = Pt + AgCl.$$

La condition essentielle pour obtenir un virage qui ne ronge pas, c'est donc d'avoir recours à un sel de platine, d'osmium ou d'iridium parfaitement exempt de persel, que l'on emploiera en solution plus ou moins acide pour varier l'activité du bain.

Sels de platine que l'on peut utiliser pour la préparation des bains de virage. — Quels sont les sels au minimum que nous devons employer ? Ce ne seront pas les sels platineux simples, chlorure, sulfate, azotate, etc., qui sont insolubles ou très instables, mais bien un sel relativement assez facile à préparer à l'état de pureté, qui se trouve couramment dans le commerce à l'état de cristaux rouge foncé bien définis. C'est le *chloro platinite de potassium* (KClPtCl).

On a une assez grande latitude pour le choix de l'acide, dont l'effet est de diminuer la stabilité du chlorure platineux en présence de l'argent métallique. Si celui-ci ne peut s'emparer ou s'empare difficilement du chlore du chlorure platineux lorsque ce dernier est en solution neutre ou alcaline, la réaction se fait, au contraire, facilement en solution acide.

On peut employer les acides minéraux ou organiques, à condition, pour les premiers, que nous ne les employions pas à une dose telle qu'ils puissent dissoudre l'argent de l'épreuve, et, pour les seconds, qu'ils ne soient point doués d'un trop grand pouvoir réducteur ; sans quoi le virage devient rapidement inactif, surtout s'il est conservé à la lumière. Il faut donc écarter l'emploi des acides formique, oxalique, citrique, malique, tartrique, etc., tandis qu'on peut adopter les acides acétique, succinique, lactique, etc.

Parmi les acides minéraux les plus employés sont l'acide phosphorique et l'acide sulfurique ou leurs sels acides, qui ont exactement la même action que les acides libres.

A défaut de chloroplatinite de potassium, on pourrait encore préparer les virages au platine en partant du chlorure platinique, à condition que l'on traitera ce dernier par un agent réducteur en quantité strictement suffisante pour réduire le persel à l'état de protosel. M. Gastine, qui a fait de nombreuses expériences sur la préparation directe des virages au platine au moyen du chlorure platinique, estime que la réduction doit se faire d'abord en solution neutre ou légèrement alcaline, que l'on acidifie ensuite, lorsqu'elle est complète, pour constituer le bain définitif de virage. D'après cet auteur, les tartrates, parmi les sels organiques, et les hypophosphites, parmi les sels minéraux seraient les réducteurs qu'il conviendrait surtout d'employer : le premier à la dose de 1 gramme pour 2 grammes de perchlorure de platine, et le second à celle de 1 gr. 25 pour la même quantité de chlorure platinique. La réduction se fera rapidement à chaud, tandis qu'elle est beaucoup plus lente à la température ordinaire et sous l'influence de la lumière.

Suivant M. Mercier, le procédé le plus sûr consiste à faire usage d'oxalate neutre de soude, en exposant la solution à la lumière tant que sa couleur ne se modifie plus, ce qui demande un temps variable suivant le degré de la température ambiante et l'intensité de la lumière. On reconnaît que la réduction du chlorure platinique en sel au minimum est complète lorsqu'une goutte de cette solution ne donne plus de précipité avec une goutte de solution saturée de sel ammoniac. Il n'y a d'ailleurs, aucun inconvénient à laisser les réactions se continuer plus qu'il est nécessaire, car, si on n'emploie que o gr. 60 d'oxalate neutre de soude pour 2 grammes de chlorure platinique, il ne se produit pas, après réduction complète, de dépôt de platine métallique.

En général, la transformation complète du perchlorure de platine en sel au minimum n'exige pas plus de quatre à cinq heures en été lorsque la solution est exposée au soleil, tandis qu'elle demande plusieurs jours à la lumière diffuse.

Observation sur la manière d'exécuter le virage aux sels de platine. — Une observation dont on doit tenir compte lorsqu'on emploie les bains au platine, c'est qu'on doit virer à l'abri d'une trop grande lumière, et les épreuves doivent, avant d'être traitées, être soumises à un lavage assez complet. Si elles ont conservé, en effet, du nitrate d'argent, ce sel forme avec le chlorure platineux du chloroplatinite d'argent, insoluble et très facilement réductible par la lumière, ce qui donne lieu à un précipité grisâtre sur toute la surface de l'image.

Il est encore nécessaire, après le virage, de laver soigneusement les épreuves, de préférence dans une solution de chlorure de sodium rendue alcaline au moyen d'un peu de bicarbonate de soude. Ce lavage, que l'on effectuera en deux temps, a un double but : en premier lieu, celui d'éliminer le sel platineux, qui formerait, au contact de l'hyposulfite, de l'hyposulfite platineux fortement coloré et sous l'influence duquel les blancs seraient teintés en jaune ; en second lieu, il neutralise l'acidité que le bain a communiquée aux épreuves, et dont l'action se manifesterait également par une sulfuration des images et, par conséquent, par un jaunissement immédiat qui ne ferait que s'accentuer dans la suite.

Au lieu d'un bain salé alcalin, on peut employer une solution de sulfite de soude, et il est encore prudent de composer le fixage avec une solution mixte de sulfite et d'hyposulfite, ce qui est encore plus simple, puisque cette addition permet d'éviter l'usage du bain salé alcalin ou du bain préliminaire au sulfite.

Virage à l'osmium. — Les virages aux sels de palladium, de rhodium et d'iridium, ne me paraissent pas présenter de bien grands avantages sur les virages à l'or et au platine; comme, d'autre part, ces sels sont d'un prix très élevé et difficiles à se procurer, je me dispenserai d'en parler; par contre, je dirai quelques mots du virage à l'osmium, en empruntant à l'ouvrage de M. Mercier (1), auquel, du reste, j'ai eu souvent recours pour tout ce qui concerne les autres virages, le mode de préparation et d'emploi de ces solutions.

Cet auteur, après avoir reconnu que *le chlorosmite d'ammonium* donne des résultats incertains, s'est adressé au *chlorure double d'osmium et d'ammonium*, de Frémy, dont il acidifie la solution au moyen de l'acide succinique. En ajoutant du succinate de soude à ce bain de virage on obtient des images plus douces, de même qu'en y faisant entrer une trace de chlorate de soude on en assure la conservation. Voici donc la formule que préconise M. Mercier :

Chlorure d'osmium et d'ammonium jaune. .	1 gr.	»
Chlorate de soude	0	04
Succinate de soude.	4	»
Acide succinique	12	»
Eau distillée à 50°	1 litre.	

Les épreuves introduites dans ce bain on voit apparaître une teinte brun de Sienne, puis les demi-teintes prennent une teinte azurée, teinte qui finit par s'étendre à toutes les parties de l'image; les blancs se conservent parfaitement purs en ayant soin d'opérer à la lumière diffuse.

En arrêtant le virage avant que la teinte bleue soit générale, on obtient des photographies présentant deux teintes; brun léger dans les grandes ombres et bleue dans les demi-teintes.

Si le bain contient des acides minéraux les demi-teintes prennent une teinte violette.

Virage par coloration. — Pour terminer ce qui a trait au virage, je signalerai les changements de teinte que l'on peut faire subir aux photocopies et spécialement aux diapositives au moyen de réactions qui forment des composés colorés au sein du substratum (gélatine ou collodion), réactions que nous avons déjà étudiées à propos du renforcement des phototypes.

Si sur une diapositive, fixée et parfaitement lavée, nous faisons agir une solution de cyanure rouge, nous transformons l'argent en ferricya-

(1) P. Mercier, *Virages et fixages*; Gauthier-Villars, éditeur, Paris.

nure d'argent incolore, l'image disparaît donc; lavons de nouveau pour éliminer le ferricyanure de potasssium en excès et après cela faisons agir une solution de nitrate d'urane à 5 pour 100. Il se formera, par réaction entre le ferricyanure d'argent et le nitrate d'urane, de l'azotate d'argent et du ferricyanure d'urane d'un rouge brique très prononcé.

Si au lieu de nitrate d'urane, on avait employé un sel de fer au maximum, du perchlorure de fer, nous aurions obtenu une épreuve d'un bleu foncé par suite de la formation du bleu de Prusse qui se serait produit; mais cette épreuve renferme le chlorure d'argent provenant de la double décomposition, ce qui l'obscurcit un peu; on l'en débarrassera en la passant dans un bain d'hyposulfite de soude.

Le renforcement au bichlorure de mercure et au sulfite de soude (1) constitue aussi une sorte de virage, car si le ton d'une diapositive est d'un ton noir gris et sans effet, ce traitement lui communiquera un ton noir beaucoup plus agréable. Si au lieu d'employer une solution concentrée de sulfite (à 25 pour 100) pour noircir l'épreuve blanchie par le bichlorure on en emploie une à 8 ou 10 pour 100, à laquelle on a ajouté quelques gouttes de bromure de potassium à 10 pour 100, la teinte sera noir chaud; le même résultat se produirait en remplaçant le sulfite de soude par du carbonate de potasse.

En blanchissant la diapositive au bromure de cuivre, on peut lui faire acquérir, au moyen de réactifs appropriés, une foule de teintes parfois assez agréables.

En traitant une épreuve sur verre par une solution d'iodure de potassium iodurée, on transforme l'argent en iodure d'argent. Après l'avoir lavée, si on la traite par une solution à 3 pour 100 de sel de Schlippe elle devient d'un rouge écarlate.

M. Mercier remplace avantageusement le sel de Schlippe (sulfure double de sodium et d'antimoine), qui est d'une conservation difficile par une solution alcaline de kermès des pharmacies (kermès 1 gramme, eau 100, soude caustique 5), que l'on obtient parfaitement claire en chauffant légèrement.

Je pourrais citer de nombreux exemples de ces transformations qui nous donneraient des teintes extrêmement variées, mais ceux que je viens de mentionner suffisent à montrer le mécanisme sur lequel reposent les traitements dont on trouvera de nombreuses formules dans les Traités généraux ou dans les Revues photographiques.

On peut profiter aussi de ce que l'iodure d'argent manifeste une grande

(1) Voyez p. 219.

affinité pour les couleurs d'aniline. En transformant une image sur verre en iodure d'argent et la plongeant dans une solution de bleu de méthylène, de fuschine, etc..., on la transformera en image bleue, rouge, etc... Je ne fais que signaler cette méthode que j'ai décrite avec détails dans « *La Photographie durant l'hiver.* »

CHAPITRE XXIX

FIXAGE DES POSITIVES

Nécessité du lavage préliminaire des épreuves. — Le virage des épreuves doit être suivi de lavages abondants, surtout lorsqu'on a fait usage de virages acides, tels que les bains d'or acidulés, les bains au platine, et nous avons même vu que dans ce dernier cas il était presque indispensable que ce lavage fût fait au moyen de solutions de chlorure de sodium alcalinisées par du bicarbonate de soude ou au moyen d'une solution de sulfite neutre de soude. Il est de toute nécessité que l'épreuve ne possède plus la moindre réaction acide lorsqu'elle arrivera au contact de l'hyposulfite. Voilà un premier point sur lequel j'insiste parce qu'il est peu pris en considération. Un autre, tout aussi important, réside en ce que les épreuves non fixées ne doivent jamais, sous peine de taches irrémédiables, être mises en présence d'une quantité minime d'hyposulfite; dès qu'elles touchent ce sel, le chlorure d'argent doit se trouver en présence d'un large excès du fixateur pour que l'hyposulfite double d'argent et de soude soluble puisse se former et non la variété insoluble qu'il n'est plus possible d'éliminer; la tache formée est donc indélébile. Il n'y a, du reste, qu'à relire tout ce qui a été dit à propos du fixage des négatifs pour comprendre et avoir la connaissance des phénomènes qui se passent durant le fixage des épreuves positives, puisque le mécanisme est absolument le même. Je n'ai qu'à indiquer les causes les plus fréquentes qui amènent les taches dites d'hyposulfite. Elles proviennent soit de ce qu'on aura fait usage d'une cuvette ayant contenu précédemment de l'hyposulfite et qui aura été mal lavée, soit de ce que l'opérateur transportera les épreuves de l'eau de lavage dans le bain de fixage avec la main imprégnée d'un peu d'hyposulfite, tandis que la règle est de retirer d'une main les épreuves de l'eau de lavage, les laisser tomber dans le bain de fixage, dans lequel on les immerge aussitôt avec l'autre main; de n'agir que sur une épreuve à la fois, de les maintenir séparées et constamment en agitation dans le bain d'hyposulfite, toujours dans le but que ce sel soit en large excès.

Règles générales à observer pour le fixage. — Enfin, les raisons qui nous portaient à fixer les négatifs en faible lumière diffuse trouvent également leur application dans le traitement des photocopies.

Les bains d'hyposulfite seront toujours des bains neufs; nous avons vu, en effet, en parlant des bains de virage-fixage renfermant des sels d'argent, que la dissolution d'hyposulfite double d'argent et de soude dans un excès d'hyposulfite s'altère assez vite; il ne tarde pas à se former, surtout si elle est exposée à la lumière, du sulfure d'argent, qui se dépose, et des acides de la série thionique, qui se décomposent eux-mêmes. Le résultat de ce dédoublement est la formation de nouvelles quantités de sulfure d'argent, qui, se déposant d'une manière successive et continue, finissent par enlever à la solution tout l'argent qu'elle renfermait en laissant un liquide éminemment sulfurant qui peut communiquer aux épreuves une teinte très riche, mais qui ne tardera pas à s'altérer et à provoquer la destruction complète des épreuves, et cela dans un assez bref délai.

La durée du fixage dépend du degré de perméabilité de la substance qui forme le substratum de l'image et de la richesse du bain en hyposulfite. A propos de cette dernière, il convient de dire que la proportion adoptée pour les bains de fixage des positives ne dépasse pas 10 à 12 pour 100, les solutions plus concentrées pouvant attaquer l'argent réduit et par conséquent être préjudiciables aux plus fines demi-teintes.

Un signe assez apparent du fixage complet consiste en ce que les épreuves, examinées par transparence, ne présentent plus d'apparence granuleuse due au chlorure d'argent non dissous; il n'y a, d'ailleurs, aucun inconvénient à accorder une durée de douze à quinze minutes au fixage : on est ainsi bien sûr qu'il est totalement complet.

Théorie du fixage à l'hyposulfite de soude. — La théorie du fixage est assez simple : lorsque nous plongeons une épreuve virée dans l'hyposulfite, nous la voyons prendre une teinte rouge brique ; elle semble avoir irrémédiablement perdu la belle coloration qu'elle avait acquise dans le bain d'or; ce n'est toutefois qu'une action passagère tenant à l'hydratation de la matière argentico-organique qui concourt, avec le chlorure d'argent, à la former. C'est bien là un phénomène dû à la simple hydratation, puisque toutes les circonstances qui peuvent la produire occasionnent ce même changement de teinte : l'exposition de l'épreuve à la vapeur de l'eau bouillante, par exemple.

L'épreuve virée ne renferme plus de nitrate d'argent libre; elle ne se compose donc que d'argent métallique plus ou moins mélangé d'or, de chlorure d'argent non altéré par la lumière, de la petite quantité de ce même chlorure formé durant le virage, des composés argentico-organiques noircis ou non altérés.

Examinons l'action de l'hyposulfite sur ces divers composés : elle est à peu près nulle sur l'argent et l'or métallique, à moins que la solution ne soit très concentrée et que la durée du fixage soit très longue. Cette action, toutefois, est négligeable dans les circonstances ordinaires.

Vis à vis du chlorure d'argent, elle est plus complexe et varie suivant les circonstances. Nous avons, en effet, trois cas à considérer :

1° Le chlorure d'argent ne se trouve en présence que d'une minime quantité d'hyposulfite ; il se forme alors de l'hyposulfite d'argent simple, AgS^2O^3, sel instable et insoluble dans l'eau, au contact de laquelle il se décompose immédiatement en acide sulfurique et sulfure d'argent noir :

$$Ag^2S^2O^3 + H^2O = SH^2O^4 + 2AgS$$

C'est à la formation de ce sulfure d'argent que sont dues les taches qui se produisent lorsqu'on touche les épreuves avec les doigts imprégnés d'hyposulfite.

2° Si la quantité d'hyposulfite, tout en n'étant plus minime, est encore insuffisante pour former l'hyposulfite double que nous allons mentionner au paragraphe suivant, il se forme un hyposulfite double d'argent et de soude renfermant deux atomes de sodium pour un atome d'argent $(S^2O^3)^3 Ag^2Na^4$, qui est insoluble dans l'eau, à peu près insoluble dans l'hyposulfite de soude, indécomposable par l'eau et la lumière seules, mais décomposable par l'action combinée de l'eau et de la lumière. Ce sel, une fois formé, ne se dissoudra pas sensiblement dans l'hyposulfite en aussi grand excès que ce dernier intervienne ; comme il est blanc, les épreuves ne paraîtront pas avoir souffert : ce n'est qu'à la longue qu'elles jauniront sous l'influence de l'humidité de l'air et leur exposition au jour, cet hyposulfite double se décomposant en acide sulfurique et sulfure d'argent.

3° Si le chlorure d'argent est mis dès l'abord en présence d'un grand excès d'hyposulfite, c'est à dire si les règles pratiques du fixage sont observées, il se formera encore un hyposulfite double, mais différant du précédent en ce qu'il renferme le même nombre d'atomes de sodium que d'argent, S^2O^3NaAg ; ce sel est très soluble dans l'hyposulfite en excès. C'est grâce à sa formation que le fixage s'opère et qu'il s'opère dans de bonnes conditions, car la dissolution dans l'hyposulfite de soude de cet hyposulfite double se laisse diluer en toutes proportions dans l'eau et peut être ainsi éliminé par les lavages.

L'hyposulfite enfin agit sur les composés argentico-organiques, qu'il dissout totalement lorsqu'ils n'ont pas été noircis par la lumière, et qu'il ne dissout que partiellement lorsqu'ils ont été colorés; c'est pourquoi, dans le fixage à l'hyposulfite, l'image est toujours un peu rongée et affaiblie.

Les bains de fixage perdent beaucoup de leur activité par les basses températures, les propriétés dissolvantes de l'hyposulfite se trouvant amoindries; il peut même arriver que, à la suite de cette diminution, il ne se forme plus que l'hyposulfite double insoluble. C'est pourquoi, durant l'hiver, il serait toujours bon de réchauffer légèrement les bains de fixage, d'autant plus que, si on les prépare seulement au moment de s'en servir, ils se trouvent toujours au-dessous de la température ambiante, la dissolution de l'hyposulfite produisant un abaissement très notable du degré thermométrique.

En discutant la valeur des additions faites aux bains de viro-fixage, nous avons dit que l'emploi des sels de plomb, tout en améliorant la tonalité des épreuves, constituait un danger pour leur permanence; nous pourrions refaire la même réflexion en ce qui concerne cette même addition aux bains de fixage simples. Probablement, le changement de ton que prennent les photocopies dans un bain d'hyposulfite additionné d'alun provient d'une sulfuration.

Comme pour les bains viro-fixateurs, l'addition de chlorures alcalins aux bains d'hyposulfite est avantageuse, quoique elle ne soit pas indispensable lorsqu'on emploie des bains neufs, ce qui doit toujours être la règle. Les chlorures alcalins ayant pour effet de retarder la décomposition de l'hyposulfite de soude et d'argent permettraient, jusqu'à un certain point, d'employer des bains ayant déjà servi, mais, vu l'économie insignifiante qui en résulterait, il vaut encore mieux adopter la pratique plus sûre des bains neufs.

L'addition de substances alcalines ou du sulfite neutre de soude est, sinon absolument nécessaire, du moins très avantageuse lorsqu'on a fait usage de bains de virages acides. Le sulfite de soude qui remplit le même but que les substances alcalines doit cependant leur être préféré pour plusieurs raisons: d'abord, si, comme on le fait toujours, le bain de fixage est préparé avec de l'eau ordinaire plus ou moins calcaire, les carbonates alcalins occasionneront un trouble formé par du carbonate de chaux; le sulfite de soude formera bien dans les mêmes circonstances du sulfite de chaux, mais ce sel étant assez soluble et la quantité formée étant peu importante le bain restera limpide. Si les épreuves, malgré les lavages, conservent une trace d'acidité, elles donneront lieu, en arrivant dans l'hyposulfite, à un dépôt de soufre qui s'unira au sulfite pour former de l'hyposulfite de soude. Le sulfite ne saurait avoir d'inconvénient qu'en détruisant plus ou moins la teinte rose ou mauve que l'on donne aux papiers albuminés, aussi, dans le cas où l'on tiendrait à conserver cette teinte, il faudrait adopter les carbonates alcalins.

Autres agents fixateurs. — Comme on vient de le voir, le fixage des épreuves au moyen de l'hyposulfite de soude, ou de l'hyposulfite d'ammoniaque qui n'a d'autre avantage sur le premier qu'une solubilité un peu plus grande, n'est pas une opération aussi simple à bien conduire qu'on pourrait le supposer tout d'abord ; de sorte que de tout temps on a été à la recherche d'agents fixateurs ne présentant pas les mêmes inconvénients et les mêmes dangers. Il n'y a pas lieu de songer, pour les épreuves positives, à l'emploi des cyanures ; outre les dangers qu'ils présentent, plus accentués ici que pour les négatifs, puisqu'on est obligé de plonger les mains dans le bain, et, que l'acide cyanhydrique qui se dégage d'une quantité considérable de solution, largement exposée à l'air, ne serait pas impunément respirée par l'opérateur, les cyanures rongent beaucoup les épreuves en dissolvant une notable quantité d'argent métallique, attaquent la gélatine, dissolvent les composés argentico-organiques insolés.

L'ammoniaque constituerait un très bon fixateur car cet alcali dissout aisément le chlorure d'argent et n'expose pas à la sulfuration, mais, au point de vue pratique, il présente le sérieux inconvénient d'être désagréable à respirer et même dangereux lorsqu'on s'expose souvent et longtemps à ses émanations. L'emploi de l'ammoniaque, comme fixateur d'un usage courant, ne se répandra jamais beaucoup, j'en conseillerai cependant l'emploi dans les circonstances suivantes ; c'est, lorsque, par l'effet d'un virage trop prolongé, l'épreuve est arrivée à la teinte bleu-ardoisée d'aspect assez désagréable, que le bain à l'hyposulfite ne modifie en aucune façon. L'ammoniaque, ramenant toujours vers les tons rouges les épreuves qu'elle sert à fixer, améliorera très sensiblement celles qui auraient été survirées. Ce phénomène est dû à une combinaison spéciale qui se forme entre l'ammoniaque et les composés argentico-organiques dont la couleur est d'un rouge assez accusé.

Fixage aux sulfocyanures. — M. Meynier proposa, il y a déjà plus de vingt ans, pour éliminer les causes d'altération des épreuves positives résultant de l'emploi des hyposulfites de remplacer ces sels par le sulfocyanure de potassium ou d'ammonium en solution à 40 pour 100.

Ayant eu l'occasion de m'étendre assez longuement sur l'emploi des sulfocyanures comme agents fixateurs en traitant du fixage des épreuves négatives, je me dispenserai, à cette place, de reprendre cette question ; je vais signaler simplement ce qui peut être particulier au traitement des épreuves positives.

Comme l'ammoniaque, les sulfocyanures ramènent les épreuves vers un ton plus rougeâtre, il faut donc, avec ces agents fixateurs, les virer un peu plus qu'on ne le ferait avec l'hyposulfite.

Si on veut bien relire ce qui a été dit page 205 au sujet de la pratique du virage aux sulfocyanures, on verra que par suite de l'insolubilité dans l'eau du sulfocyanure double d'argent et d'ammonium ou de potassium qui se forme, il est indispensable, pour fixer un négatif, d'avoir recours à deux bains successifs. C'est aussi la pratique la plus sûre quand il s'agit d'images positives ; toutefois, si ce sont des épreuves sur papier salé ou albuminé qui sont plus minces de couche et plus propres à une endosmose rapide que les papiers à la gélatine, on pourra à la rigueur opérer avec un seul bain de bonne concentration (30 à 40 pour 100) duquel on les retire pour les laver dans une très petite quantité d'eau tout d'abord, après quoi on les passe dans une seconde cuvette renfermant également un faible volume d'eau ; les lavages sont enfin continués dans un bain abondant. Cette façon d'agir constitue, en somme, et d'une façon indirecte, la pratique de bains successifs de sulfocyanure de concentration décroissante, puisque les épreuves sont plongées imprégnées d'une solution concentrée dans un faible volume d'eau où le sel ne se dilue pas outre mesure, de telle sorte que celle-ci conserve une action dissolvante pour le sulfocyanure double.

On peut être certain que du sulfocyanure double ne se dépose pas sur les épreuves, si les deux premières eaux restent limpides ; seraient-elles laiteuses, il faudrait avoir recours à un second bain pour dissoudre le sulfocyanure double qui, s'étant précipité, occasionne le trouble que l'on constate.

Il peut survenir un insuccès par suite de l'emploi du sulfocyanure d'ammonium, dont il suffit de connaître la cause pour l'éviter facilement. Lorsque ces solutions restent longtemps exposées à l'air, il se produit un précipité jaune de sulfocyanogène qui se dépose sur les épreuves en les colorant en jaune. Quoique on puisse les décolorer en les plongeant dans un bain neuf et frais, il est encore plus simple de priver le bain de ce précipité par une filtration faite au moment de le mettre en usage.

J'ai à peine besoin de faire remarquer que les sulfocyanures ayant la propriété de dissoudre à froid la gélatine, surtout en solution aussi concentrée que l'exige le fixage, ils sont tout à fait inapplicables pour le traitement des papiers aristotypes à la gélatine et même au collodion car celui-ci est, d'une façon générale, étendu sur des papiers couchés d'abord d'une émulsion gélatineuse au blanc de baryte.

Fixage à la thiosinamine. — Ce composé, qui s'obtient en mélangeant de l'essence de moutarde ou sulfocyanate d'allyle (C^6H^5, CSAz) avec de l'ammoniaque, peut être représenté par la formule :

$Az^2 \left\{ \begin{array}{l} CS \\ C^2H^5 \\ H \end{array} \right.$; il constitue une substance cristallisée qui, en solution à 1 pour 100, suffit pour fixer en quelques minutes les épreuves au chlorure d'argent ; elle n'est point décomposée par les acides, tandis que les substances alcalines l'altèrent. Elle n'exerce pas d'action destructive sur l'image, et, si on l'emploie en solution légèrement acide, la sulfuration n'est pas à craindre : c'est donc un fixateur qui mériterait d'être employé.

Lavage final. — Après le fixage, les épreuves doivent être soumises à un lavage rigoureux, du moins lorsqu'on a employé les solutions d'hyposulfite, de façon à éliminer jusqu'aux dernières traces de ce sel, qui ne manquerait pas d'amener une sulfuration dans un temps plus ou moins éloigné. Ce lavage peut être pur et simple, ou bien être facilité par des agents agissant mécaniquement ou chimiquement.

Le lavage à l'eau pure, pour être efficace, doit s'accomplir de façon que l'eau se renouvelle autour de chaque épreuve. Il faut donc éviter de vider simplement les cuvettes et de les remplir à nouveau sans avoir soin de séparer les épreuves et de les agiter avec soin. Dans ces circonstances, si les épreuves sont nombreuses, il est bien rare que le lavage soit parfait, même au bout de plusieurs heures ; il en est de même avec les cuves à lavage, dans lesquelles les épreuves restent constamment empilées les unes sur les autres. Le procédé le plus simple et le plus efficace consiste à se servir de deux cuvettes en faisant passer les épreuves, une à une, et alternativement, de la première dans la seconde, dont on renouvelle totalement l'eau chaque fois. En faisant cette opération sept à huit fois de suite, on peut considérer le lavage comme complet en moins d'une heure, ce que l'on constatera en opérant et en ayant recours aux mêmes réactions qui ont été décrites (page 212) au sujet du lavage des phototypes.

Substances facilitant mécaniquement l'élimination de l'hyposulfite. — En plongeant l'épreuve, au sortir du bain de fixage, dans une autre solution saline indifférente vis à vis de l'hyposulfite et ne pouvant avoir aucun effet funeste sur les épreuves, tant sur le moment que dans le cas où elles en retiendraient des traces, on facilite l'élimination du fixateur, et la durée du lavage peut être diminuée parce que la nouvelle solution saline se substitue, par phénomème physique, à l'hyposulfite, qu'elle élimine ainsi pour la majeure partie en une seule opération. Une solution concentrée de sel marin remplit parfaitement ce but.

Comme éliminateurs chimiques, on emploie pour les positives les mêmes substances que l'on utilise pour les négatifs. Ayant mentionné ces réactifs à la page 205, je me dispense de retranscrire ici les observations auxquelles ils ont donné lieu.

CHAPITRE XXX

AUTRES PROCÉDÉS DE PHOTOCOPIE

Epreuves aux sels de fer. — Les épreuves aux sels de fer, que les photographes n'emploient guère que comme procédé d'essai, sont, au contraire, d'un usage courant dans l'industrie pour la reproduction des plans, application pour laquelle elles rendent d'utiles services.

Principe du procédé. — Le principe général sur lequel repose l'impression aux sels de fer est le suivant : la lumière réduit les sels ferriques à l'état de sels ferreux, et comme les réactions des premiers sont toutes différentes de celles des seconds, on voit immédiatement que l'on peut rendre visible l'action de la lumière.

J'ai dit que l'on peut rendre visible, car la réduction en sels au maximum des sels au minimum n'est pas toujours visible ou se constate assez difficilement ; il faut, au moyen de certaines réactions qui donnent des produits colorés avec les uns et non avec les autres, développer en quelque sorte l'image.

Les sels ferriques que l'on emploie ordinairement sont : le chlorure ferrique ou perchlorure de fer, Fe^2Cl^6 ; l'oxalate de fer, $(C^2O^4)^3Fe^2$; les tartrates et citrates ferriques.

Procédés au perchlorure de fer. — Parlons d'abord des préparations au perchlorure de fer, quoiqu'elles ne soient pas les plus usitées : ce sel, exposé à la lumière, passe lentement à l'état de protochlorure :

$$Fe^2Cl^6 = 2FeCl^2 + 2Cl$$

Le papier imprégné d'une telle solution et insolé n'indiquera que faiblement le changement qui s'est opéré dans la nature du sel ferrique ; nous n'aurons, en effet, qu'une image faiblement accusée par le passage de la teinte jaune à une teinte plus claire dans les parties correspondant aux clairs du négatif; mais si nous plongeons la feuille dans une solution de ferricyanure de potassium (cyanure rouge), comme ce sel est sans action sur les sels ferriques, tandis qu'il forme un précipité bleu intense avec les sels ferreux, il en résultera une coloration bleue sous les transparences du négatif. Nous obtiendrons en un mot, une image positive modelée, exactement comme avec les sels d'argent; car la quantité de bleu de Turnbull — c'est le nom que l'on donne au composé formé dans cette réaction des sels ferreux sur les ferricyanures — sera d'autant plus grande, et par conséquent la coloration plus intense, que l'action de la lumière aura été plus importante. Cette réaction chimique, cette sorte de développement, traduite en équation chimique, sera représentée par :

$$3FeCl^2 + Fe^2Cy^{12}K^6 = Cy^{12}Fe^5 + 6KCl$$

On pourrait, au lieu de ferricyanure, employer le ferrocyanure de potassium (cyanure jaune); on obtiendrait alors, au lieu d'une image positive, une image négative. En effet, le cyanure jaune donne, avec les sels ferreux, un composé blanc ($K^2Fe^2C^6Az^6$), et avec les sels ferriques, un précipité bleu intense de ferrocyanure ferreux, $Cy^{18}Fe^7$, vulgairement connu sous le nom de bleu de Prusse. Ces images négatives obtenues directement d'un négatif s'altèrent assez vite, parce que le composé blanc, résultant de l'action du ferrocyanure sur les sels ferreux, s'oxyde peu à peu à l'air en prenant une teinte bleue qui finit par voiler l'épreuve sous une teinte uniforme.

En pratique, on doit tenir compte de plusieurs détails opératoires dont nous allons signaler l'importance.

Tout d'abord, si on se contentait de recouvrir le papier avec une solution simple de perchlorure de fer, celle-ci pénétrerait trop profondément dans l'épaisseur de la feuille ; l'image étant trop *enfoncée*, manquerait de netteté et de vigueur. C'est absolument le même cas qui se présente avec les sels d'argent, comme, du reste, avec tous les autres modes d'impression ; on est donc forcé, pour éviter cette absorption, ou du moins la réduire au strict nécessaire, d'ajouter à la solution de perchlorure une substance qui s'y oppose : la gomme arabique remplit parfaitement ce but en l'épaississant.

D'un autre côté, la réduction du perchlorure de fer seul à la lumière est assez lente ; pour la rendre plus rapide on y ajoute des substances réductrices qui jouent, d'une façon détournée, le rôle d'accélérateurs ; prenons, par exemple, de l'acide oxalique puisque c'est le réducteur le plus souvent employé.

Cet acide s'unit à une partie du chlorure ferrique pour former de l'oxalate ferrique et de l'acide chlorhydrique :

$$2C^2H^2O^4 + Fe^2Cl^6 = (C^2O^4)^3Fe^2 + 6HCl$$

L'oxalate ferrique ainsi formé est beaucoup plus rapidement réduit par la lumière que le chlorure ferrique, cet agent le transforme en oxalate ferreux et en acide carbonique :

$$(C^2O^4)^3Fe^2 = 2C^2O^4Fe + 2CO^2$$

Cet oxalate ferreux s'unit au chlore mis en liberté par la réduction d'une partie du chlorure ferrique pour former du chlorure ferreux et de l'acide carbonique :

$$C^2O^4Fe + 2Cl = FeCl^2 + 2CO^2$$

C'est à cette réaction secondaire surtout que l'acide oxalique doit son rôle d'accélérateur ou de sensibilisateur, car il absorbe le chlore mis en liberté par le chlorure ferrique, qui, lorsque ce dernier est employé seul, tend, puisqu'il reste à l'état libre, à provoquer une réaction inverse de celle de la lumière. C'est, on le voit, par le même mécanisme que nous avons expliqué le rôle des sensibilisateurs vis à vis des sels d'argent : absorption de l'halogène mis en liberté par l'impression lumineuse.

Tous les réactifs qui sont susceptibles de donner un précipité coloré avec les sels ferreux, sans influencer les sels ferriques ou inversement, peuvent être utilisés pour développer le papier au perchlorure de fer insolé; ainsi, avec l'acide gallique ou le tannin, qui colorent en noir les sels ferriques et ne produisent pas de coloration avec les sels ferreux purs, on obtiendra une image négative noire, si l'impression s'est faite sous un négatif, et positive, si elle a eu lieu sous un positif. Avec ces réactifs, on n'obtient jamais des blancs purs. parce que le chlorure ferreux, s'oxydant très vite à l'air et au contact de l'eau, donne toujours une coloration grise avec le tannin ou l'acide gallique. J'ai pu en partie éviter ce défaut et obtenir des images d'une teinte brune assez agréable en me servant du benzoate ou du succinate d'ammoniaque, qui ne colorent que les sels ferriques et qui ne produisent pas de teinte sensible avec les sels ferreux très légèrement oxydés.

Au lieu de chlorure ferrique, on peut employer un autre persel de fer, et, au lieu d'acide oxalique, on peut également s'adresser à un autre acide organique légèrement réducteur. M. Fisch recommande, par exemple, le sulfate ferrique et l'acide tartrique, et il développe après insolation dans une solution d'acide gallique, ce qui fournit une image noire

Procédés au tartrate et au citrate de fer. — Les persels de fer à acide organique étant plus facilement réduits par la lumière que les sels à acides minéraux, on peut les employer sans mélange à la préparation des papiers au ferro-prussiate. Le citrate de fer ammoniacal fut employé par Motileff en 1863, et Fisch décrit, dans son traité *la Photocopie*, la préparation d'un papier au tartrate de fer (1), dont le traitement se trouve simplifié, car le ferricyanure, en même temps que le persel de fer, entre dans sa composition ; il porte donc avec lui l'agent développateur, de sorte qu'après l'insolation il suffit de le plonger dans l'eau pour que l'image prenne toute sa vigueur. D'un autre côté, à cause de l'humidité que retient toujours le papier, cette image commence déjà à apparaitre dans le châssis ; il est donc facile de contrôler la durée de l'impression, à cela près que, par une insolation trop prolongée, le composé bleu qui se forme tout d'abord se décolore en se désoxydant, et l'image, au lieu de gagner en force, disparaît ; il est vrai que dans l'obscurité il s'oxyde de nouveau en reprenant la coloration bleue.

(1) Le choix du sel ferrique a une certaine importance et est soumis à diverses considérations, dont je vais retracer les principales :

1° Le citrate ferrique et d'ammoniaque, employé dès l'origine et encore aujourd'hui très souvent adopté, ne fournit pas des papiers très sensibles, mais ils ont cet avantage de se conserver longtemps en bon état en les préservant de l'humidité et de la lumière;

2° Le tartrate double ferrique et d'ammoniaque brun du Codex, ainsi que l'oxalate ferrique, fournissent des papiers très rapides, mais se conservant mal; au bout de peu de temps les images qu'on en obtient sont voilées par formation d'une teinte générale d'un bleu grisâtre.

3° En ajoutant au mélange de citrate ferrique et de ferricyanure une petite quantité d'oxalate ferrique, on augmente de beaucoup la sensibilité du papier au citrate ferrique; mais pour que ce papier se conserve quelque temps et pour qu'il donne des images bien pures, il ne faut pas dépasser la dose de 1/100 de solution d'oxalate ferrique à 20 o/o relativement au volume total de la solution sensibilisatrice;

4° M. Valenta a récemment fait connaître une variété de citrate ferrique, que l'on nomme *citrate vert acide*, qui, étant substitué au *citrate brun basique* du Codex précédemment employé, permet de préparer des papiers très sensibles (aussi sensibles que les préparations courantes aux sels d'argent) et qui se conservent un temps raisonnable en les maintenant à l'abri de l'humidité. Ce citrate vert n'est pas encore d'une vente bien courante; il répond à la composition : $5(FeC^6H^5O^7),2[(AzH^4)^3C^6H^5O^7]AzH^4H^2C^6H^5O^7 + 2H^2O$, tandis que celle du citrate brun est représentée par : $4(FeC^6H^5O^7), 3(AzH^4C^6H^5O^7), 3Fe(OH)^3$.

Procédé à l'oxalate ferrique. — L'oxalate ferrique, étant un sel facilement réductible par la lumière, se comporte absolument comme le citrate et le tartrate de fer, dont nous venons de parler, et il pourrait les remplacer, je ne dis pas avantageusement, car la préparation de l'oxalate ferrique est plus délicate que celle du citrate ou du tartrate; mais, comme l'oxalate ferreux (C^2O^4Fe) résultant de la réduction de l'oxalate ferrique $(C^2O^4)^3Fe^2$ est un réducteur des sels d'argent, d'or et de platine, il arrivera, si on traite la feuille insolée par une solution d'un sel de ces métaux, qu'il se formera un dépôt d'argent, d'or ou de platine dans les parties où de l'oxalate ferreux s'est formé, c'est à dire vis à vis des transparences du phototype. Si c'est avec une solution de nitrate d'argent que nous développons l'image, la réaction suivante se produira :

$$3(C^2O^4Fe) + AzO^3Ag = Ag + AzO^3Fe + (C^2O^4)^3Fe^2$$

Ce procédé, proposé plusieurs fois sous les noms d'*argentotypie*, *kallitypie*, etc., a été peu favorablement accueilli. Le papier kallitype diffère assez sensiblement cependant des préparations telles que celles dont je viens de donner le principe ; dans celui-ci, en effet, le sel sensible, ou mieux les sels sensibles, car il est préparé avec un mélange d'oxalate et d'azotates ferriques, sont associés avec de l'oxalate d'argent ; l'image apparaît alors à mesure que la réduction des sels ferriques s'opère ; elle est toutefois complétée en immergeant l'épreuve, après insolation, dans une solution de sel de Seignette.

Épreuves au platine. — Il nous sera facile de comprendre la théorie de la formation des épreuves au platine après l'étude que nous venons de faire des épreuves aux sels de fer, car les réactions sont absolument les mêmes ; les produits seuls mis en œuvre sont de nature différente.

Pour prendre le cas le plus simple, supposons qu'au lieu de développer un papier insolé imprégné d'oxalate ferrique par l'azotate d'argent, comme on le fait avec le papier argentotype, on se serve d'une solution d'un sel de platine ; l'image sera constituée par un dépôt de platine, au lieu de l'être par de l'argent métallique. Nous aurons obtenu une *platinotypie*. Dans ce procédé, on le voit, comme dans les procédés aux sels de fer, et à l'encontre des procédés aux sels d'argent, le composé sensible n'est pas le sel du métal qui formera l'image, mais bien l'oxalate ferrique, qui, par sa réduction en oxalate ferreux, provoque le dépôt de platine.

Si c'est là la base des impressions aux sels de platine, on opère un peu différemment en pratique, puisque dans le papier on associe l'oxalate ferrique et le sel de platine, lequel est ordinairement du chloroplatinite de potasse, de telle sorte que, à mesure que la réduction de l'oxalate ferrique se produit, l'oxalate ferreux provoque la réduction partielle du chloroplatinite. Je dis *partielle*, car l'oxalate ferreux ne peut agir qu'à l'état de dissolution, et, comme ce sel n'est pas soluble dans l'eau, on ne peut songer à développer l'image en immergeant l'épreuve dans ce liquide. Il faut choisir une solution qui ait la propriété de le dissoudre : c'est ce qui arrive avec une solution d'oxalate neutre de potasse, par exemple. De plus, on n'emploie point l'oxalate ferrique simple, mais l'oxalate double de potasse et de peroxyde de fer, $Fe^2(C^2O^4)^6K^6$, qui est plus soluble que l'oxalate ferrique et en même temps plus sensible à la lumière. Cet oxalate double, exposé à la lumière, se dédouble en oxalate ferreux, oxalate de potasse et acide carbonique :

$$Fe^2(C^2O^4)^6K^6 = 2FeC^2O^4 + 3K^2C^2O^4 + 2CO^2$$

Mais reprenons notre épreuve au moment où nous l'immergeons dans la solution d'oxalate de potasse pour la développer : l'oxalate ferreux se dissout, s'oxyde en décomposant l'eau pour repasser à l'état d'oxalate ferrique et l'hydrogène naissant, mis ainsi en liberté, décompose le sel de platine qu'il réduit à l'état métallique. Le chlore s'unit à l'hydrogène pour former de l'acide chlorhydrique qui décompose une partie de l'oxalate ferrique avec formation de perchlorure de fer et de chlorure de potassium

$$3(2KCl,PtCl^2) + 6C^2O^4Fe = 3Pt + 2[(C^2O^4)^3Fe^2] + Fe^2Cl^6 + 6KCl$$

D'après Pizzighelli et Hübl, l'oxalate ferrique produit dans cette réaction réduirait une nouvelle quantité de chloroplatinite en donnant du chlorure ferrique et de l'acide carbonique, ce qui expliquerait le dégagement de gaz que l'on constate durant le développement

$$(C^2O^4)^3Fe^2 + 3(2KCl,PtCl^2) = Fe^2Cl^6 + 6CO^2 + 3Pt + 6KCl$$

La nécessité d'employer une solution d'oxalate de potasse pour le développement au lieu d'employer de l'eau pure, s'explique de la façon suivante : l'oxalate ferreux étant très peu soluble dans l'eau, aussi bien froide que chaude, il arriverait, en employant simplement ce liquide, que l'oxalate ferreux ne se dissolvant que lentement et en petite quantité, la plus grande partie du sel de platine serait ou dissoute dans le bain ou aurait pénétré dans les pores du papier avant que sa réduction complète se soit effectuée. Le résultat de cette réduction incomplète sera une épreuve manquant de vigueur pour la première raison et floue pour la seconde. Il n'en sera plus de même si l'oxalate se dissout immédiatement et avant que le sel de platine ait eu le temps ou de se dissoudre lui-même ou de se diffuser ; il sera alors réduit à l'endroit précis où l'oxalate ferreux s'est formé. Pour augmenter l'action dissolvante de la solution développatrice on l'emploie à chaud et à l'état concentré ; cependant si à l'examen de l'image, telle qu'elle s'est formée dans le châssis, on jugeait que l'impression a été trop prolongée, on développerait avec une eau moins chaude ; la réduction sera alors un peu plus lente et portera sur une quantité moindre de sel de platine, une partie de celui-ci ayant eu le temps de se dissoudre; les ombres comme les demi-teintes seront donc moins corsées, ce sera comme si l'exposition avait été moins longue, mais l'image sera moins fine puisque l'oxalate ferreux, tout aussi bien que le sel de platine, auront plus ou moins pénétré le papier.

Le développement avec des solutions à température modérée est encore employé lorsque les papiers au platine ne donnent plus à chaud que des images voilées par suite de l'altération qu'ils ont subie ; c'est là, toutefois, un pis aller qui ne conduit jamais à de très bons résultats, et il est préférable de tâcher de restaurer ces papiers altérés en les traitant par une solution de chlorate de potasse. Ce sel, en réagissant sur le chloroplatinite de potasse, donne naissance à du bichlorure de platine plus difficile à réduire que le sel au minimum, ce qui tend, ainsi, à donner des images dures à plus grands contrastes, et dans lesquelles l'effet du voile est peu apparent. Dans le deuxième volume, à l'article *chlorate de potasse*, nous donnerons l'explication des réactions à la suite desquelles ce sel transforme le protochlorure de platine en bichlorure, fait que je me contente de signaler pour le moment.

Papiers au platine à impression directe. — Les papiers au platine dont nous venons de parler sont dits par développement, cette opération étant absolument nécessaire pour faire apparaître l'image qui n'est tracée qu'en brun assez léger au sortir du châssis, mais depuis peu on prépare des papiers au platine que l'on peut dénommer à impression directe, et d'autres qui se développent à froid. Pour la préparation des papiers à impression directe on emploie l'oxalate double de potasse et de peroxyde de fer, qui se dédouble par exposition à la lumière, ainsi que j'ai eu l'occasion de le dire, en oxalate ferreux et oxalate de potasse ; c'est à dire qu'après exposition il se trouve dans le papier à la fois le réducteur et le sel qui le fait entrer en solution, aussi suffit-il de laver l'épreuve à l'eau pour que l'image se forme. Toutefois, comme la proportion d'oxalate de potasse formée à la suite de cette réaction ne serait pas suffisante, on ajoute, en outre, de l'oxalate neutre de potasse à la solution sensibilisatrice.

Les papiers se développant à froid sont préparés avec de l'oxalate ferrique, le bain de développement consiste en une solution mixte de chloroplatinite de potasse, d'oxalate de potasse et de phosphate de soude que l'on passe à la surface de l'épreuve au moyen d'un pinceau ou d'une touffe de coton. La solution révélatrice est enfin additionnée de glycérine qui, par la viscosité qu'elle communique au liquide, retarde le développement, le rend graduel et permet ainsi d'insister sur les parties qui viennent trop faibles ou de l'arrêter au moment opportun.

Il est facile de changer notablement la teinte de l'image en mélangeant une petite quantité de bichlorure de mercure à la solution sensibilisatrice; il est probable que ce sel est réduit par l'oxalate ferreux, comme l'est le sel de platine, en mercure métallique et protochlorure de mercure et que ce sont les produits de cette réaction qui changent le ton du platine métallique.

Les épreuves au platine en sortant du bain de développement sont imprégnées de sels de peroxyde de fer, dont une partie se trouve à l'état basique, ce qui leur communique une teinte jaune, et dont on ne peut les débarrasser par des lavages à l'eau pure, les sels basiques y étant insolubles ; aussi, se sert-on, pour les éliminer, de bains acidulés par l'acide chlorhydrique que l'on renouvelle trois ou quatre fois ; le sel de platine non utilisé se dissout en même temps que les sels ferriques.

Photocopies aux sels d'autres métaux. — MM. Lumière ont montré que l'on pouvait utiliser, pour obtenir des photocopies, d'autres sels au maximum que les sels de fer.

Ils ont publié toute une série de travaux montrant que les sels manganiques, cobaltiques et cériques étaient susceptibles d'applications pratiques, et cela par suite de réactions analogues à celles que nous venons de constater pour les sels de fer.

Pour fixer les images formées par insolation des sels au maximum des métaux que je viens de signaler, ils utilisent les propriétés oxydantes du persel qui n'a pas été réduit, pour former des matières colorantes insolubles avec certaines amines et certains phénols, le sel ramené au minimum ne donnant aucune réaction avec ces substances et pouvant être éliminé par un simple lavage à l'eau froide. La couleur de l'image varie suivant la nature de l'amine ou du phénol employé.

Comme sels sensibles ils citent le lactate manganique, l'oxalate cobaltique et le sulfate ou nitrate cériques.

Photocopies aux sels de fer reposant sur des modifications physiques de ces composés. — Dans les procédés de photocopies aux sels de fer que j'ai eu l'occasion de signaler précédemment, on utilise les propriétés chimiques différentes qu'acquièrent ces sels à la suite de l'insolation, c'est à dire qu'ils sont basés sur les réactions que possèdent les sels ferreux, bien différentes de celles des sels ferriques. Dans les procédés que je vais signaler maintenant et qui, du reste, sont peu employés, ce sont les propriétés physiques des sels au maximum et des sels au minimum que l'on utilise. Ainsi, si, comme l'a indiqué Poitevin, on imbibe une feuille de papier d'un mélange de perchlorure de fer et d'acide tartrique et qu'on l'expose sous un négatif, sous les parties claires le chlorure ferrique passera à l'état de chlorure ferreux. Ce sel étant très hygrométrique, exposé à l'air il en attire promptement l'humidité ; il devient comme poisseux et susceptible de retenir toute poudre que l'on projette à sa surface. En retirant donc l'épreuve du châssis, on pourra obtenir une image en la recouvrant d'une poudre colorée. On pourra l'obtenir encore en la plongeant dans une solution gélatineuse renfermant la poudre en suspension ; la gélatine n'adhère que dans les parties où il s'est formé du chlorure ferreux.

Poitevin signale encore un autre procédé de phototirage plus pratique que le précédent et qui consiste à imbiber un papier gélatiné d'une solution de perchlorure de fer et d'acide tartrique. Exposé sous un négatif le chlorure ferrique passe à l'état de chlorure ferreux sous les parties claires ; cette réduction étant accompagnée d'un dégagement de chlore, c'est à dire d'une substance oxydante, la gélatine passe dans ces mêmes parties à l'état insoluble, perd la propriété qu'elle possédait de se gonfler dans l'eau, tandis que les parties protégées par les opacités du négatif conservent ces deux propriétés.

Il arrivera donc, si nous plongeons l'épreuve insolée dans l'eau, que seules les parties protégées gonfleront, s'imbiberont d'eau ; celles-ci repousseront l'encre d'imprimerie que l'on tentera de déposer au moyen d'un rouleau, tandis que les parties insolées, qui sont demeurées sèches, étant imperméables, retiennent facilement cette encre.

CHAPITRE XXXI

PROCÉDÉS AUX SELS DE CHROME

Théorie de ces procédés. — La plupart de ces procédés étant basés sur la réaction qui s'opère entre les sels de chrome et la gélatine, je vais, avant d'entreprendre leur description, dire quelques mots des deux produits mis en œuvre.

La gélatine, plongée dans l'eau froide, ne s'y dissout pas ; elle ne fait qu'absorber une quantité plus ou moins considérable de ce liquide, phénomène à la suite duquel elle se ramollit et se gonfle ; si cette gélatine, imbibée d'eau, est portée à la température de 25 à 30°, elle se dissout et cette solution se prend en gelée par le refroidissement.

Plusieurs substances lui font perdre la propriété d'absorber de l'eau et la rendent insoluble ; telles sont le tanin, l'alun, le formol, le chlorure ferrique, tandis que le chlorure ferreux, nous l'avons vu dans le chapitre précédent, la rend plus soluble et visqueuse. Il existe encore d'autres corps agissant sur la gélatine pour la rendre insoluble. Ce sont les corps oxydants, et parmi ceux-ci, les plus importants pour nous sont les bichromates, qui produisent cette transformation à la suite de réactions que nous allons étudier tout à l'heure.

Le chrome forme avec l'oxygène quatre combinaisons : l'*oxyde chromeux*, CrO ; l'*oxyde chromique*, Cr^2O^3 ; le *peroxyde de chrome*, CrO^2, et l'*anhydride chromique*, CrO^3. Cet acide forme avec les alcalis deux sels différents : les *chromates neutres* et les *bichromates*, dont les sels de potasse ont pour formule K^2CrO^4 et $K^2Cr^2O^7$. Les solutions aqueuses pures des bichromates ne sont point altérées par la lumière ; on peut les mélanger avec une solution de gélatine sans que celle-ci soit ni précipitée ni altérée, du moins immédiatement, que l'on opère d'ailleurs en lumière actinique ou à l'obscurité. Cependant, peu à peu la gélatine se modifie et passe graduellement à l'état insoluble : cette modification est très rapidement produite si le mélange de bichromate et de gélatine a été étendu en couche mince, séché et exposé à la lumière.

On n'est pas encore parfaitement fixé sur les phases diverses des réactions qui se produisent pour amener ce résultat; voici néanmoins celles que l'on admet généralement.

Les bichromates, qui ne sont pas modifiés par la lumière lorsqu'ils sont exposés seuls, sont, au contraire, désoxydés par cet agent lorsqu'ils se trouvent associés à une matière organique capable d'absorber l'oxygène naissant qui résulte de cette décomposition.

La matière organique remplit donc encore ici le rôle de sensibilisateur, en provoquant par sa présence un phénomène chimique qui n'aurait point lieu si elle n'était pas associée au sel de chrome. Cette matière organique peut non seulement être de la gélatine, mais encore de la gomme, de l'albumine, etc. Nous aurons, d'ailleurs, l'occasion de signaler plusieurs procédés d'impression où ces dernières sont utilisées.

Cette désoxydation des bichromates s'accomplit en deux temps; dans le premier, ils sont dédoublés en chromates neutres et en acide chromique :

$$Cr^2K^2O^7 = CrK^2O^4 + CrO^3$$

Dans le second, l'acide chromique libre cède une partie de son oxygène; il oxyde la gélatine et se transforme en chromate chromique (ou chromate d'oxyde de chrome) :

$$3CrO^3 = 3O + Cr^2O^3, CrO^3$$

Ce dernier composé étant brun, un papier gélatiné bichromaté exposé à la lumière sous un négatif laisse apercevoir une image, se détachant en teinte assez foncée sur une surface jaune. Comme le chromate d'oxyde de chrome, au contact de l'eau, se transforme en sesquioxyde de chrome qui est de couleur verte, en lavant notre épreuve nous la voyons passer du brun à la teinte verte, en même temps que les parties jaunes se décolorent par dissolution du bichromate non altéré.

De plus, comme la gélatine n'a été oxydée que dans les parties où le chromate chromique s'est formé, c'est dans ces endroits seuls que la gélatine est devenue ou partiellement ou totalement insoluble, suivant que la décomposition du bichromate a porté sur une partie plus ou moins importante de ce sel.

Nous pouvons tirer parti de plusieurs façons de la modification que la gélatine a subie; dans les unes, nous utiliserons la perte de solubilité dans l'eau chaude qu'elle a éprouvée, c'est la base du *procédé au charbon* et de la *photoglyptie;* dans les autres, ce sera la propriété qu'elle a perdue d'absorber l'eau et celle qu'elle a, par contre, acquise de retenir l'encre d'imprimerie que nous déposerons à sa surface, ou d'absorber des liquides colorés, c'est la base de la *phototypie* et des *procédés par imbibition*. On a, dans quelques procédés, utilisé, non les propriétés d'insolubilité et d'imperméabilité acquises par la gélatine, mais celles des composés insolubles de chrome qui ont pris naissance, ou bien, dans d'autres, celles du bichromate resté inaltéré.

Pour n'avoir point à y revenir, je vais donner un exemple de ces deux dernières applications, qui ne sont, du reste, qu'assez rarement employées. Si, après exposition, un papier gélatiné bichromaté est lavé pour éliminer le bichromate non altéré, il restera dans la feuille du chromate d'oxyde de chrome insoluble; ce sel pouvant donner avec divers autres sels des précipités colorés, on conçoit que l'on puisse obtenir une image dont la teinte variera avec le réactif employé pour la développer : elle sera rouge avec le nitrate d'argent, jaune avec les sels de plomb.

Si, prenant encore un papier gélatiné bichromaté, exposé sous un positif, nous le soumettons sans le laver aux fumigations d'aniline, celle-ci sera oxydée par le bichromate non décomposé et transformée en violet d'aniline ; on obtiendra donc une image positive violette.

Les procédés aux sels de chrome, d'un emploi courant et que l'industrie exploite aujourd'hui sur une grande échelle, reposent sur l'insolubilité ou l'imperméabilité qu'acquiert la gélatine. Le premier dont nous allons nous occuper, sera le procédé dit au charbon et ses variantes, dont l'exposé théorique ne va nécessiter que peu de développements après les généralités que nous venons d'exposer.

Papier au charbon. — Le papier au charbon se compose d'un support (papier ou mica) recouvert d'une couche de gélatine à laquelle on a incorporé une matière colorante insoluble. On le sensibilise dans un bain de bichromate et, une fois sec, on l'expose sous un négatif durant un temps que l'on détermine au moyen d'un photomètre, l'image n'étant nullement visible sur la couche sombre du papier.

Si l'exposition a été juste, la gélatine sera insolubilisée sur une plus forte épaisseur de la couche, vis à vis des grandes transparences du négatif, que sous les demi-teintes, et cette insolubilisation, toujours si la pose est exacte, devra être nulle ou très légère sous les noirs. En un mot, l'insolubilisation a progressé de la surface de la couche gélatineuse à une profondeur qui peut être plus ou moins grande; mais, comme on lui donne une épaisseur assez forte pour qu'elle n'ait jamais lieu de part en part, au moins dans le cas d'une exposition convenable, il s'ensuit que les parties insolubilisées reposent toujours sur des parties restées solubles. Si nous soumettions, sans d'autres précautions, le papier impressionné à l'action de l'eau chaude, les couches inférieures se dissolvant, tout abandonnerait le support; de là la nécessité du transfert ou opération par laquelle on applique un second support sur la surface primitivement libre, et auquel on la fait adhérer. Si nous soumettons cette couche gélatineuse, maintenant emprisonnée entre deux supports, à l'action de l'eau chaude, le support primitif ne tarde pas à pouvoir être séparé, laissant agir l'eau chaude sur les parties inférieures de la couche gélatineuse qui étaient restées solubles; l'image se dépouille ainsi peu à peu à mesure que cette gélatine se dissout, mais les parties insolubles, reposant directement sur un support adhésif, y restent maintenues, même dans les parties les plus délicates.

Par suite du transfert, il s'est produit un retournement de l'image, qu'il faut transférer sur un second support pour l'obtenir dans son vrai sens, ou bien, ce qui est plus simple, on se sert d'un négatif retourné.

Cette nécessité d'un double transfert ou celle d'avoir recours à un négatif retourné ou pelliculaire, que l'on peut imprimer aussi bien par le verso que par le recto, a depuis longtemps poussé les chercheurs à trouver des procédés au charbon qui donnent directement des images dans leur vrai sens en se servant des négatifs ordinaires sur verre.

Un des premiers utilisés fut celui qui consiste à étendre la mixtion (c'est le nom que l'on donne à la gélatine additionnée d'encre de Chine ou de toute autre matière colorée insoluble) sur des supports transparents (mica, celluloïd) et à effectuer l'impression à travers leur épaisseur. A cause de la cherté de ces supports transparents, et aussi à cause de la perte de finesse qui résulte de l'impression effectuée sans qu'il y ait contact immédiat entre la mixtion et la surface du négatif, ces procédés se sont peu répandus et ils ont été avantageusement remplacés par ceux dont je vais parler, et qui sont d'invention assez récente : j'entends dire le charbon-velours et l'ozotypie.

Charbon-velours. — Il a été donné plusieurs formules pour préparer un papier analogue à celui que M. Artigues a mis dans le commerce, mais toutes offrent d'assez grandes difficultés pour obtenir une couche uniforme, conservant l'aspect velouté qui caractérise les préparations de l'inventeur. M'étant assez longtemps livré à la fabrication de ce papier pour mon usage personnel, et essayé plusieurs procédés opératoires dans le détail desquels il n'y a pas lieu de m'étendre ici, je me contenterai de dire que l'on arrive à de très bons résultats en suivant le procédé indiqué par le docteur Mallmann, que je vais sommairement décrire parce que, cela étant dit, on comprendra plus facilement comment a lieu le développement de l'image et les raisons pour lesquelles on emploie, dans cette opération, une matière étrangère qui, par sa seule action mécanique, favorise le départ du pigment coloré.

Tout d'abord, le papier doit être recouvert d'une substance adhésive qui a pour effet de retenir la matière colorante. Le docteur Mallmann emploie seulement de la gélatine en solution à 1,50 pour 100, dont on recouvre du papier de Rives de moyenne épaisseur (1). On mouille le papier, on l'étend sur une glace au moyen de la raclette, le tout est mis de niveau au moyen de vis calantes, et on recouvre de la solution de gélatine ci-dessus à raison de 3 cm^3 2 par 10 centimètres carrés de surface. Lorsque la gélatine a fait prise, on porte la feuille, soutenue par la glace sur laquelle elle repose, dans une boîte à poudrer telle qu'elle est employée par les graveurs, et le pigment, en poudre aussi fine que possible, est laissé se déposer à la surface. Un mélange de noir d'ivoire et de brun d'ivoire donne de très bons résultats. L'expérience apprend vite le temps durant lequel on doit se laisser effectuer le dépôt; la quantité de poudre colorée est assez forte lorsque le papier présente par transparence une teinte grise bien uniforme et est comme diaphane.

On sensibilise le papier en le baignant, couche en dessus, dans une solution de bichromate de potasse dont la concentration varie de 2 à 1/2 pour 100, suivant la température ambiante, et en prolongeant l'immersion de deux à quatre minutes; le temps le plus court se rapportant à la proportion de 2 pour 100 de bichromate, et le plus long à l'emploi du bain à 0,50 pour 100. Le papier est ensuite suspendu pour être séché à l'obscurité la plus complète. L'exposition se règle au moyen d'un photomètre quelconque; mais il vaut mieux pécher par une exposition un peu trop faible que par surexposition si le négatif est dur, tandis qu'on ferait tout le contraire si le négatif était uniforme. car la sous-exposition tend à donner des images grises et un excès de pose des images vigoureuses à fortes oppositions.

Le développement ou dépouillement de l'image est, au point de vue théorique, la partie la plus intéressante de ce procédé. On doit admettre

(1) Duchochois gélatine d'abord le papier, et une fois qu'il est sec, il le recouvre d'une couche bien égale de la préparation suivante:

Sirop de sucre, 20 cm^3; sucre, 10; miel, 5; gélatine, 10; eau, 450; après dissolution, ajouter: noir de lampe finement pulvérisé et délayé dans l'alcool, 15.

M. Watzech emploie comme véhicule de la couleur une dissolution de gélatine dans l'hydrate de chloral, faite dans les proportions suivantes:

Gélatine, 25; hydrate de chloral, 16; eau, 60.

que durant l'exposition la gélatine est passée à l'état insoluble sous les transparences du négatif et que dans ces parties, lorsque nous plongerons le papier dans de l'eau tiède, cette gélatine ayant perdu sa propriété d'absorption, elle ne gonflera pas et qu'elle conservera tout son pouvoir adhésif pour la matière colorante qui s'est comme incrustée à sa surface.

Dans les parties qui se sont gonflées, ce pouvoir adhésif a diminué; ici, le frottement d'une matière un peu rugueuse pourra entraîner la matière colorante, qui résistera, au contraire, dans les parties non gonflées.

C'est sur cette action mécanique que repose, en effet, le dépouillement: au sortir du châssis, la feuille est baignée dans de l'eau froide d'abord, puis portée dans une cuvette d'eau chaude (de 25 à 28°) dans laquelle la gélatine ne tarde pas à se gonfler partout où elle a conservé cette propriété. L'image ne se développe guère dans ce premier bain; tout au plus si elle devient légèrement visible, car, nous allons l'expliquer, l'action de l'eau stagnante est à peu près nulle. Pour la dépouiller d'une façon complète, on applique l'épreuve, face en dessus, sur un verre et on l'arrose avec un mélange tiède d'eau et de sciure de bois blanc. Sous l'action mécanique de la sciure, la matière colorante peu adhérente est entraînée et l'image devient chaque fois plus brillante. En faisant usage de mélanges plus épais ou plus clairs, plus froids ou plus chauds, on l'amène au degré convenable. Si malgré cela elle reste grise, — signe qu'elle a été trop exposée et que la gélatine a été par conséquent, d'une façon générale, trop insolubilisée, — on pourrait corriger cet excès de pose en plongeant l'épreuve dans une solution tiède qui ait sur la gélatine une action ramollissante plus forte que l'eau pure; une solution de carbonate de soude à 10 pour 100 par exemple, ou de l'eau faiblement ammoniacale. Mais, point important, il ne faut pas chercher à développer l'épreuve avec une eau portée à un tel degré qu'elle occasionne la fusion de la gélatine, car le dépouillement se produit, avec le charbon velours, d'une toute autre façon qu'avec le charbon ordinaire; ce n'est plus par dissolution de la gélatine colorée non insolubilisée, mais par entraînement pur et simple de la matière colorante, dont l'adhésion n'a pas été favorisée par l'action de la lumière. Or, comme le mélange d'eau et de sciure de bois que l'on emploie est à une température très voisine de la fusion de la gélatine, il ne faut pas songer à la porter beaucoup plus haut pour une épreuve qui résiste; il est donc nécessaire pour l'amener à point, ou de la laisser longtemps baigner dans de l'eau à 25°, ou d'avoir recours à une solution de carbonate de soude qui ramollit plus fortement la gélatine.

Lorsque l'épreuve est à point, et dans ce procédé le photographe possède une large marge pour insister sur telle ou telle partie qu'il désire éclaircir ou à laquelle il désire laisser toute sa vigueur, on la plonge dans de l'eau froide pour la débarrasser de la sciure de bois, et ensuite dans un bain d'alun qui la consolide et finit de la débarrasser des dernières traces de bichromate ; on la suspend enfin pour la faire sécher.

Je ne signale que pour mémoire le procédé à la gomme bichromatée, très intéressant au point de vue pratique, mais dont l'exposé théorique ne diffère pas sensiblement du procédé au charbon velours, quoique dans le premier c'est à l'insolubilisation plus ou moins complète de la couche sensible dans toute son épaisseur qu'est dû le dépouillement de l'image, les parties dont l'insolubilisation est la plus avancée étant celles qui résistent le mieux à l'eau chaude.

Procédé de charbon sans transfert. — Marion, il y a déjà longtemps (en 1873), fit connaître deux procédés d'impression au charbon qui n'ont pas été adoptés d'une façon courante, quoique simplifiant l'opération et donnant plus de certitude pour l'estimation du degré d'impression, puisque l'emploi du photomètre n'est plus utile, comme on le verra par la description que je vais donner du mode opératoire. Il faut peut-être trouver la cause de cet abandon à ce que les épreuves sont un peu moins fines qu'en suivant le traitement ordinaire des papiers mixtionnés. Quoi qu'il en soit, voici, en abrégé, les deux méthodes indiquées par Marion : au premier, on peut donner le nom de *procédé par pression* ; au second celui de *procédé par contact*. Une feuille de papier, simplement gélatiné, est sensibilisée sur un bain de bichromate à 4 pour 100 ; une fois sec, on l'imprime sous le négatif jusqu'à ce que tous les détails, qui se détachent en teinte un peu brune sur le fond jaune du papier, soient parfaitement visibles. Arrivé à ce point, on le plonge dans un second bain de bichromate à 2 pour 100, où il reste deux minutes ; on le retire, on l'essore et on le pose bien à plat sur une pierre d'une presse à imprimer verticale, ou à défaut sous une forte presse à copier ; on l'essore avec une éponge et on passe à sa surface une solution d'alun et de bichromate (alun, 2 parties ; bichromate, 2 parties ; eau, 100). Avec une éponge, on enlève l'excès de cette solution ; aussitôt on lui superpose une feuille de papier au charbon et on donne la pression durant deux minutes. Qu'arrive-t-il durant ce traitement ? Les parties insolubilisées du papier impressionné n'absorbent pas la solution d'alun et de bichromate ; celles qui n'ont pas été impressionnées s'en imbibent ; en superposant le papier au charbon et par l'effet de la pression, celles-ci en laissent infiltrer aux endroits correspondants une quantité plus ou moins grande dans la mixtion, suivant leur degré d'insolubilisation. Comme cette solution renferme de l'alun, qui a la propriété de retarder le point de fusion de la gélatine, et comme, d'autre part, nous allons exposer quelques minutes le papier au charbon à la lumière, la modification de celle-ci sera rendue plus complète dans tous les points où l'absorption se sera effectuée. Il ne reste plus qu'à monter le papier au charbon ainsi traité sur un papier simple transfert et le développer à la manière habituelle.

Le papier insolé soumis à de nouveaux mouillages peut servir à traiter de nouvelles feuilles, les résultats seront absolument les mêmes de telle sorte que l'on peut obtenir, au moyen d'une seule impression, un grand nombre d'épreuves.

Le second procédé est un peu plus simple et peut convenir lorsqu'on ne désire qu'un nombre très limité d'épreuves. Au lieu de sensibiliser le papier au charbon, c'est le papier de transfert que l'on traite par le bichromate et que l'on imprime. Le bain de sensibilisation doit être à 6 pour 100 et être additionné de quelques gouttes d'acide sulfurique.

L'impression est poussée jusqu'à ce que tous les détails soient bien visibles, après quoi ce papier de transfert est immergé dans une solution de bichromate à 2 pour 100 en même temps que la feuille de papier mixtionné. Lorsque l'un et l'autre sont devenus plans on les retire appliqués face contre face, on donne quelques coups de raclette et on les place entre des buvards. On laisse ainsi le tout durant huit à dix heures; au bout de ce temps on développe avec de l'eau un peu plus chaude qu'à l'ordinaire.

Le procédé auquel M. Manly a donné le nom *d'ozotypie*, présente d'assez grandes analogies avec ceux indiqués par Marion, il ne nécessite pas, toutefois, l'emploi de la presse comme dans le premier mode que je viens de décrire et permet d'opérer beaucoup plus rapidement que par le second. La méthode de M. Manly est assez intéressante parce qu'elle fait intervenir une substance, un sel de manganèse qui, absorbant l'oxygène mis en liberté par la décomposition du bichromate, le cède ensuite à la mixtion qu'il insolubilise ; le sel de manganèse n'est donc pas, à proprement parler, le composé sensible, il a pour fonction de recueillir l'élément libéré par la lumière, et de le transmettre à une autre préparation non insolée mais qui acquiert, par suite de cette transmission, les mêmes propriétés qu'une insolation lui aurait transférées.

L'oxygène libéré par le bichromate transforme le sel de manganèse (le sulfate) en oxyde de manganèse ; le premier est à peu près incolore, le second est brun, aussi, en exposant un papier gélatiné bichromaté, additionné de sulfate de manganèse, obtient-on une image bien visible et même de teinte assez agréable.

La préparation de ce papier au manganèse est fort simple, c'est un papier gélatiné, à couche assez mince, que l'on sensibilise et dans lequel on introduit le sel de manganèse en même temps en faisant usage du bain suivant :

Eau	100
Sulfate de manganèse	14
Bichromate de potasse.	7

Lorsque l'image est bien visible on la lave avec soin et on la plonge en même temps que la feuille mixtionnée dans la solution :

Eau	1000	
Acide acétique		3 à 5cc
Hydroquinone		0.5 à 2gr.

L'addition de l'hydroquinone à cette solution (que l'on pourrait remplacer par tout autre composé hydroxylé de phénol), a pour but de produire une insolubilisation plus forte de la mixtion que ne le ferait l'oxyde de manganèse seul ; l'hydroquinone, en effet, en présence de l'oxygène que lui cède l'oxyde de manganèse tanne fortement la gélatine. Comme cet oxyde de manganèse est localisé, étant insoluble, aux seuls points où il s'est formé durant l'impression du papier bichromaté, l'insolubilisation de la mixtion se fera seulement aux endroits correspondants ; nous arriverons, en somme, au même résultat que si nous l'avions bichromatée et exposée elle-même à la lumière.

Reprenons la suite des opérations ; une fois que l'épreuve et le papier mixtionnés se sont ramollis dans le bain acide on les contrecolle, on les essore dans du buvard et on suspend pour que la dessiccation s'opère. Lorsque l'ensemble est sec, on plonge les deux papiers réunis dans de l'eau froide, durant une demi-heure au moins, puis on développe à l'eau chaude comme dans le procédé au charbon ordinaire.

Procédés par saupoudrage. — Nous avons vu, en parlant des procédés au perchlorure de fer, que ce composé soumis à l'action de la lumière se transformait en chlorure ferreux très hygrométrique capable de retenir des poudres colorées que l'on projetait à sa surface, c'est un phénomène inverse qui se produit avec certaines substances naturellement hygrométriques que l'on expose après les avoir additionnées de bichromate. Partout où la lumière les impressionne, elles perdent plus ou moins leur propriété adhésive, de telle sorte qu'une glace recouverte, par exemple, d'un mélange de sucre, de miel et de bichromate, exposée après dessiccation sous un positif, donnera une image positive en la recouvrant d'une poudre colorée, telle que la plombagine, l'oxyde de fer, etc...

Si l'on se sert d'un mélange vitrifiable, et qu'après avoir recouvert l'image ainsi produite d'une pellicule de collodion, avoir détaché celle-ci, on la transporte sur une plaque de porcelaine que l'on passe au feu du moufle, on aura obtenu ce que l'on nomme un *émail photographique*.

CHAPITRE XXXII

PROCÉDÉS INDUSTRIELS DE PHOTOTIRAGES

Les procédés industriels d'impression photographique reposent, les uns, sur les modifications que subit la gélatine bichromatée, les autres sur l'insolubilisation qu'occasionne la lumière sur le bitume de Judée.

Comme j'ai déjà eu l'occasion de le dire, le mode opératoire de ces divers procédés est long à décrire, comporte beaucoup de détails que je passerai sous silence puisqu'il ne s'agit, dans ce livre, que d'exposer les côtés théoriques sur lesquels ils reposent, or, comme nous allons le voir, ces principes sont forts simples tandis que leur application offre une foule de difficultés que l'on ne parvient à vaincre que par une longue pratique.

Nous allons d'abord passer en revue les procédés d'impression dans lesquels on utilise les modifications de la gélatine bichromatée.

Photoglyptie ou photoplastographie. — Tous ceux qui ont mis en pratique le procédé au charbon savent que les images obtenues par ce moyen présentent un certain relief, assez prononcé, surtout lorsqu'elles sont humides. Supposons que au lieu d'une couche relativement mince de gélatine, comme celle qui est employée pour la fabrication des papiers mixtionnés, nous exposions sous un négatif une couche très épaisse de gélatine, qu'il n'est pas nécessaire de colorer pour l'application présente, et que nous prolongions suffisamment l'impression pour que l'action lumineuse se propage assez en avant dans la couche, les reliefs, après développement à l'eau tiède, seront très accusés. Nous obtiendrons après cette opération une sorte de moule qui sera très résistant une fois sec, tellement résistant qu'en lui superposant une feuille de plomb et passant le tout à la presse hydraulique, le plomb en épousera les formes et nous obtiendrons, par foulage du métal, un moule en creux de ces reliefs. Ce moule peut encore être obtenu en recouvrant la gélatine d'une feuille mince d'étain, qui en épouse tous les accidents au moyen de la pression assez faible que donne une simple presse à copier. La feuille d'étain ne sert qu'à métalliser le relief de gélatine pour en obtenir, par la galvanoplastie, un modèle en cuivre, plus durable et donnant plus de finesse que le moule en plomb obtenu au moyen de la presse.

On utilise ces moules en creux de la façon suivante : après les avoir légèrement enduits d'un corps gras et les avoir bien calés de niveau, on les remplit d'une encre gélatineuse tenant un pigment coloré en suspension. Avant que cette encre ait fait prise, on superpose une feuille de papier, on recouvre d'une plaque de verre ou de métal bien dressée, et on donne une pression modérée. L'encre en excès est chassée, on démoule dès que la gélatine a fait prise ; l'encre adhère au papier, formant des épaisseurs correspondant aux creux du modèle, et donnant par suite une image dont les creux et les reliefs reproduisent ceux du moule en gélatine. Il n'y a plus qu'à laisser sécher, après avoir aluné pour donner plus de résistance à la gélatine.

Phototypie. — Ce procédé repose sur cette propriété qu'acquiert la gélatine bichromatée insolée de ne plus absorber de l'eau dans les parties fortement imprimées, de ne se gonfler que légèrement dans les parties plus abritées, et de conserver tout son pouvoir d'absorption dans celles qui ont été totalement préservées. Cette propriété est corrélative de celle qu'elle acquiert de pouvoir ou non retenir l'encre lithographique, que l'on passe à sa surface au moyen du rouleau. Nous avons donc une vraie planche lithographique, qui se tire en suivant les mêmes procédés que si le dessin avait été tracé sur pierre. Comme chaque épreuve enlève à la gélatine, en même temps que l'encre, une partie de son humidité, il faut nécessairement lui restituer l'eau perdue au moyen de mouillages exécutés avec une solution étendue de glycérine, à laquelle on ajoute un peu d'ammoniaque si les épreuves tendent à devenir grises.

Photolithographie. — Si d'une planche phototypique, qui ne peut fournir qu'un nombre assez restreint d'épreuves, on tire une épreuve avec de l'encre à report, et que celle-ci soit reportée sur pierre lithographique ordinaire, on obtient une nouvelle planche, qui se tire exactement comme en lithographie.

Toutefois, il n'est pas nécessaire, pour effectuer ce report, de préparer une planche phototypique, on peut se contenter de sensibiliser au bichromate une substance colloïde naturellement soluble dans l'eau froide : l'albumine est celle qui répond le mieux à ce but, et le papier albuminé non sensibilisé du commerce peut parfaitement être utilisé après l'avoir sensibilisé dans un bain de bichromate. L'épreuve, retirée du châssis, est dans son entier recouverte d'encre à report. On fait table noire ; après cela, on met à dégorger dans l'eau froide. L'albumine restée soluble entraîne avec elle l'encre qui la recouvrait ; celle-ci ne subsiste que dans les parties insolées. Cette image est alors reportée sur pierre.

Procédés au bitume de Judée. — On conçoit que si, au moyen d'un négatif photographique, nous obtenons, sur un métal susceptible d'être gravé par un moyen chimique, des réserves qui le préservent de la morsure, nous pourrons obtenir une gravure en creux sueceptible d'être imprimée par les procédés usités dans l'impression en taille-douce, et si nous produisons par des moyens un peu différents une gravure en relief nous obtiendrons une planche pouvant servir à l'impression typographique. Je dois faire remarquer que ces deux résultats peuvent être obtenus non seulement au moyen du bitume de Judée, mais aussi au moyen de l'albumine ou de la gélatine bichromatées.

L'emploi du bitume de Judée est basé sur l'insolubilité dans les essences ou la benzine qu'acquiert cette substance exposée à la lumière. Le bitume de Judée est une substance naturelle que l'on rencontre sur les bords de la mer Morte ; elle renferme trois classes de matières : celles qui sont solubles dans l'alcool, celles qui sont solubles dans l'éther et enfin celles qui résistent à ces deux dissolvants, mais sont solubles dans les essences ou la benzine, propriété qu'elles perdent lorsqu'elles sont exposées à la lumière.

Les uns admettent que l'insolubilité occasionnée par l'insolation provient d'une oxydation ; les autres, que c'est par suite d'une polymérisation, à la suite de laquelle leurs propriétés physiques sont modifiées.

De ces deux manières de voir la dernière me semble la plus vraisemblable ; en effet, s'il y avait oxydation, il y aurait incontestablement augmentation de poids, ce qui n'a pas lieu. Et, bien que Valenta ait démontré que du bitume de Judée exposé à la lumière dans une atmosphère d'hydrogène, c'est-à-dire dans des conditions où il ne peut s'oxyder, ne passe pas à l'état insoluble, il a été démontré, d'un autre côté, par Kayser, que si on expose du bitume de Judée dans un espace clos renfermant de l'oxygène, ce gaz n'est pas absorbé, et que le bitume conserve son poids primitif, tout en étant passé à l'état insoluble, et que, si on le fait fondre, on lui rend sa solubilité. Cette expérience semble donc bien prouver que la modification subie est uniquement une modification moléculaire.

Le bitume de Judée est employé dans les procédés de reproductions photographiques de trois façons différentes. Dans la première, que je vais citer, il n'est usité que pour la reproduction de dessins au trait, cas dans lesquels il fournit des images très fines. Ce sont : 1° la *photozincographie ;* 2° l'*héliogravure* ou *gravure en creux ;* 3° la *phototypogravure* ou *gravure en relief.*

1° *Photozincographie.* — J'ai eu l'occasion de décrire un premier procédé de zincographie, qui s'éxécute au moyen du report d'une image à l'encre grasse obtenue sur albumine bichromatée. Celui dont je vais parler maintenant provient d'une impression directement faite sur zinc au moyen du bitume, en ce sens qu'une feuille de ce métal est recouverte d'une solution de bitume dans la benzine, à laquelle on ajoute une très petite quantité d'essence de lavande pour rendre la couche moins cassante.

Après impression sous un négatif, la feuille est lavée à la benzine ; les traits seuls résistent à son action dissolvante, puisque ce sont les seules portions qui aient été frappées par la lumière. Après développement, la planche est exposée une seconde fois à la lumière pour obtenir la consolidation du bitume ; on la prépare alors pour l'impression lithographique, et elle est prête au tirage.

2° *Héliogravure.* — Par héliogravure on entend la préparation d'une planche gravée en creux permettant d'obtenir des dessins au trait ou en demi-teintes.

Le métal qui doit servir à leur confection doit être flexible, homogène et exempt de piqûres ; le cuivre est toujours employé.

Le bitume de Judée, pour cette application, peut être remplacé, et il l'est la plupart du temps, par de la gélatine ou de l'albumine bichromatées, le principe reste toujours le même. Il consiste, s'il s'agit d'un dessin au trait, à former sur le métal au moyen de ces substances une couche protectrice ou réserve qui le protègera aux endroits convenables de la solution qui le rongera partout où il sera découvert.

Comme le bitume ou les colloïdes bichromatés ne résistent au dépouillement que sous les transparents du phototype, c'est à ces mêmes endroits que l'attaque n'aura pas lieu et comme, d'autre part, l'impression a lieu par les procédés de la taille-douce, c'est-à-dire que l'encre ne doit être déposée que dans des creux, il s'ensuit que pour imprimer le bitume ou les colloïdes bichromatés on doit avoir recours à un *phototype positif.* Après l'impression l'image est développée soit à l'essence pour le bitume, soit à l'eau chaude pour la gélatine ou l'albumine bichromatées (1), on conso-

(1) Dans ce dernier cas, on reporte sur le cuivre une image au charbon développée sur support provisoire.

lide la première par exposition à la lumière et les secondes par cuisson sur le gril. On grave ensuite la planche, après l'avoir recouverte au dos d'un vernis protecteur, au moyen d'une solution de perchlorure de fer. Comme les creux de la gravure obtenue sont à peu près unis, ils ne retiendraient l'encre que d'une façon imparfaite, il faut les grainer ; ce qui s'exécute, après une première morsure, en recouvrant la planche d'un grain de résine que l'on cuit légèrement pour le faire adhérer, après quoi on effectue une nouvelle morsure.

La planche est alors prête à être tirée.

S'il s'agit d'un dessin à demi-teintes, on opère un peu différemment : Sur la planche décapée on produit d'abord le grain de résine, dont la grosseur doit être en rapport avec le genre du modèle à reproduire ; on cuit le grain. Sur cette surface, on opère le transfert d'une image négative au charbon, on opère la morsure comme précédemment, en s'arrêtant lorsque les blancs commencent à être attaqués, ce qui ne demande que quelques minutes. La plaque est ensuite lavée, débarrassée de l'image et du grain de résine et elle est propre au tirage.

3° *Phototypogravure.* — Les planches de phototypogravure se font ordinairement sur zinc, mais le cuivre peut être avantageusement employé ; elles sont en relief comme les bois gravés. A l'encontre des planches d'héliogravure ce sont les reliefs qui reçoivent l'encre tandis que les tailles ou morsures donnent les blancs.

Le moyen d'obtenir les planches varie considérablement suivant qu'il s'agit de dessins au trait ou à demi-teintes. Pour les dessins au trait il suffit de recouvrir le zinc d'une couche égale de bitume, d'exposer sous un négatif, de développer à l'essence de térébenthine et de pratiquer la morsure, après avoir enduit le dos de la planche d'une couche de vernis. Toutefois, comme la gravure doit être assez profonde (d'environ le quart d'écartement des traits), et comme le mordant, tout en travaillant en profondeur, attaque les traits à droite et à gauche, on comprend que les plus fins arriveraient à être totalement enlevés si on ne prenait la précaution qui consiste à exécuter la morsure en plusieurs reprises et à protéger les talus, à mesure qu'ils se forment, par un enduit inattaquable ; résultat auquel on arrive facilement en mettant en œuvre les moyens indiqués par Gillot.

Sans entrer dans le détail de ces opérations, je me contenterai de dire que la plaque, étant encrée légèrement, est passée dans un premier bain assez étendu d'acide nitrique, après quoi elle est lavée et séchée, encrée à nouveau, ce qui recouvre les talus déjà formés et les préserve, on soumet à une deuxième morsure dans un bain un peu plus chargé d'acide. Les mêmes opérations sont répétées avant un troisième bain acide, et ainsi de suite jusqu'à ce que l'on ait soumis la plaque à six ou sept bains successifs dont la teneur en acide nitrique va toujours en augmentant. A ce moment les creux sont assez profonds, mais les talus, par suite des morsures successives, sont en forme d'échelons ; il faut les unir, leur donner la forme d'un V renversé ; on y parvient en encrant la planche, bien nettoyée à la potasse, d'encre-lithographique chargée de cire et chauffant pour faire pénétrer l'encre dans les creux, une première fois jusqu'à la moitié de leur hauteur, une seconde jusqu'au quart seulement et une troisième fois de façon qu'elle coule à peine dans les creux ; entre chaque encrage on fait agir quelques instants de l'eau à 50 pour 100 d'acide nitrique. La planche est dès lors prête pour le tirage.

La gravure des planches de dessins à demi-teintes se fait, quant aux détails de la morsure, exactement de la même manière, mais on comprend que ces demi-teintes doivent être munies d'un grain ; en un mot, une teinte plate ne peut être représentée sur la planche par un espace uni, sur lequel l'encre n'adhérerait pas d'abord, et secondement parce que toutes auraient la même valeur comme force. Il faut donc que dans chaque endroit il se trouve un grain dont la dimension devra varier suivant que la teinte correspondante du modèle est plus ou moins claire. On y arrive en faisant le négatif derrière un *réseau*. Les conditions physiques dans lesquelles il faut se placer pour retirer de ce réseau le meilleur parti sortent du cadre de cet ouvrage, je ne m'en occuperai pas plus longuement ; je mentionne seulement le résultat auquel il permet d'arriver : c'est que, dans les parties qui doivent venir presque blanches, les traits du réseau sont représentés en blanc, ne laissant subsister qu'un léger pointillé noir dans l'espace qu'ils délimitent ; dans les ombres un peu accusées les traits sont représentés en noir, un léger pointillé blanc subsistant dans les mailles ; enfin, dans les parties les plus noires, ces points blancs deviennent presque imperceptibles. Ainsi sont traduites les variations de teintes. Suivant la finesse du dessin on se sert de réseaux à traits plus ou moins rapprochés, les plus forts ont trois à quatre traits par millimètre et les plus fins de huit à dix, et ils sont formés de deux systèmes de traits rectangulaires, mais, généralement, une seule série de traits est tracée sur une glace, l'autre série sur une seconde et ces deux glaces sont juxtaposées pour constituer le réseau.

Pour reproduire une photographie, on tire d'abord une épreuve positive ordinaire du négatif et celle-ci est copiée à la chambre noire, en la réduisant généralement à un format inférieur. La pose s'effectue en plaçant le réseau en avant de la plaque et à une distance assez faible, mais variable suivant le caractère de l'image positive. On se sert pour cela de châssis négatifs spéciaux, qui permettent de faire varier cette distance avec la plus grande précision.

INDEX ALPHABÉTIQUE

A

Pages.

Accélérateurs........ 174
Acétates........ 69
Action chimique de la lumière........ 95
Action de la lumière sur le chlorure d'argent........ 235
Action de l'ammoniaque sur les émulsions........ 144
Action des matières colorantes comme sensibilisateurs optiques........ 144
Action des matières colorantes sur le bromure d'argent........ 194
Addition des sels aux viro-fixateurs........ 252
Agents fixateurs autres que l'hyposulfite........ 272
Ammoniaque (action de l') sur les émulsions........ 144
Analyse au chalumeau........ 79
Analyse chimique (définition)........ 4
Analyse qualitative........ 33
Analyse quantitative........ 82
Analyse d'un viro-fixage........ 73
Appareil producteur d'hydrogène sulfuré........ 35
Arséniates........ 60
Arsénites........ 59
Azotates........ 67

B

Bain viro-fixateur alcalin........ 261
Bain viro-fixateur neutre........ 261
Benzoates........ 69
Borates........ 63
Bromures........ 65
But de la Chimie........ 2
Burette à pince........ 86
Burette à robinet........ 89

C

Pages.
Carbonates.......... 63
Carbures aromatiques.......... 181
Causes de formation du voile dans les émulsions.......... 147
Chalumeau.......... 79-80
Chimie minérale (définition).......... 4
Chimie organique (définition).......... 4
Chromates.......... 58
Chlorates.......... 68
Chlorures.......... 65
Citrates.......... 71
Coloration de l'émulsion suivant le degré de maturation.......... 146
Conditions pour qu'un composé aromatique constitue un développateur. 197
Conditions auxquelles doit satisfaire un sensibilisateur optique.......... 197
Corps à fonction mixte.......... 183
Corps simples.......... 3
Corps composés.......... 3
Corps cristallins.......... 6
Corps amorphes.......... 6
Cristallisation.......... 6-7
Cyanures.......... 66

D

Densité.......... 5
Développateurs de la série aromatique.......... 172
Discussion de la théorie chimique et de la théorie dynamique de l'impression latente.......... 158
Dureté (échelle de).......... 5

E

Écrans (utilité des).......... 194
Éliminateurs de l'hyposulfite.......... 212-275
Emplois de l'alun dans les bains de fixage.......... 202
Emploi des révélateurs physiques avec les glaces au gélatino-bromure... 189
Émulsions au collodion.......... 119
Émulsions à la gélatine.......... 124
Émulsions organiques dans les révélateurs.......... 190
Épreuves aux sels d'argent.......... 232
Épreuves aux sels de cobalt, de cérium.......... 283
Épreuves aux sels de fer.......... 276-284

Pages.
Épreuve négative.................... 99
Épreuves à l'oxalate ferrique.................... 280
Épreuves au platine.................... 280
Épreuves positives (généralités sur les).................... 231
Épreuves au tartrate, au citrate ferriques.................... 279
Équivalents.................... 15
Équivalents (tableau des).................... 17-18
Essai de l'eau distillée.................... 37
États (divers) moléculaires du bromure d'argent dans les émulsions..... 146

F

Filtration des émulsions.................... 153
Fixage des positives (généralités sur le).................... 268
Fixage à l'hyposulfite de soude.................... 199
Fixage en pleine lumière.................... 203
Fixage aux sulfocyanures.................... 205-272
Fixage à la thiosinamine et à la sulfocarbamide.................... 274
Fluorures.................... 63
Formation des émulsions à la gélatine.................... 129
Formiates.................... 69
Formules développées.................... 29-30

G

Gélatine (modifications que subit la).................... 136
Groupes (division des métaux en).................... 38
Groupes (division des acides minéraux en).................... 57
Groupes (division des acides organiques en).................... 68

H

Héliogravure.................... 298
Historique du procédé à la gélatine.................... 124
Hyposulfites.................... 61

I

Impression latente.................... 155
Influence de la température sur le développement, la formation et la destruction de l'image latente.................... 167
Inversion des négatifs.................... 207
Iodures.................... 65

L

Pages.

Lavage des émulsions........ 151
Lavage des plaques après le développement........ 204
Lavage après fixage........ 207
Lavage final des positives........ 274
Liqueurs titrantes........ 83
Liqueurs à formule rationnelle........ 35
Liqueur normale de chlorure de sodium........ 92
Liqueur normale d'azotate d'argent........ 92
Liqueur normale d'acide sulfurique........ 92
Liqueur normale d'iode........ 93
Liqueur normale de permanganate de potasse........ 93
Lois de Gay-Lussac........ 8
Loi de Proust........ 8

M

Malates........ 72
Manganates........ 58
Mélange de plusieurs sensibilisateurs optiques........ 195
Méthodes d'analyse quantitative........ 82
Méthodes d'analyse par saturation........ 85
Méthodes d'analyse par précipitation........ 87
Méthodes d'analyse par oxydation........ 88
Méthodes de lavage des émulsions........ 151
Moyens pour combattre le voile........ 148
Mûrissement des émulsions........ 141

N

Négatifs sur papier........ 101
Nomenclature chimique........ 9
Nomenclature dualistique........ 10
Nomenclature unitaire........ 11
Nomenclature symbolique........ 14
Notions générales sur les composés aromatiques........ 180

O

Observations sur les virages au platine........ 259
Optographie........ 96
Oxalates........ 70
Ozotypie........ 292

P

Pages.
Papier albuminé........ 240
Papier au charbon........ 287
Papiers au platine à impression directe........ 282
Papier charbon-velours........ 288
Papiers émulsionnés........ 241
Papier salé........ 239
Permanganates........ 59
Phénomènes physiques........ 2
Phénomènes chimiques........ 2
Phénols (définition)........ 30
Phosphates........ 61
Photoglyptie........ 295
Photolithographie........ 296
Phototypie........ 296
Phototypogravure........ 299
Photozincographie........ 298
Pipettes........ 90
Poids atomiques (tableau)........ 17-18
Poids atomiques........ 21
Procédés au bitume de Judée........ 297
Procédés au charbon sans transfert........ 291
Procédés aux sels de chrome........ 285
Procédés par saupoudrage........ 293
Positives directes........ 233
Positives par impression directe........ 234
Proportions définies........ 7
Proportions des composants des émulsions........ 129-139
Propriétés physiques des corps........ 5
Procédé à l'albumine........ 104
Procédé au collodion humide........ 106
Procédé au collodion sec........ 113-118
Procédé au collodion et à l'albumine........ 116
Procédé au collodion émulsionné........ 119
Procédé au papier ciré sec........ 112
Procédé au perchlorure de fer........ 276
Procédés employés pour prévenir la coloration des bains de fixage........ 202
Produits chimiques employés pour la préparation des émulsions à la gélatine........ 130
Propagation de la réduction........ 177
Propriété du bromure d'argent........ 133
Pyroxyles divers........ 107

R

Pages.
Radicaux (définition des)........ 29
Règles pour la marche d'une analyse........ 36-76
Remarques générales sur les procédés secs........ 111
Remarques générales sur l'opération du virage........ 254
Renversement de l'image........ 165
Retardateurs........ 174
Révélateurs chimiques........ 169
Révélateurs physiques........ 169
Révélateurs à l'oxalate ferreux........ 171
Rôle des sensibilisateurs........ 157

S

Sels d'alumine........ 50
Sels ammoniacaux........ 55
Sels d'antimoine........ 42
Sels d'argent........ 44
Sels d'arsenic........ 42
Sels de baryum........ 51
Sels de bismuth........ 47
Sels de cadmium........ 46
Sels de calcium........ 52
Sels de chrome........ 50
Sels de cobalt........ 48
Sels de cuivre........ 46
Sels d'étain........ 41
Sels de fer........ 48
Sel iodé........ 213
Sels de magnésium........ 52
Sels de manganèse........ 49
Sels de mercure........ 45
Sels de nickel........ 47
Sels d'or........ 338-40
Sels de platine........ 257-238-40
Sels de potassium........ 53
Sels de plomb........ 43
Sels de sodium........ 54
Sels de strontium........ 52
Sels de zinc........ 49
Sensibilisateurs........ 97
Sensibilisateurs optiques........ 192
Silicates........ 63

Pages.
Solarisation........ 155-165
Substances employées dans les procédés photographiques........ 99
Substances qui détruisent le voile des émulsions........ 149
Sulfates........ 60
Sulfites........ 60
Sulfures........ 64
Synthèse chimique (définition)........ 4

T

Tartrates........ 70
Théorie atomique........ 21
Théorie chimique de l'impression latente........ 156
Théorie des photo-sels........ 161
Théorie des procédés aux sels de chrome........ 285
Théorie du fixage à l'hyposulfite........ 269
Théorie dynamique........ 162

V

Variétés de bromure d'argent........ 133
Virage (généralités sur le)........ 243
Virage (remarques sur l'opération du)........ 254
Virages acidulés........ 251
Virages alcalins........ 250
Virages neutres........ 250
Virages par coloration........ 265
Virages à l'or........ 245
Virages au platine........ 262
Virages à l'osmium........ 264
Viro-fixateurs........ 256
Voile chimique........ 147
Voile dichroïque........ 148
Voile par pression........ 147

DIJON. — IMPRIMERIE DARANTIERE

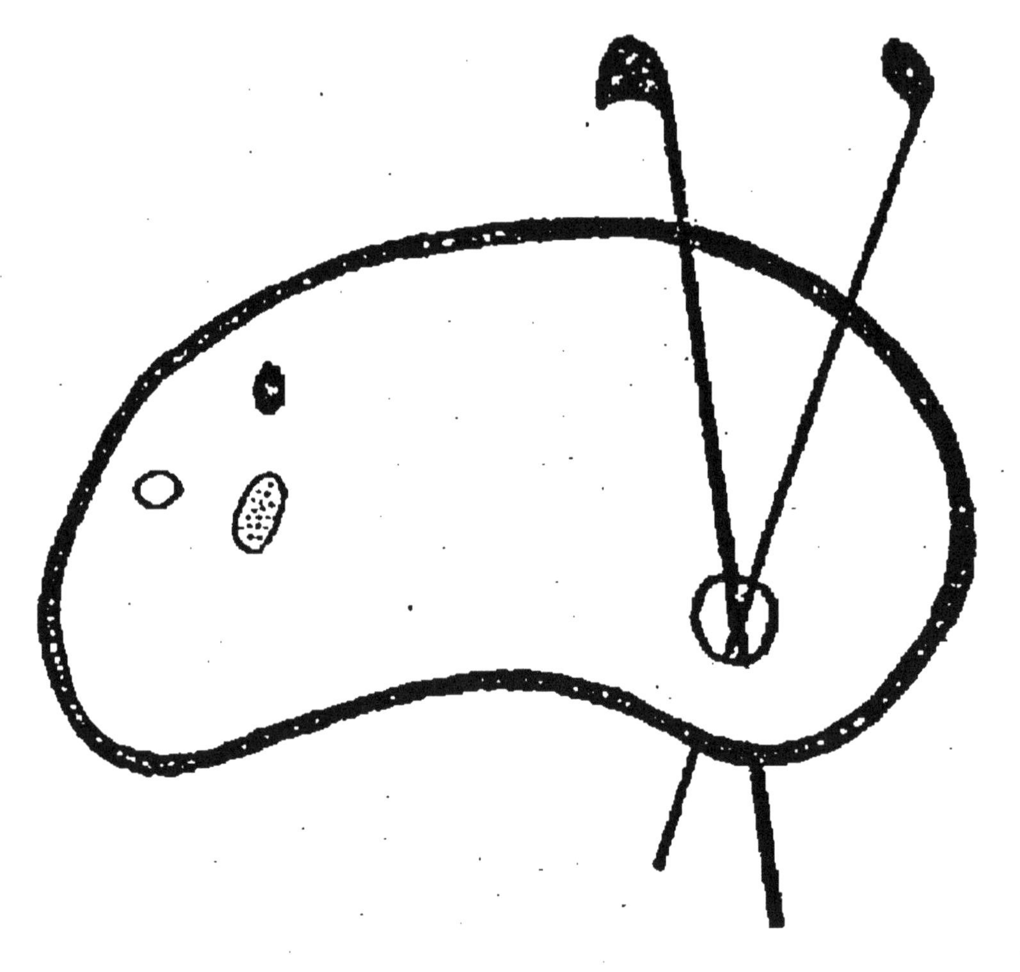

www.ingramcontent.com/pod-product-compliance
Ingram Content Group UK Ltd.
Pitfield, Milton Keynes, MK11 3LW, UK
UKHW020307230726
13925UKWH00001B/269